国家自然科学青年基金项目(61303130)和
河北省自然科学基金面上项目(F2014203093)资助

空间信息检索系统中的语义本体技术

孙胜涛　著

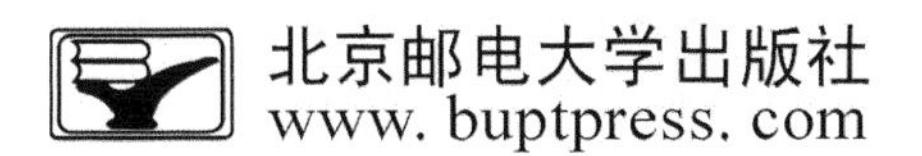

内容简介

本书系统地介绍了语义本体技术在空间信息检索应用中的新技术和方法，在充分调研和分析语义本体技术在智能信息检索的应用现状和局限性基础上，主要从语义本体对自然语句中用户检索需求的理解、本体对不确定性领域知识的描述、本体操作对近似性检索和推理的支持等几个方面展开论述和研究，尝试对语义本体的描述机制和推理能力进行扩展或改善。力图从语义分析角度，解决空间信息自然语言检索中各类关键技术问题，构建并实现具有语义检索能力的空间数据服务语义化检索系统。

本书可作为高等学校计算机专业研究生和相关教师的参考用书，也可供从事语义 Web、语义信息检索、智能空间信息检索等方面研究人员的参考资料。

图书在版编目（CIP）数据

空间信息检索系统中的语义本体技术 / 孙胜涛著. -- 北京 ：北京邮电大学出版社，2016.5（2017.9 重印）

ISBN 978-7-5635-4719-7

Ⅰ. ①空…　Ⅱ. ①孙…　Ⅲ. ①卫星通信系统－研究　Ⅳ. ①TN927

中国版本图书馆 CIP 数据核字（2016）第 054719 号

书　　　名：空间信息检索系统中的语义本体技术
著作责任者：孙胜涛　著
责 任 编 辑：满志文
出 版 发 行：北京邮电大学出版社
社　　　址：北京市海淀区西土城路 10 号（邮编：100876）
发　行　部：电话：010-62282185　传真：010-62283578
E-mail：publish@bupt.edu.cn
经　　　销：各地新华书店
印　　　刷：北京九州迅驰传媒文化有限公司
开　　　本：720 mm×1 000 mm　1/16
印　　　张：13.5
字　　　数：261 千字
版　　　次：2016 年 5 月第 1 版　2017 年 9 月第 2 次印刷

ISBN 978-7-5635-4719-7　　定　价：38.00 元

前　言

各类空间数据的飞速增长和应用扩展，使得空间信息检索表现出越加重要的作用和地位，传统的空间信息检索常常采用与地理术语相关的组合式检索技术，其专业性和复杂性往往难以为大多数非专业人员所掌握。在空间信息检索中存在的时空分析、数据多样性、数据相似性检索、知识不确定性等特点，需要借助本体技术来提供对应的语义化信息检索方式与匹配方法。

虽然下一代互联网技术引入了语义本体技术并定义了应用框架，可以提供基础的语义描述方法和知识推理技术，但是基于现有研究成果和水平，在空间信息自然语言检索应用中，本体技术在自然语言理解、不确定性知识描述、相似性检索和不确定性推理等方面，均存在一定的局限性。这些问题的解决对于本体在空间信息检索中的应用将提供有力的支持，对于实现高效、智能的空间信息检索具有重要的研究意义和应用价值。

本书以空间信息的智能化检索为应用背景，从本体对自然语句中用户检索需求的理解、本体对不确定性领域知识的描述、本体对近似性检索和非精确推理的支持等几个方面进行论述，介绍和说明语义本体在空间信息检索系统中的关键技术问题和应用情况，并通过具有语义检索和推理能力的空间数据服务自然语言检索原型系统来展示本体的具体实施技术和应用效果。

第 1 章对目前基于语义的信息检索技术发展现状进行简要介绍，针对空间信息检索的特殊需求，总结出基于语义的空间信息检索面临和需要解决的关键问题，为后继章节内容的展开提供基础。

第 2 章针对日益被大众用户所接受的基于自然语言的语义检索方式，说明了本体技术在空间信息自然语言检索中的应用情况和发展现状，分析并指出了存在的问题和不足。

第 3 章对空间信息系统的发展历程进行简要介绍，并针对空间信息系统中存在的特殊语义问题进行了分析，提出了需要面临和解决的关键问题，为后继各项研究工作的展开提供依据。

第 4 章介绍了一种基于层次约束的多层本体设计和构建方法，并构建了具有三层结构的空间信息本体，实现了对各类空间信息服务资源的本体化描述，为后继的研究工作提供了本体知识库基础。

第 5 章分析了本体应用于自然语言理解的关键问题和难点，分析了概念层次网络 HNC 模型与本体模型结合的可行性，提出了语言认知模型和本体描述模型相结合的机制，实现了自然检索语句中用户需求的语义解析和本体化描述。

第 6 章分析了本体模型中语义不确定性度量的关键问题和难点，重点研究可能性逻辑和概率逻辑的原理和特点，分析两者相结合的优势和可行性，提出了基于可能性理论和概率统计方法的语义定量化度量机制 SRQ-PP，并给出空间信息领域中各类不确定性语义关系的定量化度量方法，实现了层次化空间信息本体知识库中各类不确定语义关系的定量化描述。

第 7 章分析了包含有不确定性度量的本体检索和推理过程的关键问题和难点，重点研究了激活扩散算法在语义定量化本体结构中进行知识检索和推理分析的适用性，提出了基于激活扩散算法的本体相似性检索和非精确推理的机制，实现了用户需求和空间信息资源间的关联性检索和近似性匹配。

第 8 章基于以上研究成果，设计并构建了基于本体的空间数据服务语义化查询系统，给出了该系统的总体结构设计和操作流程描述，对系统的各模块功能和关键技术进行了说明，实现了空间数据服务的智能语义化检索，并通过该原型系统的应用效果，对研究成果进行了验证和总结。

在本书的编写过程中，作者参考了大量国内外出版物和网上资料，在此谨向各位作者表示由衷的敬意和感谢。本书的有关研究工作得到国家自然科学青年基金项目(P2P-Grid 环境中分布式不确定本体模型的研究，编号 61303130)和河北省自然科学基金面上项目(面向高性能数据密集型地学计算的 IO 中间件的方法研究，编号 F2014203093)的资助，北京邮电大学出版社的领导和编辑对本书的出版也给予了大力支持，作者在此深表谢意。

本书的内容及编写得到了中国科学院遥感与数字地球研究所李国庆研究员、刘定生研究员、王力哲研究员、于文洋副研究员等的悉心指导和帮助，燕山大学任家东教授、宫继兵副教授也对本书提出了建设性的建议，燕山大学知识工程实验室的张琳、李芸、陶双男、许钦亚等研究生也参与了本书中部分研究工作，特别是我的妻子吴爱芝女士为本书校稿付出了的辛勤努力，作者在此一并表示感谢。

由于语义信息检索相关理论、技术及应用发展迅速，加之作者水平有限，书中难免存在不足之处，恳请各位专家和读者批评指正。

孙胜涛

燕山大学　信息科学与工程学院

河北省计算机虚拟技术与系统集成重点实验室

2015 年 11 月

目　　录

第1章　绪论 ………………………………………………………………… 1

1.1　空间信息语义检索发展现状 ………………………………………… 1

1.2　空间信息语义检索关键问题 ………………………………………… 3

1.3　本书主要研究内容和特点 …………………………………………… 6

1.4　本章小结 ……………………………………………………………… 8

本章参考文献 …………………………………………………………………… 8

第2章　本体技术在语义检索中的应用现状 ……………………………… 9

2.1　自然语言检索的研究现状 …………………………………………… 9

2.2　本体的含义以及在自然语言检索中的作用 ………………………… 12

2.3　基于本体的空间信息自然语言检索研究现状 ……………………… 16

2.4　当前研究的不足和存在问题 ………………………………………… 19

2.5　本章小结 ……………………………………………………………… 20

本章参考文献 …………………………………………………………………… 20

第3章　空间信息系统中的语义问题分析 ………………………………… 22

3.1　空间信息系统的发展历程 …………………………………………… 22

3.1.1　空间信息服务的发展历程 ………………………………………… 22

3.1.2　空间信息服务和管理模式的发展 ………………………………… 27

3.1.3　空间信息系统存在的问题分析 …………………………………… 30

3.2　空间信息系统的特点 ………………………………………………… 31

3.2.1　空间数据的特点 …………………………………………………… 31

3.2.2　空间信息系统的特点 ……………………………………………… 33

3.3　空间信息系统的语义问题分析 ……………………………………… 35

3.3.1　空间信息系统中语义异构性问题 ………………………………… 36

3.3.2　空间信息系统中领域知识的形式化问题 ………………………… 37

3.3.3 空间信息系统中信息检索方式问题 …… 38
3.3.4 空间信息系统中信息检索策略问题 …… 38
3.4 本章小结 …… 39
本章参考文献 …… 39

第 4 章 层次化空间信息本体构建方法研究 …… 41

4.1 本体构建方法的对比和分析 …… 41
4.1.1 本体构建的基本原则 …… 41
4.1.2 本体构建的主要方法 …… 42
4.1.3 本体构建方法的对比分析 …… 45
4.2 空间信息本体的特点 …… 45
4.3 层次化空间信息本体构建方法 …… 48
4.4 层次化空间信息本体的构建 …… 51
4.5 层次化空间信息本体的管理 …… 54
4.6 层次化空间信息本体的对比评价 …… 57
4.7 本章小结 …… 59
本章参考文献 …… 60

第 5 章 基于本体的自然检索语句语义化解析 …… 62

5.1 自然检索语言的语义化解析研究现状 …… 62
5.1.1 自然语言处理的主要技术 …… 62
5.1.2 自然语言的表述方法和语言模型 …… 64
5.1.3 概念层次网络 HNC 模型 …… 66
5.2 本体模型和 HNC 模型的结合 …… 68
5.2.1 本体模型和 HNC 模型结合方式的分析 …… 69
5.2.2 用于自然检索语言理解的应用本体构建 …… 71
5.2.3 自然语句中用户检索需求的本体化描述 …… 75
5.3 自然检索语句的解析实例展示和结果分析 …… 76
5.4 本章小结 …… 83
本章参考文献 …… 83

第 6 章 基于本体的不确定性知识描述方法 …… 85

6.1 基于本体的不确定信息描述研究现状 …… 85

6.1.1 空间信息领域中的不确定性表现 …… 85
6.1.2 基于本体的不确定性知识描述研究现状 …… 87
6.1.3 对空间信息领域中各类不确定性的分析
6.1.4 各种描述逻辑扩展方法的对比 …… 92
6.2 不确定性表达上可能性逻辑和概率理论的结合 …… 95
6.2.1 可能性逻辑在不确定性知识表达中的问题 …… 95
6.2.2 可能性逻辑中 Nec 度量的语义解释 …… 97
6.2.3 可能性逻辑和概率统计方法的结合 …… 100
6.2.4 基于 SRQ-PP 方法的不确定性语义关系度量实例 …… 104
6.3 空间信息服务中各类不确定性的定量化描述 …… 109
6.3.1 语义属性描述的不完整性 …… 109
6.3.2 语义属性描述的侧重性 …… 111
6.3.3 属性取值的多值性和语义关联的多解性 …… 114
6.3.4 概念间以及概念和实例间从属关系的部分性 …… 119
6.3.5 推理结果满足程度的可比性 …… 121
6.4 空间信息本体中不确定性描述的综合实例展示和结果分析 …… 125
6.5 本章小结 …… 128
本章参考文献 …… 128

第 7 章　基于本体的关联性检索和不确定性推理技术 …… 132

7.1 基于本体的关联性检索技术 …… 132
7.1.1 原有本体检索机制和存在问题 …… 133
7.1.2 本体中概念和术语间关系的精确化描述 …… 144
7.1.3 基于激活扩散算法的本体关联性检索 …… 152
7.1.4 基于 SRQ-PP 的激活扩散算法检索策略 …… 165
7.2 基于本体的非精确推理技术 …… 169
7.2.1 已有本体推理机制和存在问题 …… 169
7.2.2 基于激活扩散算法的本体推理方法 …… 172
7.3 本章小结 …… 176
本章参考文献 …… 177

第 8 章　基于自然语言的空间数据服务语义化查询系统 …… 180

8.1 空间数据服务检索系统的发展现状 …… 180

8.2 基于本体的空间数据服务语义化查询系统总体设计 …………………… 181
8.3 基于本体的空间数据服务语义化查询系统关键技术说明 ……………… 183
8.3.1 检索需求的解析和本体化描述 ……………………………………… 183
8.3.2 空间数据服务的本体化描述 ………………………………………… 184
8.3.3 基于激活扩散算法的空间数据服务检索和匹配 …………………… 187
8.4 基于本体的空间数据服务语义化查询系统运行结果 …………………… 198
8.5 本章小结 ……………………………………………………………………… 205

第1章　绪　论

1.1　空间信息语义检索发展现状

在空间数据服务中，随着空间信息的日益增多和广泛应用，空间信息的检索越加发挥出重要的作用，同时非专业人员在这一检索活动中的比重也大幅提高。这些用户一般采用简单的关键词进行检索，其特点是要求简单、实现容易，但实际检索结果常常与用户所期望的结果间存在着很大的差距。为了使检索的结果更为精确，人们进一步构造了可对各种关键词进行多种组合的检索方式，该种方式可获得更好的检索结果，但大多数用户由于没有经过检索培训，难以很好地利用这种组合检索方式来构造复杂的检索策略，使得这类复杂的组合式检索难以在大多数非专业人员中使用。如何为用户提供一种基于自然语言检索的方式，使用户可以利用规范的自然语言检索到全面精确的相关信息，是国内外信息检索界广泛关注和着力解决的关键问题之一。由于空间数据的特点、空间数据服务的异构性、用户需求表达的模糊性等问题，空间信息的自然语言化检索、查询和获取存在着较多的难题。

在空间数据服务中，空间信息检索具有显著的时间和空间特性，它是信息检索的一个特殊应用领域，其特殊性主要表现在相似性检索、时空关联检索、知识的不确定性等方面[1]。传统的基于关键词字符串匹配的信息检索技术已不能完全满足这些要求，需要更高层次的基于语义的信息检索和匹配方法。

语义网中的本体技术作为一种新型的知识组织和表达方式，具有良好的概念组织结构和对逻辑推理的支持，在信息检索领域特别是在基于知识的语义化检索方面得到了飞速的发展和广泛的应用。近几年来，国际上各科研团体在不同领域都进行着本体技术的应用研究工作，并取得了卓有成效的研究成果，语义本体技术在智能系统中对各类语义关系的形式化描述和处理方面都发挥了重要的作用[2]。基于本体的语义描述和推理方法，为空间数据服务中用户需求的解析和理解、空间信息资源的语义化描述和匹配、领域知识的形式化描述和推理分析等自然语言检索中关键技术问题的解决提供了可行的途径和有力的工具，将有效地提高空间数据服务的检索效率和智能化程度。

然而在各类空间信息服务系统不断涌现的同时，本体在空间信息智能化服务系统中的知识表达和推理能力却没有得到相应的改善，所面临的问题主要表现有：以自然语言描述的检索需求存在一定的模糊性，以本体形式描述的领域知识存在一定的不确定性，信息检索和匹配过程存在一定的近似性，本体推理过程存在一定的非精确性。本体在语义处理能力上局限于对确定性精确化知识的表达和推理，对于以上不确定性因素难以理解和处理，这种局限性极大地影响了其语义处理能力的灵活性和适应性。在自然语言解析、资源的描述和查询匹配过程中都存在一定的不确定性，在空间信息自然语言检索中尤为突出。如何实现基于本体的不确定性领域知识表述和非精确推理，对于增强当前空间信息语义系统的描述和推理能力，提高空间数据服务的智能化程度都具有重要的研究意义和应用价值。

随着本体技术的发展和广泛应用，本体技术于 20 世纪 90 年代被引入到地学领域中，地学领域专家对本体进行了相关的研究，并构建了各类应用目的的地理本体[3]，初步解决了时空关系推理、语义异构匹配、空间信息服务语义检索等语义问题。但由于本体对语义描述和理解能力的局限性，本体在空间信息领域所发挥的作用也是有限的，特别是针对空间信息的多样性、不确定性等特点，本体技术在空间信息领域知识的表达和分析中仍有若干关键问题没有很好地解决，主要表现在以下几个方面。

(1) 本体的主要特征是基于概念空间来描述语义，其实施重点在于表达和理解特定领域中专业词汇间的语义关系，它在解决名称异构(多词同义)、概念异构(一词多义)等问题上发挥了显著的作用。然而，由于其知识结构是按照领域中名词术语的层次从属关系来组织的，其语义表达过程完全围绕概念间各类关系来进行，使得其语义理解和处理能力局限于对自然语句中名词术语间关系的分析，缺乏对自然语言中动词的描述与解析能力。特别是在空间信息自然语言检索中，动词对应用目的、数据用途等需求信息的获取具有重要的作用，不同的动名词搭配关系反映了不同的应用需求，仅依靠名词术语的理解所获得的语义是具有一定片面性的。因此，如何在概念知识结构上实现对自然语句中动词的描述和理解，是解决空间信息检索语句语义理解的关键问题。该技术问题的解决将为自然检索语句中用户空间信息检索需求的理解提供有效的分析方法，可为后继空间信息检索的全面性和准确性提供有力的保证。

(2) 本体模型的理论基础是描述逻辑(Description Logic)，描述逻辑具有很强的表达能力和可判定性，在解决领域知识的形式化表达和可判性推理问题上具有一定的优势。本体对知识的描述机制依赖于描述逻辑的理论基础，其知识的表达和语义的描述都针对的是静态知识和确定性信息。但由于现实世界中客观上存在的随机性、模糊性以及事物或现象暴露得不充分性，导致人们对各类事物的认识往往是不精确、不完全的，大多都具有一定程度的不确定性，该问题在空间信息领域尤为突出，使得空间信息领域知识的表达过程中存在较多的不确定性因素和关系。因此，如何扩展和改善本体的描述能力，解决空间信息本体知识库中各类不确定性领域知识的定量化描述，是解决空间信息本体对不确定性信息理解和处理的关键问题。该问题的解决将为智能空间信息检索系统中不确定性领域知识的表达提供有效的手段，并可有效地保证信息检索过程中各类不确定信息的理解和处理能力。

(3) 在空间信息检索和推理分析过程中也存在一定量的不确定性和非精确性，本体技术及其推理机制在处理不确定性信息时同样表现出较为明显的不适应性和局限性。因而如何在采用布尔运算规则(定性化方法)的描述逻辑基础上，引入对各类空间信息语义关系的定量化描述机制，并基于其推理过程中不确定性的推算来实现非精确推理，是解决空间信息相似性检索和非精确推理的关键技术问题。该类问题的解决将为本体中各类知识的相似性检索提供有效的方法，并可基于相关性检索和不确定性推理机制，实现空间信息检索过程中用户需求和资源描述间的关联性匹配，可在一定程度上改善空间信息检索的效果。

1.2　空间信息语义检索关键问题

空间信息获取与应用技术的不断发展，带来了各类空间数据的飞速增长和应用领域的不断扩大，使得空间信息的检索表现出越加重要的作用和地位。随着越来越多非专业人员利用空间信息检索获取所需信息，传统的空间信息检索常常采用的与地理术语相关的组合式检索技术，其专业性和复杂性往往难以为大多数非专业人员所掌握。能否以自然语言形式来描述空间信息检索需求，成为国内外空间信息检索界广泛关注和着力解决的关键技术之一。

从信息检索角度，自然语言检索方式近年来在专家系统、情报检索、办公自动化系统的人机接口应用中获得了大多数用户的认可和使用[4]，同时基于自然语言的信息检索方式在实际应用中，需要面临不同应用领域中信息检索的特殊性要求。从技术实现角度，基于语义本体的检索技术是自然语言检索的关键技术之一。在空间信息检索中存在的时空分析、数据多样性、数据相似性检索、知识不确定性等特点，需要在自然语言检索的语义本体层次，提供对应的信息检索方式与匹配方法。从技术研究角度，这就要求本体技术在自然语言理解、领域知识描述、相似性检索和不确定性推理等方面，提供较好的解决方案与性能。

虽然下一代互联网技术引入了语义本体技术并定义了应用框架，可以提供基础的语义描述方法和知识推理技术。但是基于现有研究水平，在空间信息自然语言检索应用中，本体技术在自然语言理解、不确定性知识描述、相似性检索和不确定性推理等方面，均存在一定的局限性。这些问题的解决对于本体在空间信息自然语言检索中的应用将提供有力的支持，对于实现高效、智能的空间信息检索具有重要的研究意义和应用价值。

对此，本书以空间信息的智能化检索为应用背景，针对本体技术在以上几个语义描述和推理能力方面的局限性，从本体对自然语句中用户检索需求的理解、本体对不确定性领域知识的描述、本体对近似性检索和非精确推理的支持等几个方面展开深入的研究，尝试对本体描述机制和推理能力进行扩展或改善。力图从语义描述和分析角度，解决空间信息自然语言检索中各类关键技术问题，构建并实现具有一定语义检索能力的空间数据服务语义化检索系统。

基于以上本体对语义描述和理解能力的局限性分析，采用现有的本体描述和推理机制来进行自然语言的理解和处理，主要存在以下几类关键问题：

(1) 以数值形式描述的概念属性具有量化的值，但是这些数值对于机器而言很难理解其数学含义，对于自然语言理解可提供的帮助非常有限。而且基于这些数值进行推理和分析，又需要采用程序代码来描述如何将这些数值转换成语义的推理规则，这将直接影响语义理解的实现难度和灵活性。

(2) 以概念间关系来表述其语义关联，可以比较形式化地描述概念间关系，但是计算机很难能直接理解这些语义关系名称(标签)的含义，例如理解语义关系“canUse”代表“利用、使用”的含义，这使得计算机很难直接获知这些语义关联的含义，同样需要依靠用户编写程序代码或设置对应的推理规则来形式化地表述出这些语义。而且在汉语自然语句的理解上，动词是语义的重要表达，但是本体只注重概念(名词)的语义表达，缺失对动词所表达含义的描述。

(3) 对本体中概念结点可以用自然语句或关键词来描述其语义属性，但是这些自然语言符号都是人类容易阅读的，计算机很难直接理解。而目前很多本体概念的匹配和映射都是依赖于这些描述信息来进行的，使得语义理解和解析能力受到传统词法匹配技术的影响，降低了语义理解和分析的级别。

(4) 在领域知识中包含有大量的不确定性因素，自然语言中也包含有一定量的模糊性，这些不确定性信息在本体化描述时只能采取定性化处理方法来实现，缺乏对这些语义属性和关系的定量化度量机制，使得本体中语义关系过于规范化和单纯化，难以适应自然语言理解中不确定性语义关系理解的需要，限制其语义分析的灵活性和适应性。

以上这些问题，总体来说就是目前本体所描述的语义信息要么过于数值化，要么过于语言化，没能给计算机一种适当的形式化描述形式，使得目前本体关于知识的描述大都是词汇级的，没有真正达到语义级。这些问题极大限制了本体在自然语言理解中应用的范围和效果，也成为目前限制本体继续深入发展和广泛应用的瓶颈所在。

基于本体的工作原理可知，语义本体在空间信息自然语言检索中应用具有一定的技术优势，可有效地满足空间信息检索的特殊需求，主要表现在：用户使用自然语言来表达数据检索意图和目的，可有效地避免专业性较强的传统检索界面对用户背景知识的要求，用户以习惯和方便的方式来表达需求，可提高信息检索的便捷性和灵活性；基于本体知识库中对时间和空间关系的语义形式化描述，可进行时空推理和分析，自动地为检索过程提供时间和空间需求的语义化解析，可增强信息检索的高效性和智能性；基于本体知识库中对领域知识的形式化描述，可采用不确定性推理和分析算法来提供相似性检索和匹配分析，在用户需求和所需资源间建立模糊语义化关联，保证信息检索的全面性和有效性。基于上面对现阶段本体局限性的分析，可以发现目前在基于本体的自然语言检索中，仍未很好解决并且值得研究的关键问题主要有如下几方面：

(1) 现有的用于支持自然语言检索的语言知识库，大多从词法和语法上进行自然语言的描述，缺乏语义分析的基础，限制了语言理解的能力。而已有针对语义关系建立的语言知识库，大多只针对某种语言环境和限定条件进行语义的分析和理解，没有从语言学角度来描述语义关系的知识库。因而需要选择适用于汉语特点的自然语言描述模型和语义认知模型，将这些模型和本体模型相结合来改善本体对自然语言的理解能力，以提高本体对自然检索语句中用户需求的语义分析能力。

(2) 描述逻辑作为本体知识表示的形式化基础，具有很强的知识表示和推理能力，但是描述逻辑通常只能处理含义明确的概念知识，在处理非单调的、不完备的知识时，却无能为力。在基于本体的信息检索过程中存在大量的非精确信息和不确定性因素，在本体知识的表述中也存在较多的不确定性知识，这就需要对原有的本体模型进行改造和扩展，以支持在本体中对不确定性知识的描述和表达，并提供不确定性语义推理和分析能力。

(3) 目前国内外都建成有特定用途的地理本体，这些本体大都将研究的主要精力放在了如何从半结构或无结构的文本中自动获取空间实体和关系以及实例上，而对基于这些本体知识库进行语义分析和推理的研究相对的投入力度很不够，使得目前地理本体的作用没有得到有效地发挥，地理本体中的领域知识没有得到充分的发现和利用。因而，需要针对本体知识库中知识组织的特点，选择和设计适用的语义分析和推理方法，并对本体的推理机制进行改进和扩展，充分发掘其中有用的语义关联信息，用于辅助空间信息的检索、处理和融合等。

总体上来说，目前本体的描述语义主要侧重于对概念从属关系、概念间相似关系的描述，这两方面的信息对于语义的描述和理解都停留在了概念关系级别，仅可用于描述各种歧义概念间的映射和匹配关系，使得其所描述的语义变得很有限。此外，现有语义 Web 的实现也主要依赖于对各类 Web 资源进行概念级的语义标记，用于实现对这些资源所提供功能的语义理解。因此，要将本体更好地应用于自然语言检索中，需要解决的关键问题是如何在本体中形式化地描述自然语言理解所需要的语义知识，真正地实现语义层面的自然语言分析和理解，而不是仅仅停留在词法或语法层次，需要寻求一种适用的语义描述机制或模型，同时还需要提供相应的不确定性知识描述和推理机制，解决自然语言理解和语义检索中的相似性检索和非精确推理等问题，尽力增强其语义解析能力，以改善基于本体的自然语言检索的应用效果和适用范围。

1.3 本书主要研究内容和特点

本书针对以上空间信息语义检索中的关键问题，从以下几个方面进行深入的分析和研究，主要工作和贡献如下：

(1) 针对本体对自然语言中动词解析能力的局限性，研究如何利用语言认知模型来扩展本体模型的语义描述能力，借鉴语言模型中对动词和名词搭配关系的描述机制和分析方法，试图从句类的表达和分析角度，解决基于本体的动词词汇表达和组织、动名词搭配关系的描述和解析、用户检索意图的获取和本体化描述等技术问题，以实现对空间信息自然检索语句中用户检索需求的语义理解和形式化表达。

提出了本体模型和语言模型相结合的自然检索语句解析方法。针对本体对自然检索语句中动词理解能力的局限性，尝试将语言认知 HNC 模型和本体模型相结合，试图利用 HNC 模型中对谓词的表达和解析方法，从句类分析角度来解决自然语句中动词和名词不同搭配的含义理解问题，获得以语义关联图形式描述的用户检索需求，实现自然检索语句到本体形式化描述语句的转变，为基于本体的信息检索和推理提供初始条件和检索依据。

(2) 针对本体对不确定性语义关系描述能力的局限性，研究如何利用非经典逻辑来扩展本体模型的不确定性知识描述能力，借鉴非精确逻辑中不确定性知识描述机制和度量方法，试图从语义关系的定量化度量角度，解决不确定性空间信息领域知识的本体化描述、语义关联强度的定量化度量、语义关系度量值的推算和传递等技术问题，以实现对空间信息领域中各类不确定性知识的本体化描述和定量化度量。

建立了基于可能性逻辑和概率统计方法的语义关系定量化描述机制。针对本体对不确定性知识描述的局限性，尝试将反映主观经验的可能性度量和代表客观特征的概率统计方法相结合，试图综合利用可能性逻辑的人性化和概率统计的全局性特点，解决各类不确定性语义关系的定量化描述问题，实现语义描述机制从定性到定量的转变，为本体的相关性检索和不确定推理提供语义强度的定量化度量手段。

（3）针对本体对非精确信息检索和推理分析的局限性，研究如何利用启发式检索和推理算法来实现空间信息本体的相似性检索，综合利用启发式算法的关联性检索方法和推理规则的潜在语义表达能力，试图从检索过程的定量化度量和语义化关联角度，解决基于本体的相关性信息检索、语义关联性推理、检索过程的不确定性度量、检索结果的定量化对比等技术问题，以实现空间信息的非精确检索，以及检索过程中不确定性的定量化度量和推算。

提出了基于激活扩散SA算法的本体相关性检索和不确定推理方法。针对定量化语义知识空间中信息检索的近似性和推理的非精确性，尝试利用语义关系的分类度量方法来对激活扩散算法进行改进，将本体相关性检索分为多个阶段来进行，试图提高激活扩散过程的针对性和导向性；尝试将激活扩散算法和本体推理规则相结合，利用激活扩散的路径检索能力和本体推理规则的潜在语义关系描述机制，试图在激活扩散获得的语义关联网中依据推理规则发现隐含的语义关联，实现更多相关信息结点的推理发现，为检索需求和匹配资源间的相似性检索提供匹配和推理机制。

（4）综合利用上述研究成果，设计并实现了空间数据服务的语义化查询原型系统。该系统以包含有检索需求的自然语句为输入，以带有定量化度量值的数据服务检索列表为输出。本书对该系统中所涉及的检索需求的本体化描述、空间数据服务的本体化描述、基于激活扩散算法的空间数据服务检索和匹配等关键技术进行了说明。最后通过两个典型检索案例的试运行结果来分析该系统的优势和不足，并对本书的相关研究成果进行了总结和评价。

本书针对空间信息服务系统智能化检索中难题，探索基于语义本体的解决方案，并对其关键技术问题进行深入的研究和探讨。针对本体对自然语言表达和理解的局限性，将语言认知模型和本体模型相结合，尝试解决空间信息自然检索语言的解析和用户检索需求的语义化描述等问题；针对空间信息检索过程中存在的不确定性因素，采取不确定语义关系的本体定量化描述机制，并采用启发式关联语义检索算法和非精确推理技术，尝试解决用户检索需求与空间信息资源间的相关性匹配等问题，力图提高空间数据服务中信息检索的效率和智能化程度。

1.4 本章小结

本章从知识工程和语义检索的角度,调研了空间信息检索的发展现状,分析了空间信息检索的特点和特殊需求,论述了空间信息服务系统中存在的语义问题,并对这些问题的解决给出了初步的设想和研究思路,最后对本书的主要研究工作和特点进行了介绍,便于帮助读者从总体上把握本书的脉络和结构。

本章参考文献

[1] 陆桑璐,周晓方,陈贵海,谢立. 空间信息检索及其数据库概化技术[J]. 软件学报,2002,13(8):1534-1539.

[2] 李善平,尹奇(韦华),胡玉杰,郭鸣,付相君. 本体论研究综述[J]. 计算机研究与发展,2004,41(7):1041-1052.

[3] 黄茂军. 地理本体的关键问题和应用研究[M]. 合肥:中国科学技术大学出版社,2006.

[4] 宣瑄,刘建波. 遥感数据自然语言检索技术研究[D]. 北京:中国科学院大学,2013.

第 2 章　本体技术在语义检索中的应用现状

语义检索也称为语义搜索，是指搜索引擎的工作不再拘泥于用户所输入请求语句的字面本身，而是透过现象看本质，准确地捕捉到用户所输入语句后面的真正意图，并以此为初始条件来进行搜索，从而更准确地为用户返回最符合其需求的检索结果。知识库是语义搜索引擎进行推理和知识存储的基础和关键，而本体 Ontology 则是知识库的基础。一般来说，本体提供一组术语和概念来描述某个领域，知识库则使用这些术语来表达该领域的事实。

语义搜索的实质是自然语言处理技术，在众多语义检索技术中，基于自然语言的检索方式日益成为大众用户所喜欢和易接受的检索途径。自然语言检索是一种使用会话式语言引导搜索过程的检索方法，在传统信息检索和语义本体之间建立了良好的结合和应用情景。大众用户使用熟悉的自然语言来表达检索需求，基于本体知识进行语义解析可获知用户的检索意图，将自然语言中表达的需求和蕴含的意图转换为可形式化表示的语义信息，为后继的信息检索提供更为准确和全面的检索条件，保证了检索结果的准确性和全面性。本书中将侧重于该类有效的语义检索方法和技术，关注于基于本体的自然语言检索在空间信息服务中的研究和应用。

2.1　自然语言检索的研究现状

随着网络用户数量的增多，非专业人员的网络检索行为比重大幅度提高，而且检索范围不再局限于文档检索，知识检索和以问题求解为目的的检索逐渐成为一种趋势。面对检索需求的这种转变，自然语言已经成为一种便捷的信息发布和查寻方式。国外研究人员很早就注意到可在信息检索中引入自然语言处理技术以提高检索效果，并进行了相关的研究和试验。自然语言检索早期的研究工作是尝试将自然语言处理技术应用于信息检索的相关环节中，这些工作主要体现在 20 世纪 60 年代到 70 年代的自动检索研究中。

(1) 早期自然语言检索的研究目标是希望通过机器处理，在自动标引中达到和人工标引相同的效果。Salton 早期的研究和 Bely 有关自动标引的工作都表现了该方面的思想；Lancaster 也就索引建立过程中，自然语言和受控语言的索引性能和对信息检索的影响进行了理论研究；80 年代后，John 和 Tait 运用自然语言处理判定，用于抽取复合词的句子结构；Fagan 和 Lewis 对前期的系统作了比较，并深入研究了复合词做标引项的可用性以及各词的权重分配问题[1]。

虽然这一时期有很多研究探讨语言现象的细节问题，并在句法，甚至语义层次上进行研究。但是，由于受自然语言处理技术发展水平的限制，很多研究的实际处理结果并不理想。有些人试图在完全的自然语言检索和传统的形式语言检索之间寻找一条中间道路，例如：有学者对信息检索中的类自然语言（Quasi Natural Language）用户接口进行了研究，但仍未获得令人满意的结果。

（2）由于名词及其短语在表达概念上具有重要作用，名词和名词短语的识别与提取成为自然语言检索中的一个关键问题，并在 20 世纪 90 年代得到充分的重视和研究。Gay 和 Croft 对信息检索文本中的名词复合结构的处理进行了研究；DuRoss 对信息检索中的语言重复现象进行了研究；Lewis 和 Jones 总结许多试验研究的成果，指出复合词和短语能够比单词更好地表达文献内容概念，而自然语言处理能够帮助信息检索系统自动识别、抽取或构成表达文献内容的复合词或短语，便于进行概念检索，提高检索效率[2]。

这一时期，句法分析和语义分析被越来越多地被引入到相关的研究中。Metzler 和 Haas 在信息检索中使用了领域无关的句法分析器；Hahn 研究了信息检索中的主题剖析问题。在语义层次的研究中，Sembok 和 Rijsbergen 进行了检索试验，建立了一个试验系统 SILOL；Zheng 的研究探讨了一种自动标引的语义转换模型。此外，Liddy 等利用当时正在调试的 DR-LINK 系统对检索中用户提问和相关反馈进行了研究；Kang 和 Choi 使用互信息方法，通过双层文档排列方法建立了一个自然语言检索模型[3]。

（3）20 世纪 90 年代以后的一些研究主要通过 TREC 测试体现出来。从 1992 年开始，自然语言检索就参与到该评测中，直至 TREC-4 时，TREC 增加了自然语言处理测试项目，目的在于探讨自然语言处理技术在信息检索领域所能达到的效益，并与非自然语言检索的结果相比较。

在 TREC-3 测试中，Strzalkowski 等人在原有的统计方法基础上，引入自然语言处理技术，从其试验结果来看，虽然系统对文本和查询的处理能力提高了，但在查全率和查准率上并没有显著的改善。在 TREC-4 测试中，人们探讨了这一现象的根源，发现无论语言处理的层次如何，用户的提问越长，检索的效果也就越好。于是，TREC-5 的重点放在构造查询提问的关键问题上。从 TREC-6 开始，研究重点则转移到查询扩展和文档索引的合并方法的策略上来[4]。

此外,20世纪90年代末期,国外很多著名的数据库,如Dialog、BIOSIS、ProQuest online等也开始在自己的检索系统中提供自然语言检索接口,进行自然语言检索尝试。很多面向网络信息资源检索的试验系统及搜索引擎也采用了一定的自然语言检索技术,在一定程度上实现了初步的自然语言检索功能。这些试验系统及搜索引擎主要有:START、IRENA、FERRET、Ask Jeeve、Geoquery、ixquick、Northern Light、Ask Northern Light a question、Electric Library等。

需要说明的是,国外对自然语言检索的研究都是以研究者的母语为对象的,实际上几乎都是针对英语的。虽然一些自然语言处理的思想和方法可以脱离具体的语言,具有一定的普遍适用性,但是在很多具体的研究内容上,特别是在具体语言现象的处理上,很多方法,甚至问题本身都是与语种紧密相关的。对于非英语的其他语言的自然语言检索来说,有关的各种问题需要在自身的语言环境中寻找合适的解决方案。

在20世纪90年代之前,国内信息检索领域针对自然语言检索的研究以自然语言标引为主,其他的相关研究也多集中于从理论上探讨用自然语言对文本进行标引上。90年代中期之后,出现了一些针对用户提问接口方面的研究。国内的研究工作主要有以下代表。

张琪玉是国内较早关注自然语言检索的学者,他从情报语言学角度对自然语言标引信息检索效率的各种影响因素作了较深入的研究,提出文本类型、检索范围、检索用词的专指度、文本用词的不规范性、不同的标引方法以及对自然语言进行控制的程度都会对检索系统产生影响。

台湾大学图书馆学系的陈光华使用LOB Corpus语料库作为训练语料库,利用SUSANNE Corpus为测试语料库,在句法层次上进行了自然语言检索研究。

近几年来,国内也出现了一些提供自然语言检索的试验性网络搜索引擎,主要有TRS检索系统、尤里卡搜索引擎和纳讯中文新闻搜索引擎。

国内对自然语言检索及有关问题尚缺乏系统、深入、面向具体问题的微观层次的研究,有很多重要的问题等待着人们去解决。这些问题分布于自然语言检索的各个环节之中。因此,目前对自然语言检索的研究仍然处于探索阶段,一些检索实现方案和试验系统也都只是在一定程度上对少量试验样本所进行的。

自然语言检索虽然有诸多优势,但其弱点也是不可忽视的。首先,对同义词、近义词、多义词及与其相关的一些词没有进行规范和统一,词间缺乏有机的联系,影响查全率;其次,由于选词没有严格限制,词汇量将过多过杂,从而影响查准率,并且会过多地占用磁盘的存储空间。因此在实际操作和实现中,必须对自然语言采取一些辅助措施,以弥补其缺陷,对自然语言中大量存在的等同关系、等级关系和相关关系进行控制和揭示,以便克服自然语言中影响检索效率的不利因素,发挥其提高检索效率的作用。

自然语言检索可以在不同层次上实现，如有些系统对一些简单的自然语言提问进行简单处理，并利用普通全文索引进行字面匹配，也可以得到一定的检索结果，但这些技术和方法都还不能完全应用于对大规模真实文本的检索中。就目前的情况看，自然语言检索，特别是汉语自然语言检索尚未形成成熟、理想的方法，对有关自然语言检索，特别是汉语自然语言检索的关键问题进行深入研究是非常有必要的。

2.2 本体的含义以及在自然语言检索中的作用

在哲学上，一般认为本体论是关于存在的理论，是客观存在的一个系统的解释或说明，关心的是客观现实的抽象本质。本体(Ontology)最初应用于人工智能领域，最早给出 Ontology 定义的是南加州大学的集成用户支持小组的负责人 Robert Neches 等于 1991 年提出“本体定义了组成主题领域的词汇表的基本术语及其关系，以及结合这些术语和关系来定义词汇表外延的规则”(An ontology defines the basic terms and relations comprising the vocabulary of a topic area, as well as the rules for combining terms and relations to define extensions to the vocabulary)。

在信息科学领域中，本体论最有代表性的两个定义是：Gruber 于 1993 年提出的“本体是概念化的明确的说明”(An ontology is an explicit specification of a conceptualization)和 Guarino 于 1995 年提出的“本体是明确的部分的概念化说明或者一种逻辑语言的预期模型”(An ontology is an explicit, partial account of a conceptualization/ the intended models of a logical language)。1998 年，Studer 在总结前人的基础上，提出“本体是共享概念模型的明确的形式化规范说明”(An ontology is a formal explicit specification of a shared conceptualization)。

从以上几类定义可以看出，本体的理解主要包含有四个方面的含义：概念化(conceptualization)指认识了世界上些现象的相关概念后得到的这些现象的抽象模型；明确(explicit)指这些概念的类型和使用概念的约束都被明确的定义；形式化(formal)指本体是计算机可读的，而不是普通的自然语言；共享(shared)指本体是被团体共同认可的知识，而不是被一些个人单独认可的。本体的目标是确定领域内共同认可的词汇，并从不同层次的形式化模型上，给出这些词汇和词汇间相互关系的明确定义，从而获取相关领域的知识，提供对该领域知识的共同理解[5]。

自然语言检索其实质是将用户自然语言中的检索需求和所需的信息资源之间建立联系，从自然语言中获取用户的检索意图需要自然语言理解技术，需要构建用于自然语言理解和分析的知识库。该知识库需要使用符合自然语言结构和表达方法的形式来组织，本体作为一种新型的知识组织和表示方式，具有良好的概念层次结构和对逻辑推理的支持，因此在信息检索，特别是在基于知识的检索中得到了广泛的应用。将Ontology与自然语言检索相结合有以下主要原因。

(1) 自然语言检索是最为方便的一种检索，它具有较高的易用性、较低的文献处理难度以及更适合非文献检索的特点。但是它还存在着很多问题，正是这些问题使它不能完全取代情报检索语言，仍需要对检索语言加以控制[6]。例如：自然语言检索虽然减轻乃至消除了文献处理难度，增加了检索系统的易用性，但是却降低了检索效率，增加了获得较好检索效果的难度。因此，对自然语言检索的改进需要引进控制机制，其中较为有效的是基于本体的检索词汇控制。

(2) 本体与传统的情报语言的叙词表一样，都反映了某一领域的语义相关概念，具有知识性、科学性和层次性等特点。但本体比情报语言更适用于网络环境下的信息资源组织，其优势主要体现在以下几个方面[7]：

① 本体更加深入、全面、细致地反映了概念之间的关系，而叙词表中的语义关系通常是固定的几类，例如："用、代、属、分、参"等；此外，在组织结构上，本体中的概念构成了一个语义网络，而叙词表的知识点则只是线性组织的。

② 本体中的概念采用形式化的自然语言或半自然语言来表达，比叙词表的应用范围更广，可以实现基于本体的语义检索或自然语言检索。

③ 叙词表在建好后就相对稳定，不可经常修订；而本体则是一个开放的体系，其概念集可以随着学科领域的发展进行动态更新，更适应于信息频繁更新与变化的网络环境。

(3) 自然语言检索需要情报检索语言加以规范，而从本体的概念及其功能特点来看，本体具有与情报检索语言相类似的一些功能特征，主要表现在以下几个方面[8]：

① 本体是关于领域知识的概念化、形式化的明确规范，是对领域知识共同的理解与描述，它和情报检索语言一样由概念及其之间的相互关系构成，所不同的是本体可以更加系统、全面地揭示概念之间的相互关系，具有更强的表达能力。

② 本体与情报检索语言同样具有描述词间关系的功能，所不同的是本体不仅可以表达概念之间的各种关系，还可以表达如继承关系、实例关系、属性关系、函数关系等。

③ 与情报检索语言相比，本体也同样具有标引功能、对情报进行集中并揭示其相关性的功能、情报组织的功能、便于将标引用语和检索用语进行相符合性比较的功能。因此，本体可以代替情报检索语言对自然语言加以更好地控制。

在信息检索领域中，原有的直接基于关键词和分类目录的信息检索技术已经不能满足用户在语义上和知识上的需求，而Ontology具有良好的概念层次结构和对逻辑推理的支持，因此在信息检索，特别是在基于知识的检索中得到了广泛的应用[9]。

Ontology为信息检索系统提供了资源描述和形成查询所必需的元语。以本体技术为核心建立领域语义模型，为信息源提供语义标注信息，使系统内所有的代理Agent可在对领域内的概念、概念之间的联系、以及基本公理知识具有统一认识的基础上进行信息检索，这更符合人类的思维习惯。可以克服传统检索方法造成的信息冗余或信息丢失的缺点，从而能够显著地提高系统的联想能力和精确性，可快速、高效、精确地检索出用户所需的有价值的信息。本体已逐渐成为一种智能信息检索系统的知识表示方式，是信息检索系统的核心组成部分[10]。具体地说，Ontology在检索系统中的作用主要包括以下几个方面：

(1) 改善对信息源的处理

为了使网络信息的表示、交换和处理能遵循统一的标准，一些学者提出了语义信息模型，它对领域的基础知识进行概念化，在数据的相互关系中定义数据的含义，便于对领域信息的查找、过滤、抽象、组织和重获[11]。而Ontology以其具有良好的概念层次和对逻辑推理的支持，成为一种较为合理的语义数据建模方法，为网页的标引处理提供了更广阔的发展空间。Ontology采用规范的形式语言、精确的句法和明确定义的语义，对领域中的概念与概念、概念与实体、实体与实体之间的关系进行预先标注，这样可有效减少了系统内各智能主体对领域中概念和逻辑关系可能造成的误解。

目前，基于Ontology的网页注释的典型项目有：KA2(The Knowledge Annotation Initiative of the Knowledge Acquisition Community，采用语义标签的人工网页注释)、SHOE(Simple HTML Ontology Extension，对HTML进行本体扩展)、WebKB(Web Knowledge Base，采用概念图表和相应Ontology知识来注释网页的人工标引方法)等。这些项目所采用的方法大都是通过事先人工处理来标引网页，虽然标引的准确度提高了，但网页的修改和新网页的产生时都需要重新注释。

(2) 优化用户界面

查询重构与优化模块的作用是便于用户构造、修改和优化查询语句，帮助系统准确理解查询，方便而完善的人机界面在自然语言检索系统中是非常重要的。Ontology作为知识库的基础，可从以下几个方面优化检索系统的用户界面[12]：

① 允许用户查询和浏览Ontology

采用一定的可视化形式(如目录树形、网形等)将Ontology所体现的概念体系结构显示给用户，用户通过浏览Ontology能更好地理解信息系统所使用的词汇，从而以最优的专指度来构造查询语句。

② 词汇超越(Vocabulary Detaching)

用户可以依据各自的语言偏好，输入查询时使用自己的语言，通过 Ontology 映射为信息系统中的词汇或概念。

③ 支持反复的查询细化和偶然的知识发现

基于 Ontology 的信息检索界面，一种可行的方法是采用现有的搜索引擎的设计，用户输入检索词语或短语，通过浏览结果列表修改检索式，查询处理仍依赖于自然语言处理。另一种界面更注重查询构造过程的交互性和用户的控制作用，这需要更复杂的界面设计方法，要对用户的介入层次和相关检索策略进行分类。

偶然知识发现是提高检索查询行为有效性的一种途径。通过交互，能把用户模糊的想法转变为可表达的短语或句子，明确查询目标；或者用户通过浏览 Ontology，发现感兴趣的检索主题和范围。

(3) 辅助自然语言处理过程

自然语言处理技术在信息检索系统中的应用集中在词法分析和句法分析，但现有的算法在计算复杂度、速度和准确性等方面还不能很好地满足检索系统的要求。如果在词法分析和句法分析过程中能结合词汇和语法规则的语义信息，分析的效果将有很大改善[13]。而 Ontology 作为一种提供领域概念及其相互关系的工具，其中包含的语义知识和约束条件正是自然语言处理所需的语义基础。

① 词法分析

本体与自然语言的词典结合，可形成词汇语义型 Ontology，其建立过程中考虑了概念和词汇的关系，由一组同义词来定义一个单一概念，如 WordNet、Mikmkosmos 等。分析信息源或查询时，将其中的词汇映射到 Ontology 中的概念，能使检索系统的标引和匹配更接近“概念层次”或“语义层次”。同时，Ontology 中包括的规范、公理以及实例化知识，也有助于提高词法分析的消歧能力和推理能力。利用概念间的约束知识可进行消歧，并指导启发式信息剪枝和搜索。此外，在推理的过程中，通过计算概念之间的距离，可寻找出一条符合约束的最短距离。

② 句法分析

建立 Ontology 的过程中，也可结合自然语言的句法知识，从而利用句法知识从语料中获取概念。以 Ontology 中的领域知识为基础，利用各类规则将语义信息直接编译到语法中，形成语义语法，其目的是使语义信息尽可能多的介入到句法分析过程中。在应用语义语法规则进行句法分析时，Ontology 可以随时为系统提供语义支持，用于辅助分析，以减少歧义。

句法语义型 Ontology 的典型代表是由 GMD/IPSI 构建的 GUM(Generalized Upper Model)。其基本思想是：根据语言组织知识的方式，抽象出它们的句法模式，对这些模式的功能组成元素不断地抽象，形成基本元素概念。句法模式和元素概念构成了上层概念模型(Upper Model)。上层模型的概念是独立于具体领域和任务的，作为领域概念的基础。同样，利用相同的抽象方法，可以获取领域中的概念。

从以上的调研结果可以看出，针对自然语言检索中存在的问题和难点，将 Ontology 引入到自然语言检索系统中，能在一定程度上解决或部分解决这些问题。

2.3　基于本体的空间信息自然语言检索研究现状

空间数据(Spatial Data)是指用来表示空间实体的位置、形状、大小及其分布特征诸多方面信息的数据，是对具有地理空间分布特征的事物和现象的记录。它可以用来描述来自现实世界的目标，它具有定位、定性、时间和空间关系等特性。空间数据属于多媒体数据，但与一般多媒体数据相比，空间数据具有复杂的空间结构、来源多样性、存储形式多样性、分辨率多样性、表达形式多样性、信息海量性、访问方式多样性等特点，导致空间数据检索具有一定的难度。

空间信息检索(也可称空间数据检索)则是针对空间数据进行的信息检索，空间信息检索具有显著的时间和空间特性。空间信息检索在地理、地质、通信、交通和管线等领域有着广泛的应用，随着空间数据获取手段的日益先进，可以利用的空间数据以指数级不断地增长，在大容量、高维度的空间数据中实现相关数据的快速、高效检索在近来获得了极大的关注[14]。空间信息检索必然需要提供访问空间相关信息的方法，并支持时空推理分析能力，它是信息检索(Information Retrieval)的一个特殊应用领域，具有其特殊的检索要求和特点。

(1) 相似性检索

空间信息检索不同于空间查询。空间查询面向的是对确定性空间数据的查询，采用具有确定性语法和结构化查询的语言作为查询手段，可查询与条件完全匹配的结果。而空间信息检索则是对具有不确定性空间内容的查询，采用基于内容的检索手段，根据空间内容相似性或相关性，可获得与条件部分匹配或者最佳匹配的查询结果。该特点引出了空间数据查询的智能化检索需求，确定性、单一性的文本匹配检索已不再能满足用户对信息检索的要求，如何智能地分析出用户确切的检索要求，智能地检索到满足用户的数据，并以智能化的方式灵活地呈现给用户等新的需求，推动了智能信息检索技术的发展。

(2) 时空关系推理分析

空间信息检索的对象是具有时空关系的空间数据，空间信息检索具有显著的时间和空间特性，因而地理本体区别于其他领域本体的重要特征在于：地理本体中除了对领域中概念和术语的描述外，更加注重对地理实体的时空关系进行描述和推理。进行基于自然语言的空间信息检索则需要注重这些时空特性，空间信息本体则是为了描述这些时空特性而建立的领域本体，用于提供空间和时间关系的描述和推理能力。

(3) 检索过程的专业性

在空间信息检索界面上，由于空间数据的特点，需要输入或选择具有一定专业性含义的检索条目，这些输入项的正确选取对用户获得满意的查询结果具有直接的影响。这要求使用该类界面进行数据检索的人员需要具有一定的地理领域和空间信息的知识背景。

以上这些空间信息检索的特殊要求使得空间数据的检索和查找不同于传统的信息检索方式，因而在开发和实现空间信息检索系统中，需要注重和解决这三个方面的需求。

目前针对空间信息的自然语言检索的研究主要有[15]~[17]：

(1) FrameNet 和 PropBank 各自开发的语义标注系统中都包含有一定量的空间关系语义标注，但是这两个标注系统是为通用领域指定的，没有考虑到深层空间语义的标注问题，使得这些语义标注仅能以字符的形式来表达有效的语义，不利于机器的理解，缺少对空间关系的语义关联性描述。

(2) Hiramatsu 等研究了基于本体的地理参考信息标记问题，基于本体对地理关系进行描述，来解决参照典型地物标记的地理信息标记，以典型地理实体为中介建立了地理信息和非地理信息间的关联，并提供了用户问答式查询界面。但是该界面对于用户的自然语言理解能力有限，而且不支持对模糊不确定性信息的分析和处理。

(3) 王敬贵等提出了一种基于本体的空间知识查询(ODSKQ)方法，查询请求采用自然语言来描述，为用户提供对问题的直接回答，构造了具有五元组组成的地理本体。但是该地理本体不是针对语言特点来建立的，只是表述了地理概念和空间关系，因而其语义解答能力较弱，仅解决了地理实体间空间关系的描述和查询。

(4) 乐小虬等研究了基于空间语义角色的自然语言空间概念提取方法，基于标注的语料库，解决从 Web 页面等非结构化文本中自动提取空间概念的问题。该方法使用了语义角色标注、短语识别、概念模式匹配等手段，并在问答式移动空间信息服务和军事文书自动标绘中得以应用。但是该研究缺少有效的语义模型和完整的知识库，语义描述和分析能力仍很有限。

从上面的论述可以看出，研究人员已经将本体技术引入到空间信息领域中，试图用于解决地理关系描述、空间知识查询、空间概念自动提取等问题，将本体引入到自然语言理解和知识检索中具有显著的优势和作用，可以将自然语言理解和知识检索提升到语义级别，解决自然语言检索中的语义问题。但是现阶段本体的语义描述能力远没有达到人们预期的程度，成为制约自然语言检索进一步发展的瓶颈所在。

本体按照最初的定义，反映的是某个领域中共识概念的形式化、明确的、可共享的定义和规范，本体的理论基础描述逻辑（Description Logic，DL）只注重概念 Conception 和角色 Role 的描述，描述逻辑的推理用于满足：定义概念表达领域知识，初始概念仅表示必要条件，公理保证全局一致性等知识构建规范。其推理的目的是分类检索和找出不可满足的概念，或判断一个假设是否被公理集蕴含，以及领域知识能否被表示为任意公理的一个集等问题，其推理是非兴趣内容分类。该推理对保障本体的知识完备性是十分重要的，但是其提供的推理能力仅局限于对概念间的包含、分离、等价和可满足等关系的分析和检查，对概念间和实例间复杂的语义关系仅停留在概念描述级，没有真正达到语义应用级（或者说是一种隐含语义），限制了本体推理的应用范围和实用性。

本体描述语言提供了四类基本语义关系（is-a、part-of、same-as 和 kind-of 四类原语），这四类基础关系反映概念和实例间在概念级别上的关系。除此之外，用户可以根据需要扩展自己需要的语义关系，例如：hasChild、canUse、hasBorder 等，以数据类型属性（Data Type Property，对应于数据类型的属性值，如 string、float、date 等）或对象属性（Object Property，对应于概念间的语义关联）来表示，这些用户自定义的语义属性和关系对于本体中概念间语义关系的理解和使用具有重要的作用，而现阶段本体自身缺乏对这些定制语义信息的表达和理解能力。虽然可以根据需要为概念结点添加 comment、label、seeAlso 等描述属性，但这些属性都是以自然语言语句来描述的，计算机对这些描述信息是很难直接理解的。

基于以上本体对语义描述和理解能力的局限性分析，采用现有的本体描述和推理机制来进行自然语言的理解和处理，主要存在以下四类关键问题。

(1) 以数值形式描述的概念属性具有量化的值，但是这些数值对于机器而言很难理解其数学含义，对于自然语言理解可提供的帮助非常有限；而且基于这些数值进行推理和分析，又需要采用程序代码来描述如何将这些数值转换成语义的推理规则，这将直接影响语义理解的实现难度和灵活性。

(2) 以概念间关系来表述其语义关联，可以比较形式化地描述概念间关系，但是计算机很难能直接理解这些语义关系名称的含义，这使得计算机很难获知这些语义关联的含义，同样需要依靠用户编写程序代码或对应的推理规则来形式化地表述出这些语义。而且在汉语自然语句的理解上，动词是语义的重要表达，但是本体只注重概念的表达，缺失对动词所表达语义的描述。

(3) 对本体中概念可以用语句或关键字来描述其语义信息，但是这些自然语言符号都是人类容易理解和阅读的，计算机很难直接理解。而目前很多本体概念的匹配和映射都是依赖于这些描述信息来进行的，使得语义理解能力受到字符匹配的影响，降低了语义理解和分析的级别。

(4) 在领域知识中包含有大量的不确定性因素，自然语言中也包含有一定量的模糊性，这些不确定性信息在本体化描述时只能采取定性化处理方法来实现，缺乏对这些语义属性和关系的定量化度量机制，使得本体中语义关系过于规范化和单纯化，难以适应自然语言理解中不确定性语义关系理解的需要，限制其语义分析的灵活性和适应性。

以上这些问题，总体来说就是目前本体所描述的语义信息要么过于数值化，要么过于语言化，没能给计算机一种适应的形式化描述形式，使得目前本体关于知识的描述大都是词汇级的，没有真正达到语义级。这些问题极大限制了本体在自然语言理解中应用的范围和效果，也成为目前限制本体继续深入发展和广泛应用的瓶颈所在。

2.4　当前研究的不足和存在问题

通过上面的调研和分析可以看出，基于本体的自然语言检索具有一定的技术优势，可有效地满足空间信息检索的特殊需求。主要表现在：用户使用自然语言来表达数据检索的意图和目的，可有效地避免专业性较强的传统检索界面对用户背景知识的要求，用户以习惯和方便的方式来表达需求，可提高信息检索的便捷性和灵活性；基于本体知识库中对时间和空间关系的语义形式化描述，可进行时空推理和分析，自动地为检索过程提供时间和空间需求的语义化解析，可增强信息检索的高效性和智能性；基于本体知识库中对领域知识的形式化描述，可采用不确定性推理和分析算法来提供相似性检索和匹配分析，在用户需求和所需资源间建立模糊语义化关联，保证信息检索的全面性和有效性。基于上面对现阶段本体局限性的分析，可以发现目前在基于本体的自然语言检索中，仍未很好解决并且值得研究的关键问题主要有如下几点。

(1) 现有的用于支持自然语言检索的语言知识库，大多从词法和语法上进行自然语言的描述，缺乏语义分析的基础，限制了语言理解的能力。而已有针对语义关系建立的语言知识库，大多只针对某种语言环境和限定条件进行语义的分析和理解，没有从语言学角度来描述语义关系的知识库。因而需要选择适用于汉语特点的自然语言描述模型和语义认知模型，将这些模型和本体模型相结合来改善本体对自然语言的理解能力，可提高本体对自然检索语句中用户需求的语义分析能力。

(2) 描述逻辑作为本体知识表示的形式化基础，具有很强的知识表示和推理能力，但是描述逻辑通常只能处理含义明确的概念知识，在处理非单调的、不完备的知识时，却无能为力。在基于本体的信息检索过程中存在大量的非精确信息和不确定性因素，在本体知识的表述中也存在较多的不确定性知识，这就需要对原有的本体模型进行扩展，以支持在本体中对不确定性知识的描述和表达，并提供不确定性语义推理和分析能力。

(3) 目前国内外都建成有特定用途的地理本体，这些本体将研究的主要精力都放在了如何从半结构或无结构的文本中自动获取空间实体和关系以及实例上，而对基于这些本体知识库进行语义分析和推理的研究相对的投入力度很不够，使得目前地理本体的作用没有得以有效地发挥，地理本体中的领域知识没有得到充分的发现和利用。因而，需要针对本体知识库中知识组织的特点，选择和设计适用的语义分析和推理方法，并对本体的推理机制进行改进和扩展，充分发掘其中有用的语义关联信息，用于辅助空间信息的检索、处理和融合等。

总体上来说，目前本体的描述语义主要侧重于对概念从属、概念间相似关系的描述，这两方面的信息对于语义的描述和理解都停留在了概念关系级别，只能用于实现各种歧义概念间的映射和匹配，因而其所描述的语义是很有限的。此外，现有语义 Web 的实现也主要依赖于对各类 Web 资源进行概念级的语义标记，用于实现对这些资源所提供功能的语义理解。因此，要将本体更好地应用于自然语言检索中，需要解决的关键问题是如何在本体中形式化地描述自然语言理解所需要的语义知识，真正地实现语义层面的自然语言分析和理解，而不是仅仅停留在词法或语法层次，需要寻求一种适用的语义描述机制或模型。此外，还需要提供相应的不确定性知识描述和推理机制，解决自然语言理解和语义检索中的相似性检索和非精确推理问题，增强其语义解析能力，以改善基于本体的自然语言检索的应用效果和适用范围。

2.5 本章小结

本章在调研分析基于自然语言的信息检索发展现状基础上，分析了本体在自然语言检索中的作用和价值，针对本体在空间信息自然语言检索中存在的主要问题进行了论述，并指出了解决这些关键问题的可行途径和方法。

本章参考文献

[1] 王灿辉，张敏，马少平．自然语言处理在信息检索中的应用综述[J]．中文信

息学报，2007(2):35-45.

[2] 何莘，王琬芜. 自然语言检索中的中文分词技术研究进展及应用[J]. 情报科学，2008,26(5):787-791.

[3] 耿骞，赖茂生. 自然语言检索的实现及其关键问题. 情报科学，2007,25(5):733-741.

[4] 沙淑欣. 情报检索语言研究综述. 国家图书馆学刊，2004(3):80-85.

[5] 杜小勇，李曼，王大治. 语义 Web 与本体研究综述. 计算机应用，2004,24(10):14-16.

[6] 李雅琼. 自然语言检索的新发展:与 Ontology 相结合[J]. 情报理论与实践，2007，30(2)：248-251.

[7] 史一民，李冠宇，刘宁. 语义网服务中的本体综述[J]. 计算机工程与设计，2008,29(23):5976-5982.

[8] 汤艳莉，赖茂生. Ontology 在自然语言检索中的应用研究[J]. 现代图书情报技术，2005(2)：33-36.

[9] 曹树金 马利霞. 论本体与本体语言及其在信息检索领域的应用[J]. 情报理论与实践，2004，27(6)：632-637.

[10] 武成岗,等. 基于本体论和多主体的信息检索服务器[J]. 计算机研究与发展，2001，38(6)：641-647.

[11] 徐振宇，张维明，陈文伟. 基于 Ontology 的智能信息检索[J]. 计算机科学，2001，28(2)：21-26.

[12] 万捷，滕至阳. 本体论在基于内容信息检索中的应用[J]. 计算机工程，2003，29 (4)：122-123.

[13] 潘宇斌，陈跃新. 基于 Ontology 的自然语言理解[J]. 计算技术与自动化，2003，22(12)：71-74.

[14] 黄田力. 基于内容的空间信息检索[D]. 长春:吉林大学，2005.

[15] kaoru Hiramatsu，Fe ke Reitsma. GeoReferencing the Semantic Web：ontology based markup of geographically referenced information[EB]. 2004. http://www. mindswap. org/2004/geo/geoStuff_files/ HiramatsuReitsma04GeoRef . pdf.

[16] 王敬贵，苏奋振，杜云艳，杨晓梅，陈秀法. 基于 Ontology 的空间知识查询方法及其应用[J]. 地球信息科学，2004，6(4)：93-99.

[17] 乐小虬，杨崇俊，于文洋. 基于空间语义角色的自然语言空间概念提取[J]. 武汉大学学报(信息科学版)，2005，30(12)：1100-1103.

第3章 空间信息系统中的语义问题分析

空间信息系统(Spatial Information System,SIS)是地球空间信息科学(Geo-Spatial Information Science-Geomatics)的技术系统,它是基于计算机技术和网络通信技术的解决与地球空间信息有关的数据获取、存储、传输、管理、分析与应用等问题的信息系统。

空间信息系统是地理信息系统(Geographic Information System,GIS)、土地信息系统(Land Information System,LIS)、地籍信息系统(Cadastral Information System)等的总称,在人类面临的全球性环境问题的解决,经济与信息的全球化,国家经济战略、安全战略和政治战略的研究与决策,自然资源的调查、开发与利用,区域和城市的规划与管理,自然灾害预测和灾情监控,工程设计、建设与管理,环境监测与治理,战场数字化建设与作战指挥自动化等诸多方面,空间信息系统都有着十分广泛的应用。

3.1 空间信息系统的发展历程

空间信息系统是复杂的技术系统,涉及数据获取、存储、管理、传输、分析和利用诸多方面,其核心是空间信息获取、空间数据模型、数字高程模型、空间关系与空间分析、空间数据的多尺度显示与可视化。空间信息系统科学是多学科交叉的综合性学科,随着计算机科学技术、空间科学技术、信息科学技术及其他各相关科学技术的发展,空间信息系统技术发展十分迅速,了解空间信息系统发展前沿技术是非常重要的。

3.1.1 空间信息服务的发展历程

随着面向空间数据服务集成、协同与管理等技术不断深入研究,缺少自治性和灵活性的集中式空间数据服务部署和发现机制在搜索广度、搜索深度、服务时效性等方面逐渐难以适应需求,采用分布式机制实现空间数据服务的部署和发现成为研究焦点。

(1) 空间信息服务的分布式应用阶段

空间信息服务的分布式研究最早可以追溯到 20 世纪 90 年初期发起的 OpenGIS 运动,1993 年美国的几个联邦机构和商业组织在一次有关“网络环境下访问异质空间数据及处理资源”的会议上首次提出了 OpenGIS 的概念体系。1994 年,非营利性组织 OpenGIS 联盟(OpenGIS Consortium, OGC)成立,致力于空间信息共享与互操作,专门发展 OpenGIS 规范[1]。

OpenGIS 规范的前身是开放空间数据互操作规范(Open Geodata Interoperability Specification, OGIS),其主要目标是使用户能开发出基于分布式计算技术的标准化公共接口,将空间数据和空间处理资源完全集成到主流计算中,并实现互操作的、商品化的空间数据处理与分析的软件系统,并使之在全球信息基础设施上得到广泛的应用。OGIS 通过消除空间信息的语义、模型、结构、软件实现等方面的差异性为实现空间信息共享与互操作提供了标准和规范。

1998 年,Oliver Gunhter 和 Rudolf Muller 从 Internet 市场需求的角度分析了从 GIS 系统走向空间信息服务的发展趋势,探讨了空间信息服务的商业模式,并给出了一个基于 CORBA 的原型实现。同年,加拿大 Calgarya 大学启动了名为 GeoServNet 的研究项目,以探索如何分布和集成 Internet 上的 GIS 服务,也是基于分布式对象技术来实现空间信息服务。也是在 1998 年,Ming-Hsiang Tsou 就开始探索利用 Agent 来实现空间信息服务,并在其博士论文中详细阐述了基于 Agent 的空间信息服务的理论与技术框架。由于分布式对象技术固有的局限性,使得基于分布式对象的空间信息服务应用摆脱不了客户/服务器结构的束缚,也缺乏良好的互操作性与穿越防火墙的能力。

(2) 空间信息服务的 Web 服务阶段

2001 年,OGC 直接采用国际标准化组织(ISO)地理信息/地球信息技术委员会(ISO/TC211)的委员会草案《地理信息一服务》(即 ISO/CD19119. 2)替换了 OpenGIS 规范中的第 12 专题,并不断更新。

2002 年,ISO/TC211 正式推出了国际标准草案《地理信息一服务》(即 ISO/DIS 19119)。该标准草案从计算视角、信息视角、工程视角和技术视角阐述了空间服务(Geospatial Service)的服务链、服务元数据、服务分类体系以及服务互操作等内容。但 ISO/DIS 19119 还是比较抽象的空间服务规范,主要面向 DCOM、CORBA 或 EJB RMI 等分布式对象实现技术。

OGC 于 2001 年 3 月启动了利用 Web 服务技术解决空间信息共享与互操作问题的研究项目——OGC Web 服务启动项目(OGC Web Services Initiative)[2],目的是希望提出一个可进化、基于各种标准的、能够无缝集成各种在线空间处理和位置服务的框架,使得分布式空间处理系统能够通过 XML 和 HTTP 技术进行交互,并为各种在线空间数据资源、来自传感器的信息、空间处理服务和位置服务的基于Web的发现、访问、集成、分析、利用和可视化提供一个以服务为中心的互操作框架。OGC在ISO/DIS 19119服务规范的基础上，通过OGC Web服务启动项目(OWS 1.1、OWS 1.2和OWS 2)提出了OpenGIS Web服务体系结构规范，已经和正在制定一系列空间Web服务的实现规范。

Web服务结合了组件和Web技术的优势，具有良好的互操作性、松散耦合性、以及高度的可集成能力等特征，尤其是OGC与ISO/TC211等国际组织对空间Web服务卓有成效的标准化工作，使得国内外基于Web服务的空间信息服务研究如雨后春笋[3]。研究主要集中在：空间信息服务的框架与关键技术，面向服务的空间数据共享与互操作，空间Web服务链接模式，空间元数据服务技术，基于GML、SVG的空间信息表达与可视化等方面。

目前，我国适应全球信息化建设的发展趋势，也启动一系列的以“数字省”、“数字城市”为核心和目标的信息化工程。国家科技部于2002年做出了加强科技基础条件平台建设的战略部署，推动实施了“科学数据共享”项目，旨在形成国家科学数据共享服务体系，实现跨地区、跨学科、跨部门的分布式科学数据共享，避免国家在数据资源建设方面投资的巨大浪费，为提升我国科技创新能力发挥重大的作用。

(3) 空间信息服务的网格阶段

空间信息服务基于Web服务技术可以解决体系结构僵硬与互操作性差等瓶颈问题，但Web服务技术只实现了软件资源的共享，在面对计算密集型和/或数据密集型的空间信息应用时，却无法共享网络中广泛分布的计算资源、存储资源等。网格技术的出现为空间信息服务带来了共享数据、信息、软件、计算资源、存储资源以及传感器等一切网格资源的全面解决方案。

传统的空间信息系统没有能够解决空间资源的有效共享和充分利用，WebGIS只是在一定程度上实现了部分空间资源如空间数据的共享，而在网格环境下不仅要求所有可共享的资源实现充分共享，而且强调资源共享的一体化管理。基于网格来实现空间信息服务，即应用网格技术来改造空间信息服务的研究，为解决现有的困难提供了新的途径[4]。

网格(Grid)研究始于20世纪90年代中期的科学与工程计算领域，网格是在网络之上运行的以实现资源共享和协作为目标的软硬件基础设施，它提供了一种集成的资源和服务的环境。网格技术在空间信息服务中的应用研究，以提供一体化、智能化的空间信息服务为目标，力图借助网格基础设施，结合OGC互操作规范，改变传统空间信息服务的单一化形式和应用模式，增强计算、协作、迁移和集成的能力，增加对大容量分布式存储数据的处理的支持，增加对各种信息服务的集成，更好地为大众和社会服务。网格技术与空间信息技术的集成，将为空间信息技术的发展提供前所未有的大好机会。

中国工程院、中国科学院院士李德仁在“地球空间信息学的机遇”一文中指出：“时空信息管理和分发的网格化”和“时空信息服务的大众化”是未来时空信息高科技，地球空间信息技术的重要的发展趋势[5]。人们不仅要在互联网查询和检索到空间信息，而且还要利用网络上的资源进行网格计算。因此网格在空间信息服务中的应用技术研究具有重要意义，网格技术是改善空间信息服务质量，提高其效率，满足大众化的要求的重要工具。通过共享资源、协作以及并行计算，网格技术可以集成计算能力，提供有效集群和负载均衡，支持多用户空间操作的协同，解决空间信息服务中的诸如计算能力不足、缺乏协作等问题。

2002年，融和了Web服务技术的开放网格服务体系结构(Open Grid Service Architecture, OGSA)的提出，将网格技术从科学与工程计算领域扩展到以分布式系统集成为主要特征的商业应用领域，提出了网格服务的基本概念[6]。网格服务是一种实现了标准接口、行为和Web服务，它通过开放网格服务基础设施的核心接口集解决了现有Web服务标准不能解决的有关基本服务语义相关的问题。OGSA将各种网格资源抽象为网格服务，以网格服务这种统一的实体提供共享接口，有效地屏蔽了网格资源的异构性。

在应用OGSA的过程中，该规范也显露出一些缺陷。OGSA基础结构规范过分强调网格服务和Web服务的差别，而且没有对资源和服务进行区分，导致了两者之间不能更好地融合在一起。为了解决OGSA基础结构规范和Web服务之间存在的矛盾，2004年1月，Globus联盟和IBM公司发布了Web Services资源框架(Web Services Resource Framework，WSRF)。

Web Services的实现通过一系列的技术规范来完成的，包括SOAP、UDDI、WSDL、XML等。Web Services通过Web入口进行访问，提供XML接口，利用Web Services注册器进行注册与定位，并支持系统间的松散耦合连接的一套协议规范和机制。而网格技术的本质是在分布、异构的资源基础上实现资源共享和协同工作，因而Web Services的协议和特性就为网格技术的实现提供了良好的支撑环境。从本质上而言，WSRF是一组Web Services规范，它从特定的消息交换和XML规范的角度，定义了Web Services资源方法的表现形式。

新的网格标准草案WSRF中，把OGSA基础结构规范转换成了6个用于扩展Web Services的规范。采取将Web Services扩展为支持有状态服务的策略来构建开放式网格基本结构。考虑到网格服务的有状态和Web服务的无状态，WSRF将Web服务与有状态资源进行分离，规定资源是有状态的，服务是无状态的，提出Web服务资源的概念，有效地解决了这一矛盾。

我国“十五”期间国家高新技术863计划的信息获取与处理技术主题提出了空

间信息网格(Spatial Information Grid,SIG)[7]这一创新性的概念,重点支持SIG相关技术的研究,其目标是有效解决海量分布的空间信息共享、互操作和协同应用等一系列问题,满足多层次的空间信息应用需求,实现一体化空间信息资源组织、海量空间信息共享、高性能协同分析处理、以及跨地域空间信息的集成。

SIG是"一种汇集和共享地理上分布的海量空间信息资源,对其进行一体化组织与协同处理,从而成为具有按需服务能力的空间信息基础设施",其最终目标是将Internet上的空间信息服务站点链接起来,实现服务点播(Service on Demand)和一步到位的服务(One Click Is Enough)。它是一个分布的网络化环境,连接空间数据资源、计算资源、存储资源、处理工具和软件以及用户,能够协同组合各种空间信息资源,完成空间信息的应用与服务。在这个环境中,用户可以提出多种数据和处理的请求,系统能够联合地理上分布的空间数据、网络和处理软件等各种资源,协同完成多个用户的请求。

李德仁院士区分了广义空间信息网格和狭义空间信息网格的概念:前者是指在网格技术支持下,在信息网格上运行的天、空、地一体化地球空间数据获取、信息处理、知识发现和智能服务的新一代整体集成的实时/准实时空间信息系统;后者则是指网格计算环境下的新一代地理信息系统,是广义空间信息网格的一个组成部分。

目前SIG的应用系统具有代表性的是欧洲的DATA GRID计划、美国的ESG(Earth System Grid)计划和国际对地观测组织的CEOS/WGISS的网格研究组。

ESG(地球系统格网)是美国能源部DOE(Department of energy)于2000年启动的研究项目,由美国阿贡国家实验室(Argonne National Laboratory)等五个国家实验室的科学家联合承担,主要目标是解决从全球地球系统模型分析和发现知识所面临的巨大挑战,为下一代气候研究提供一个无缝的强大的虚拟协同环境。ESG项目的主要特色是网格海量数据的移动技术、一站式服务技术和空间数据的发现技术等。

欧洲的数据网格(DATA GRID)是在欧盟领导下的一个欧洲合作项目,主要目的是建立构建欧盟的下一代科学研究的原型环境,它是一个面向数据的计算网格,包括网格组件研究、网格应用的研究和试验床建设。欧洲的数据网格是为了解决海量数据的存储和计算问题,把数据库分散到欧洲、北美、日本等国的区域中心,后者再将数据进一部分解和处理。其中它的第九工作组WP9(Work Package 9)是对地观测领域的数据网格及其应用的研究。

对地观测委员会CEOS(Committee On Earth Observation Satellites)是1984年成立的政府间的国际性组织,主要目的是促进空间对地观测技术和应用的合作,制定国际性的对地观测计划和政策。CEOS于2001年开始了在GRID的构架下,如何实现卫星数据和地理数据全球范围内的共享的原型研究。

WGSIS是对地观测委员会(CEOS)下属的信息系统和服务工作组,研究数据和信息服务方面的问题,如数据存取、互操作等。WGISS在2003年设立网格任务组,负责协调各国空间信息领域的网格技术和网格应用的研究,提供一系列的网格技术支持,以此推动各国利用网格技术提升空间信息技术的能力。

另外,由美国Gorge Mason大学Liping Di博士领导的LAITS(Laboratory of Advanced Information Technology and Standard)实验室,研究了网格技术与OGC Web Services的集成、基于网格的数据和目录服务、网格环境中符合OGC规范的空间信息网络服务等相关技术。

泰国的电子计算技术中心的学者Apirak Panatkool、Sitthichai Laoveerakul等对网格上分布式的GIS服务进行了研究,提出基于计算网格模型的分布式模式,采用点对点(P2P)的协议进行邻近结点的交流,Web服务可以移动到网格中的任意结点,处理分布在Internet上的数据。

中科院资源与环境信息系统国家重点实验室研究人员以空间信息网格体系为指导,采用网格计算技术研究分布式空间数据组织与分析环境,开发基于中间件技术的空间信息组织与分析原型系统,在分布式计算技术支持下,着重开展联邦空间数据库系统、分布式栅格数据处理与分析、分布式空间智能主体系统、虚拟空间协同决策环境等关键技术的研究,提出的基于中间件的网格GSI体系。

武汉大学王方雄博士提出基于OGSA将GIS的各种基础性处理功能封装为网格服务,即空间信息原子服务,作为构建松散耦合式GIService应用的基本单元,进而提出了空间信息原子服务的集成框架,包括服务分类框架、服务链接模式以及由空间信息原子服务、分子服务、流程服务和方案服务组成的服务集成模型。

3.1.2 空间信息服务和管理模式的发展

空间数据资源服务技术和管理模式的发展与演变经历了从C/S到B/S、单结点多数据源、多结点多数据源、基于Web Service和GRID的空间数据共享,以及数据按需服务(Service On-demand)这几个过程[8]。

(1) 传统C/S、B/S模式

在B/S结构中,按照客户端和服务器端的功能分配的不同,又可划分为基于客户端模式、基于服务器的模式以及基于服务器与客户端折中的模式。

① 基于服务器的空间数据服务系统依赖服务器上的空间数据服务系统完成分析和产生输出工作。Web浏览器充当前端的对用户友好的接口。用户在客户机端Web浏览器上初始化URL(Uniform Resource Locator)请求,此请求通过互联网送给服务器。服务器接受此请求,处理请求,并将处理结果返回客户端。

② 基于客户端的空间数据服务系统允许空间数据服务分析和数据处理在客户端执行。这些空间数据服务分析工具和空间数据服务数据最初驻留在服务器上。用户通过浏览器向服务器发出需要数据和处理工具的请求;服务器将所需要的数据和处理工具传送给客户端。客户端接受所需要的数据和处理工具,按照用户的操作,进行数据处理和分析;此时无须服务器的参与。

③ 基于服务器、客户端的混合技术一般综合使用基于服务器和客户端的技术,发挥两者的长处,弥补两者的缺点。随着问题的出现,单结点多数据源和多结点多数据源的空间数据服务技术架构开始出现。

(2) 单结点多数据源和多结点多数据源的空间数据服务架构

上述模式带来了两个比较明显的问题主要有以下两点。

① 无法实现异构空间数据互操作。现有的空间数据服务技术系统都是为某一特定的数据及其应用而设计的,如果用户同时需要查看其他空间数据库中的数据,甚至想把这些数据整合起来,都是非常困难的。因为这些空间数据服务技术系统采用的技术基础决定了它们的封闭性。虽然网络上的空间信息资源在不断增长,但由于行业管理和数据安全的原因,这些空间信息资源大多是面向行业的、依赖于特定的支撑环境和运行环境。它们各自独立、相对封闭、无法互相沟通和协作,形成了空间信息孤岛,难以满足 Internet 上空间信息相关的综合决策的需要。

② 无法实现跨平台分布式的应用程序逻辑需要使用分布式的对象模型,诸如:微软的 DCOM、OMG 的 CORBA 或 Sun 的 RMI 等。通过使用这些基本结构,开发人员可拥有使用本地模型所提供的丰富资源和精确性,并可将服务置于远程系统中。但是,这些系统有一个共同的缺陷,那就是它们要求服务的客户端与系统提供的服务本身之间必须进行紧密耦合,即要求一个同类基本结构。这样的系统往往十分脆弱:如果一端的执行机制发生变化,那么另一端便会崩溃。因此,使用这些平台构建的空间数据服务平台将无法实现跨平台的数据访问。

这就需要一个更通用的模型来将这些分布式对象模型概括抽象出来,以在更高的抽象层上实现跨平台。为解决上述的这些问题,出现了基于 Web Service 和网格技术构建空间数据服务系统。

(3) 基于 Web Service 和网格技术的空间数据服务

随着空间技术和 GIS 的迅速发展,GIS 处理的数据量在以指数级增加。GIS 系统对数据传输带宽和处理速度提出了挑战,传统技术已经满足不了这种要求。在 Internet 基础上发展起来的 Web Service 和 GRID 技术为解决这一困难提供了途径。Web Service 平台有以下 3 个特征:资源一体化和服务一体化;可保证网格中各服务资源协同工作,共同完成应用任务;经整合后的平台提供了强大的计算能力及高速传输带宽,更为开发 GIS 应用提供了平台。因此,将 Web Service 和网格技术运用到空间信息共享和GIS信息化中，能够有效地集成分布资源，提高GIS的运算速度。

网格是一个集成的计算与资源环境，或者说是一个计算资源池。网格计算突破了计算能力大小的限制，可以让不同机器同时为一个任务协同工作，因此可以提供足够的计算能力，网格计算突破了地理位置的限制，可使分布在各处的，甚至不可复制的资源突破地理限制；网格计算的另一个支撑技术是标准的存取异构网格的应用框架，即Web Service，其核心是在大的异构网络上实现将各种应用连接起来，借助于Web标准（UDDI、XML/SOAP和WSDL）将Internet从一个通信网络发展到一个应用平台。同时网格突破了传统的共享和协作方面的限制，网格允许对其他资源进行直接控制而不是仅在数据文件传输层次上。

(4) 空间数据按需服务模式

现有的空间数据服务都是提供本地存储数据的查询和获取服务，用户在得到数据以后还需要根据自己的分析模型来进行大量的数据预处理（切割、镶嵌、格式转换、投影变换、辐射校正、几何校正等）。以按需服务[9]为代表的下一代空间数据设施利用现代的网格技术，将各种分布的计算资源和数据资源联合起来，在为用户提供数据前，对数据进行一定的加工。这样用户就可以通过网格门户，提出自己的数据要求，然后数据服务可以根据要求来进行一系列的处理，形成满足用户要求的加工后的数据产品。

在国际上，这个技术趋势同样的得到极大的重视，国际各个空间机构都投入很大的力量来进行这种下一代核心技术的研究，并将成果逐步投入使用中。其服务能力远远超出了传统数据服务系统的服务能力，为科学研究提供了强大的技术支持。以进行一次亚洲地区的ASAR影像的90米分辩率镶嵌为例，需要使用111景ASAR宽视场模式产品和75景ASAR全球模式产品，在ESRIN内部15个结点的超级计算机上运行20小时自动来生成，这种产品对于进行全球变化研究具有重要的意义，在目前国际上任何传统数据服务系统中都不可能提供类似的产品。

总的来看，在消除空间数据异构性和分布操作上的工作经历了以下的几个过程：

① 按照一定的标准进行重新建设，消除异构性。很多标准化工作最终都成为了系统的重复建设工作，这种异构性消除的方式是一种静态的方式，无法适应未来可能出现的标准的发展。

② 利用代理服务和数据交换技术来进行特定系统之间的信息一致化。这种方式在特定的两个数据系统之间，建立一种转换机制，双方的数据可以相互转换，并以一致的方式对外进行服务。目前很多系统都是采用这种方式。这种技术路线的问题在于对于任何两个匹配工作的系统都要进行转换工具的建设，该技术的实

现复杂性会随着接入共享和互操作的系统的增加，变得极度复杂化。

③ 利用基于 Web 服务和网格技术来进行面向服务的一致化。这种技术将异构的数据源看作无差别的资源，其异构性仅仅是无差别操作接口（Web 服务）中的一些参数和适配器的差别，因此可以保证数据资源的增加和系统的复杂性无关。

3.1.3 空间信息系统存在的问题分析

传统的空间信息系统没有能够很好地解决空间信息的共享和利用问题。虽然 GRID 和 Web Service 技术在过去的十多年中得到了很大的发展，为实现这一目标提供了良好的技术支撑，尤其是数据网格的发展大大推动了空间数据资源的协同合作和信息交换。然而，数据源的异构和分布性在空间数据服务的相关研究中仍然存在一些不足和局限，可以总结归纳为以下几个方面：

(1) 异构空间数据源的分类问题。异构数据服务系统在加入空间数据网格之前就已经存在其自身特定的数据结构和索引机制，传统方法采用针对特定数据结点进行相应的网格化改造，为每种数据源去编写和绑定其特定数据访问的中间件，这种方式无法大规模地整合各类对地观测数据源。为此，对异构数据管理模式进行分类研究，进而形成不同类别的网格化实现方式，将有利于大规模整合各类空间信息资源。

(2) 数据源访问语言的可扩展性问题。虽然利用 XML（eXtensible Markup Lanugage）可以定义空间数据源访问操作过程中请求和响应的语法规则，但是基于该语法设计的访问语言如果不具备操作功能高度抽象和松耦合的定义原则，那么它能够表达的处理内容将不具备足够的灵活性和平台无关性，无法支持数量可观的异构数据源，数据结点能够提供的逻辑服务也将受到限制。因此，如何建立一套具有高度可扩展性的网格数据源访问语言是一项关键研究技术。

(3) 不同数据源在元数据描述上的不一致性。由此导致了对不同数据源进行归一化搜索时，无法进行精确的要素选择和关键词查询，并且获得的结果描述方式不一致，需要较多的交互以提取所需的信息或剔除无用的信息。这种不一致性主要来自于不同机构、不同传感器类型与平台、历史积累等因素，这种差异性至少仍将存在较长的一段时期，使得一站式的空间数据检索与信息获取难以真正实现。

(4) 对地理区域进行精确定位的效率较低。对空间数据查询时，往往需对数据属性与地理区域方面的信息进行搜索，例如平台信息、传感器信息、时间信息、经纬度信息、格式信息和投影信息等。传统的空间数据搜索策略由于缺乏专家知识辅助和语义推理，没有建立资源属性间的依赖和映射关系，需要逐项遍历所有数据结点中的元数据以匹配满足用户需求的约束条件，导致对地理区域进行精确定位通常采用逐项扫描判断的方法，其效率低下，资源发现的过程变得复杂化。

(5) 多源数据并发访问的压力问题。随着空间数据网格整合的数据资源越来越多,用户面对如此庞杂的数据,精确检索和信息分析变得困难。如果不能对异构数据源中的数据信息进行分析、优化和重新组织,缺乏能够对数据信息进行重新整理的数据源虚拟层,用户进行多源数据并发访问时,数据结点的负载压力将增大,使得客户端无法高效地获得海量图像访问的结果,增加了用户在多个数据源并发访问时的困难,导致数据网格的优势大打折扣。

(6) 传统空间数据服务系统难以提供面向用户特定需求的数据产品。对于地学计算领域的用户来说,需求不仅仅局限于查询和获取数据源提供的源数据,还需要根据特定的分析模型来进行大量的数据预处理,例如切割、镶嵌、格式转换、投影变换等。现有的空间数据服务系统通常侧重研究网格环境下的数据文件共享机制和建立分布式数据资源共享的结构,却忽视将分散的计算资源和数据资源联合起来,从而无法在提供数据前进行一定的计算分析、数据加工和可视化服务,难以返回满足用户要求的面向用户特定需求的数据产品,忽略了数据处理服务和相关服务品质的问题。

(7) 普通的网格资源管理机制缺乏对空间数据服务内容的支持。空间数据服务通常需要一系列的 Web 服务组合起来协同工作。虽然 Web 服务是分布式环境中最基本的标准化资源形式,然而由于空间数据的多样性和异构性,使得工作流参数之间的约束条件与服务的拆分和组合有较强的依赖关系,导致 Web 服务对应的参数和流程组合定义变得复杂。普通的网格资源管理机制缺乏对空间数据服务内容的支持和服务含义的理解,无法完成高效的协同控制。

3.2　空间信息系统的特点

空间信息系统是解决与地球空间信息有关的数据获取、存储、传输、管理、分析与应用等问题的信息系统,它不同于其他类型信息系统的关键在于其所管理的是空间数据,空间数据有其特有的组织和检索方式。

3.2.1　空间数据的特点

空间数据(Spatial Data)是指用来表示空间实体的位置、形状、大小及其分布特征诸多方面信息的数据,是对具有地理空间分布特征的事物和现象的记录。它可以用来描述来自现实世界的目标,它具有定位、定性、时间和空间关系等特性。定位是指在一个已知的坐标系里空间目标都具有唯一的空间位置;定性是指有关空间目标的自然属性,它伴随着目标的地理位置;时间是指空间目标是随时间的变化而变化;空间关系是指空间目标在空间上存在一定的拓扑和方位关系。因而,空间数据适用于描述所有呈二维、三维甚至多维分布的关于区域的现象,空间数据不仅能够表示实体本身的空间位置及形态信息,而且还有表示实体属性和空间关系的信息。

空间数据属于多媒体数据,但与一般多媒体数据相比,空间数据具有复杂的空间结构,导致空间数据检索的困难。空间数据除了具有数据的一般性质(时间性、完备性、选择性、可靠性、详细性)外,还具备自身的一些特点[10]。

(1) 数据来源的多样性

空间数据采集和获取的手段和途径是多样的和广泛的,呈现出多源性特点。由于空间数据的多源性,导致了空间原始数据在分辨率、方位、格式等等方面存在较大的差异。为了能综合处理这些多源空间数据,必须先对不同来源得到的空间数据进行预处理,才能对空间数据做进一步数据处理、检索与挖掘。

(2) 存储形式的多样性

由于空间数据的多源性特点,以及空间数据在不同的系统和不同的应用中存储形式的不同,导致空间数据的多样性。另外,同样是地形数据的描述,既可以采用数字高程模型(DEM)来表达,也可以采用等高线图来表达,还可以采用不规则三角网(TIN)来表达。

空间数据的多样性也是空间数据检索的障碍,在特定的应用中通常需要将不同形式的空间数据转化成一种统一的存储方式,在这种转化过程中通常会有一定的信息偏差和失真,关键在于对数据不同的存储格式的元信息的比较和理解,然而这些元信息本身也存在表达形式的多样性。

(3) 分辨率的多样性

空间数据在获取、存储和表示过程中,都呈现出多分辨率的特点。受到采集手段和仪器的限制,在不同的条件下获取的空间数据具有不同的分辨率。空间数据在不同应用中需要的分辨率也不同。

在空间数据的存储和表示过程中,考虑到存储的有效性、系统响应能力,以及人机交互的方便性,通常会同时存储多种分辨率的数据,在不同显示分辨率下选择合适分辨率的空间数据进行显示。多分辨率的特性也为空间数据的配准以及检索带来困难。

(4) 表达形式的多样性

空间数据的多表达特性有两方面:一方面,它指用不同的空间数据模型来表达相同的数据;另一方面,是指同一空间对象在不同条件下的不同几何表达。例如,土地利用率可以按栅格数据模型的形式保存成专题图,也可以用矢量数据采用几何特征形式进行存储。对于数字地形模型 DTM,其表达形式可以是间隔采样、规则和不规则格网,或者是等高线。

空间数据的多表达源于人们对于地理事物的不同观测角度和描述方式，这为数据间的相互交流和空间数据检索带来了很大的障碍，需要根据具体的应用需要实现多表达的空间数据间相互转换和融合。

(5) 信息的海量性

海量性是空间数据的一个重要特点。矢量空间数据通常会达到几十个GB的容量，栅格数据则更大。海量性也与空间数据的获取分辨率有很大的关系。为了解决海量空间数据的访问效率问题，通常需要为空间数据建立有效的索引，并建立有效的空间数据库机制。

与非空间数据不同，利用空间数据需要针对空间数据所特有的空间特性（如拓扑、方位和空间度量），但是目前传统的数据处理技术，如关系数据库系统，都不提供针对空间数据的操作，而且传统的线性存储方式不适合多维空间数据。用传统数据库技术来存放和处理空间数据，会导致检索时间开销过大和效率低下，而且不利于空间数据在网络上的检索。

(6) 访问方式的多样性

将不同来源、不同格式、不同表达形式的海量数据进行发布和共享时，共享和提供空间数据的方式不同，访问和使用这些空间数据的方式也是多种多样的，不同的领域，甚至于地理空间科学领域的不同分支中都存在着不同的地理空间数据访问协议。例如：目前传统的关系型数据库以ODBC方式访问、空间数据库常以ArcSDE方式来访问、在Internet中可以使用WebGIS、Web Service、Grid等多种方式来共享和访问空间数据，这些方式间存在一定的差异性，通常互不兼容，使得跨领域和跨地域的数据访问非常困难。

以上空间数据特点体现了空间数据显著的多样性，这对于数据的融合、数据的交流、数据的互理解和互操作带来很大的障碍，空间数据的多样性是不可避免的，并且随着地理空间数据的广泛分布和应用表现尤为明显。因而需要充分分析和研究这些多样性，引入关于空间数据存储格式、表达形式、访问方式等的有效描述信息，不仅对人，更需要对计算机提供空间数据的解释，实现计算机对空间数据的理解，以帮助计算机自动地实现空间数据的转换、变换、交换和互操作，减少人们共享和使用空间数据的障碍，充分发挥空间数据的作用。因而，对于空间数据的多样性进行分析和研究，解决空间数据的多样性和异构性，具有重要的研究价值和现实意义。

3.2.2　空间信息系统的特点

在现今社会高速网络化发展的时代，信息发布与服务越来越引起人们的关注，成为推动经济发展和服务升级的有效手段和方式。空间信息服务是指利用“数字地球”理论，基于遥感、GIS、虚拟仿真、网络、数据库及多媒体等关键技术，深度开发和利用空间信息，以高可访问性的服务形式提供空间信息的透明共享和互操作，这一概念强调的是“服务”。而空间数据服务则是指能够提供对空间数据访问和处理的 Web 服务[11]。

空间信息服务在经历了分布式应用阶段、Web 服务阶段后，现在处于网格服务阶段，我国“十五”期间提出的空间信息网格其目标是有效解决海量分布的空间信息共享、互操作和协同应用等一系列问题，最终目标是将 Internet 上的空间信息服务站点链接起来，实现按需服务和便捷服务。它是一个分布的网络化环境，连接空间数据资源、计算资源、存储资源、处理工具和软件以及用户，能够协同组合各种空间信息资源，完成空间信息的应用与服务。在这个环境中，用户可以提出多种数据和处理的请求，系统能够联合地理上分布的空间数据、网络和处理软件等各种资源，协同完成多个用户的请求。因而为实现高度的数据资源共享和互操作，需要解决的问题主要有以下几点：

(1) 不一致性问题

• 时间基准不一致引起的问题

由于同一空间区域内不同主题的数据获取时间可能不致，在进行网格分析时，数据不能简单叠加，必须建立基于时间的不同领域主题空间数据的外推或内插模型，将时间不一致的空间数据首先变换到同一时间，才能进行网格的叠加和集成运算。

• 空间基准不一致引起的问题

由于空间数据存在多种比例尺、多种空间参考和多种投影类型，而且不同地方还使用着各自的地方坐标系，不同应用需要不同比例尺空间信息的支持，对空间参考系和投影类型也有相应的要求。目前 GIS 数据大都来自地图数字化，而不是直接的测量数据。地图将某种统一空间基准测量得到的结果，经投影变换后在平面上进行表示，很难适应基准变化的要求，基准一旦发生变化，全部数据都得做相应的改变。

• 数据格式不一致引起的问题

空间数据种类繁多，不同行业、不同部门有不同内容的专题信息，由于测量技术、方法和设备仪器的限制和所使用的硬件与软件不同，因此数据格式各异。空间数据的生产、维护都分散在不同的单位进行。而且空间信息具有关系复杂、非结构化、数据量大、多比例尺、随时间变化等特点，这给需要使用空间数据的用户带来了很大困难，不利于空间信息共享。在技术方面，还没有建立完善的空间信息共享标准体系，现有空间数据组织和管理技术并没有很好地解决这些问题，因此很难适应未来网格技术支持下空间信息共享和利用的要求。

• 语义不一致引起的问题

由于不同专家从各自专业角度出发，不同行业的空间信息系统对同一个概念的语义解释往往有很大差别，导致对同一地理现象观察和描述时会侧重于不同的侧面，从而产生空间信息语义上的差异，形成语义异构。需要一个基于本体的语义网格来处理这些语义的差异。因此，如何实现具有语义共享的空间信息语义网格，也是网格技术下空间信息系统需要面对的问题。

（2）海量数据存储和共享的需要

在科学数据中，地理信息数据占 75%～85%，对于人类认识地球、改善生存环境、减轻自然灾害等具有重大的意义，因而成为各国争夺的焦点之一。并且随着城市信息化的不断进展，用于城市规划、房屋土地、智能交通、物流配送等方面的各种空间信息和属性信息资源也是不断涌现。但由于这些资源分散在不同部门、不同地点，使得共享困难，严重影响着这些空间信息资源的充分利用，并带来了很多重复性建设和数据采集。

（3）地理计算日益复杂化

地理计算所描述的任何模型，其无论是广义上的或是狭义上的，都包含有特殊的运算对象即运算域（operand）和运算算子（operator）集合而成的某种数学表达式。对于以时空演变为特征的地理现象，其运算所涉及的运算域和算子都可以是空间的或是非空间的。空间与非空间的运算域，与运算算子所包容的空间态与非空间态相互配合与依存，构成整个地理计算的对象与方法体系。在地理现象研究中，像数值天气预报这样的大数据处理当属计算密集型的高性能计算应用，而像 GIS 的可视化计算和城市地理计算是典型的数据密集型应用。只有以高性能计算机为工具，才能开展解决城市地理计算中的整体性、大容量资料所表征的地理学问题的工作。

（4）信息集成的需要

空间信息集成是一个很大、很重要的议题，它是由美国国家地理信息分析中心（NCGIA）提出的，可以分为同类型和不同类型数据集成两种，空间信息集成可以用于各种服务和应用，例如城市突发事件（火灾、地震、洪水、台风等）应急响应，空间信息网格在辅助政府决策方面的应用（包括城市规划、重大工程选址等），空间信息网格在数字流域中的应用（例如利用空间信息网格进行整个流域的数字模拟，包括洪水演进、流域生态、坝位选址等）。因此，无论是在巨大的商机和社会需求的驱动下，还是在军事需要和国家安全的背景下，信息集成都起着举足轻重的作用。

3.3　空间信息系统的语义问题分析

由于空间数据的多样性、服务提供形式的异构性、各类服务部署的分布性、用户所属领域的广泛性等,使得目前空间数据服务的高度共享和互操作变得尤为重要。现有的网格技术虽然可以使用统一的框架结构、标准的服务访问接口、地理信息目录等方法,来解决基于句法的异构性问题和服务标准化问题,但是在实际应用中还是无法克服那些因为语义知识而造成的异构性。这种异构性的后果就是还需要依赖频繁和复杂的人机交互、经常出现错误的信息匹配,专家的知识不得不以代码的形式固化在程序中等等,这些造成了目前的空间数据服务的智能化程度较低的情况。

3.3.1 空间信息系统中语义异构性问题

现阶段在空间数据服务领域,研究人员采用了 Web 服务、元信息描述、工作流机制和空间信息网格等方法来解决空间信息的共享和互操作,但是这些机制对于空间信息服务的描述和使用过程中或多或少地存在一定量的差异性,影响了资源的无缝共享和自动化调度。借助于本体和语义分析,可以从一定程度上解决这些异构性,使得各种资源更好地无缝化链接和共享,提供高效、自动化的资源调度和使用。

目前在空间数据服务领域中存在大量的数据服务,由于这些服务来源的广泛性、组织方式的多样性,造成用户在使用这些数据服务过程中,不可避免地存在理解和互操作上的差异性,从一定程度上影响了用户对这些丰富的资源的高效和合理利用[12]。这些异构性主要表现在四个方面:

(1) 数据格式异构。不同数据服务中对同一类事物的属性描述时,所选用的数据格式存在差异性。例如:数据类型不一致、尺度不一致、参照系统不一致等。

(2) 名称异构(个体异构)。不同数据服务中对同一实体的描述和识别时,其描述信息存在差异性。例如:城市“北京”对应的名称描述有:北京、京、BeiJing、Peking,方位“北部”对应的描述有:北方、北、北面。

(3) 概念异构(上下文异构)。使用这些数据服务的用户来自不同的领域,由于处于不同的背景环境下,会导致对同一概念在不同环境下的不同理解,或者对于同一个概念的含义所关心的侧面不同。例如:关系“上”在空间方位上可以指高度的“上方”、地图上的“北”、时间关系上的“前”;对于“植被特征”,遥感领域人员关心植被在光谱上的特征属性(植被遥感特征),农业领域人员关心植被在生长环境上的属性(植被生长特征),城市规划人员关心植被在形态和生长季上的属性(植被形态特征)。

(4) 结构异构。不同的数据服务采用不同的逻辑结构来组织数据或不一致的元数据来描述同一类数据。例如:可见光波段的遥感数据,在 Landsat TM 数据源上分为三个波段,在 NOAA 数据源上对应一个波段,在 FY-1C/1D 数据上又分为四个波段的数据；数据服务描述的元信息存在数据结构不一致性，List、Array 和 String；在工作流调度过程中，接口参数的数据结构不一致。

异构性的表现多种多样，不确定性情况很多，对于不同的异构不应针对每一个例进行解决，应该针对每一类异构进行分析和解决，寻求具有共性的一类问题的解决方案和策略，这四类异构性分别对应于不同的解决方法，同时要求能够根据实际需要，对已有方法进行修改和完善，并能添加新的解决方法。

3.3.2　空间信息系统中领域知识的形式化问题

随着空间数据服务应用领域的不断扩大，使用这些服务的用户范围也越来越广泛，涉及多种领域，例如：农业、水利、城市规划等，各类用户具有不同的知识背景和对事物的认识程度，这就使得某些地学领域的专业术语或者专业知识要求对于普通用户难以理解或者理解出现偏差。例如：在遥感图像数据服务中，用户为获得满足需要的遥感图像数据，就需要给出准确的查询条件，包括：遥感平台类型、传感器、所选波段、输出格式、产品级别等，还要给出遥感图像覆盖的经纬度范围。用户首先需要理解这些术语的含义和查询作用，之后依靠一定的背景知识来获知所需要选用的卫星、传感器和波段，还要查阅手册获知目的地区所属的经纬度范围，只有经过这些步骤后，用户才可能准确地给出遥感图像的查询条件，查询到所需要的遥感图像[13]。相对于各行各业的用户，对于这些专业术语和领域知识的理解是比较困难的，有时会出现误解和偏差，这些理解上的偏差会直接影响用户检索的结果。

因而为了保证在空间数据服务中用户检索的有效性，需要解决两方面的问题：一是专业术语含义的理解，二是领域知识的表达和自动分析。一方面要对领域中出现的一些特殊术语采用本体进行描述，形成地学领域的词汇表，同时采用语义关联描述这些术语间的关系（包括：相似、等同、包含、继承等语义关系），实现对领域内词汇的理解；另一方面，基于这些词汇和词汇间的语义关系，更进一步描述在特定领域中存在的特殊知识性关联，借助于基于本体的推理机的推理能力，可以将领域内涉及的常识性知识采用推理规则来描述，形成地学领域的推理规则库，可以依据语义属性，按照这些规则进行知识性的分析和推理，建立事物间的联系，解决用户的实际问题。例如：在上面的例子中，当用户需要了解北京地区夏季的植物生长状况时，对于普通用户很可能不了解这种需求和所选的查询条件间的关系，这就需要计算机能自动地为用户匹配到所需的查询条件，在本体知识库中存储有各种遥感应用所需要的参数信息和传感器参数信息，推理机会按照推理规则找到匹配的传感器和对应的所需的波段以及分辨率等查询条件，并能理解一定的时空关系。

以“本体知识库＋推理规则”组合形式来描述领域知识，利用本体来存储和表达专业术语和领域知识,利用推理机所具有的一定语义推理和分析能力来自动地向用户提供领域知识的解答,就像专家系统一样,解决空间数据服务过程中遇到的实际问题,提供一定的领域知识理解和推理能力,提高服务的智能性和高效性。将本体中对语义层面的描述提升为对知识层面的描述,不仅从语义出发建立语义关联,还引入基于领域知识而建立的知识关联,使得本体不仅能解决语义的理解和分析,还能在一定程度上解决领域相关知识的理解和分析。

基于领域知识的形式化描述和理解,可以简化传统的数据检索界面,提供更人性化的操作界面,减少对用户群体知识背景的限制,提供给用户灵活的服务,努力了解用户的需求,为用户提供满意的结果。

3.3.3 空间信息系统中信息检索方式问题

现有的空间信息越来越丰富,空间信息检索的研究主要涉及两个方面内容:一方面如何找到满足用户需求的数据,另一方面如何更好地理解用户的需求。而且随着现在各种数据检索算法的发展和完善,相当多的研究成果较低解决了数据检索的查全率和查准率,但是信息检索的另一个瓶颈——用户请求的理解——却没有足够的重视和研究。随着空间信息应用范围越来越广泛,使用这些数据的人员也涉及各行各业,他们具有不同的知识背景和认知程度,传统的检索方式具有一定的专业性,需要一定得领域知识背景才能更好地理解检索条件,若理解出现偏差,将直接影响检索的结果和效果[14]。因而传统的基于检索条件列表的方式不能很好地适应空间的智能化信息检索要求,用户更希望使用一种接近自然语言的方式来提出检索的请求,这就需要机器能够理解这段自然语言所包含的语义,尽量获得准确的检索要求。

这项研究涉及的主要问题有以下两个方面:

(1) 自然语言的结构解析,基于已有的自然语言知识库和语料库来识别检索请求中的语法结构,提取出关键词和该关键词的描述属性,并进行词性和所属类别的标记。检索语句中词汇和本体中概念的匹配,理解这些词汇所代表的语义。对于空间信息检索,主要涉及:空间要求、时间要求、数据用途、数据质量等方面的要求。

(2) 构建描述检索请求的本体,基于地理本体中对领域知识的描述,来自动地设置各个对应项目的检索条件,作为数据检索的依据。接下来根据该检索请求的实例,匹配和寻找满足的数据或数据源。

3.3.4 空间信息系统中信息检索策略问题

在现有的空间信息网格中存在有大量的空间资源,这些资源都能从某一方面满足用户的对资源的需求，只有找到适用的资源才能够更好地享用这些资源，发挥这些资源真正的作用。现有的行业标准 UDDI（统一描述、发现与集成）提供了一种基于分布式的商业注册中心机制，进行服务的注册、管理和发现，但是该方法对服务的描述缺少灵活性，使得在服务匹配时只能采用简单的关键字搜索方法，不能很好地满足服务发现的需要[13]。目前采用的服务描述语言主要是 WSDL，包括服务的内容、功能、属性、调用接口以及规则和限制条件等，但是这类基于 XML 语法的描述语言都缺乏定义良好的语义，因而不能满足服务的自动发现、执行、协调和合成的需求。

在基于 Web 服务的数据服务系统中，传统注册中心能够管理的仅仅是服务注册信息，也就是 WSDL 中必需的信息。这些信息的结构是无差别的，不仅对于数据源是无差别的，甚至对于数据源和计算资源之间也是无差别的。每一个资源都有它所擅长的方面，其服务都是针对某种特定需求而建立，因而只有为用户找到合适的服务，才能充分发挥这些资源的作用，避免用户在拥有众多服务的环境下却不知所选的尴尬情况。

服务资源的本体化描述和基于本体的服务资源辅助查找技术，提供基于地理本体的服务描述词汇集，通过该词汇集可以在各个服务间建立计算机可理解的语义，实现各个服务之间的互理解和互操作；给出服务资源描述的综合性指标体系，并采用本体进行形式化的表达；给出用户对于服务资源需求的指标体系，并对不同用户的个人信息进行记录和追踪，便于获知用户的确切需求；给出服务匹配的过程和策略，以及服务匹配程度的度量。

基于本体对服务进行充分的描述，利用语义分析和推理能力来进行服务的按需匹配，将这种资源发现过程复杂化，查询的请求会被推理机基于已经构建的本体体系来进行推理，推理的结果将大大有助于准确定位用户最终需要的服务资源。

3.4 本章小结

本章在调研空间信息服务系统发展历程的基础上，分析了现阶段空间信息服务系统存在的问题，说明了语义本体技术对于提高空间信息检索的效果具有重要的作用，指出了基于本体的空间信息检索所需要解决的关键问题，并给出了相应的技术实施方案和设想。

本章参考文献

[1]　陈荦. 分布式地理空间数据服务集成技术研究[D]. 长沙：国防科学技术大

学,2005.
[2] Nengcheng Chen, Zeqiang Chen, Chuli Hua, Liping Di. A capability matching and ontology reasoning method for high precision OGC web service discovery. International Journal of Digital Earth, 2011,4(6):449-470.
[3] 肖喜伢,张登荣. 基于 Web Service 的空间信息服务关键技术研究[D]. 杭州:浙江大学,2005.
[4] 张建兵,杨崇俊. 基于网格的空间信息服务关键技术研究[D]. 北京:中国科学院遥感应用研究所,2006.
[5] 李德仁. 地球空间信息学的机遇[J]. 武汉大学学报(信息科学版),2004,29(9):753-756.
[6] Oscar Corcho, Pinar Alper, Ioannis Kotsiopoulos 等. An overview of S-OGSA: A Reference Semantic Grid Architecture[J]. Web Semantics: Science, Services and Agents on the World Wide Web, 2006,4(2):102-115.
[7] 李德仁. 论广义空间信息网格和狭义空间信息网格[J]. 遥感学报,2005,9(5):513-519.
[8] 孙庆辉,王家耀,钟大伟,李少梅. 空间信息服务模式研究[J]. 武汉大学学报(信息科学版),2009,34(3):343-347.
[9] 曾怡,李国庆. 一种面向按需处理的空间数据服务模型与实验分析[J]. 遥感技术与应用,2011,26(6):763-10.
[10] 史文中. 空间数据与空间分析不确定性原理[M]. 北京:科学出版社,2005.
[11] 廖志文. 空间数据服务的本体化检索[J]. 微电子学与计算机,2012,29(2):10-15.
[12] Shengtao Sun, Dingsheng Liu, Guoqing Li, Wenyang Yu. Research on the application of Semantic Ontology in Spatial Information Grid[C]. Proceedings of 5th International Conference on Semantic, Knowledge and Grid, 396-399, 2009.
[13] 孙胜涛. 遥感信息模型的层次化模拟和描述方法[J]. 系统仿真学报,2012,24(9):1831-1834.
[14] Shengtao Sun, Dingsheng Liu, Guoqing Li, Wenyang Yu. The Semantic Retrieval of Spatial Data Service based on Ontology in SIG[C]. ISPRS Joint Workshop on Geospatial Data Infrastructure: from data acquisition and updating to smarter services, 62-67, 2011.

第4章　层次化空间信息本体构建方法研究

在基于本体的智能系统中，本体知识库是核心，是知识检索、语义匹配和推理分析的基础，而且本体知识库的组织结构、表达机制、管理策略等对所采用的语义表达方式、知识检索方法、语义匹配策略和推理分析机制都会产生直接的影响，因而本体的设计和本体知识库的构建是进行基于本体的知识表达和推理研究的基础和前提，领域本体知识库的构建将为后继的研究工作提供知识库基础和实验环境。本章将在对比分析现有本体设计和构建方法的基础上，针对空间信息服务领域的特殊性，设计并构建层次化空间信息本体，提供对空间信息领域中基础知识的表达机制和组织结构。

4.1　本体构建方法的对比和分析

本体构建方法是当前语义本体研究中的热点问题之一。一个完备有效的本体构建方法学需要包含一组技术、方法、每一步操作的原则以及每一步操作之间的联系。由于知识本体的构建多是面向特定领域的，如果没有好的方法路线来指导，就难以在不同领域知识本体的构建过程中保持前后一致，也不利于知识本体的规模化和标准化构建。因此，关于知识本体构建方法的研究对于知识本体的应用具有至关重要的作用。

4.1.1　本体构建的基本原则

目前为止，还没有任何一套现行技术路线可以直接作为构建知识本体方法的标准来使用。M. Uschold曾试图制定一套构建知识本体的方法[1]，但正如他在文章中给出的结论，他们并不是要给出一套规范性的指南，只是要表示这种方法在他们的研究环境下能很好地发挥作用。K. Mahesh和Bateman都分别给出了各自的知识本体构建原则[2][3]。这些原则都是研究人员在各自的系统开发经验之上提出的，实际上，几乎每一个系统的开发都会导致一些不同的知识本体构建方案的产生。

基于对各自学科领域和具体工程的不同考虑，构建知识本体的过程各不相同，现阶段尚没有一套标准的知识本体构建方法。目前得到较为广泛公认的本体构建原则有[1]：

(1) 清晰性。指一个本体应该有效的向设计代理的人员传达自己的特点。也就是说不确定性应该被减少到最小，本体间的区别应该明显，举出的例子应该能帮助读者了解定义。在任何时候，本体的定义应该用自然语言书写，并举出实例来帮助人们明确本体的意图。

(2) 统一性。指一个本体的内部需要一致，至少定义该本体的公理在逻辑上要一致。一致性也同样适用于非公理性的部分定义，如自然语言和实例。

(3) 可扩展性。指本体的设计应预见到共享词汇的使用，应该为预期范围内的任务提供概念上的基础，并且本体的表现形式应该精心设计，以便于日后的扩展和纵深。可以让用户在不重新设计本体的前提下，用新的基于词汇表的术语来扩展本体的应用。

(4) 最小本体约定。最小约定并不是说本体约定应该越少越好，而是只要能够满足特定的知识共享需求即可。过多的本体约定会让本体的可扩展性受限，而过少的本体约定又会造成错误或意料外的词汇。因此，应该根据一个领域本身的特性来设计本体约定。

(5) 编码偏好最小化。指概念的描述不应该局限或依赖于某一种特殊的代码表示法。因为实际的系统可能采用不同的知识表示方法，最小的编码偏好有利于知识被基于不同代码表示系统的代理器所分享。

4.1.2 本体构建的主要方法

现阶段，专家们都公认在构建领域本体(Domain Ontology)的过程中，需要领域专家的参与和协作。下面介绍几种主要的本体构建方法。

(1) IDEF5 法

IDEF(Integrated DEFinition Methods)是由 KBSI(Knowledge Based Systems Incorporation)创设的一组集成定义方法，目前包括 6 套方法：IDEF0(Function Modeling Method 函数建模方法)、IDEF1(Information Modeling Method 信息建模方法)、IDEF2(Data Modeling Method 数据建模方法)、IDEF3(Proeess Description Capture Method 过程定义获取方法)、IDEF4(Object-Oriented Design Method 面向对象设计方法)和 IDEF5(Ontology Description Capture Method 本体描述获取方法)[4]。IDEF5 本体语言受 KSE(Knowledge Sharing Effort)项目影响很大，它提供了一种具有良好成本效益的结构来获取、存储、维护可扩展和重用的本体。

IDEF5 提出的本体建设方法包括五个步骤：①组织和定义项目，分配队员角色，组织和确立范围的活动确定本体建设项目的目标、观点和语境；②数据收集，获取本体构建所需要的原始数据；③数据分析，分析数据以帮助本体的提炼；④开发初级本体，利用第三步收集到的数据建立一个初步的本体；⑤本体的完善与确证，细化和验证本体以完成本体建设过程。

虽然 IDEF5 本体构建方法是基于 IDEF5 本体语言的，但它的一些思想对构建 OWL 本体仍具有指导意义。IDEF5 方法提供了理论上和经验上有充分根据的一种专门用于帮助创建、修改、维护本体的方法。IDEF5 法认为一个本体包含三个部分：领域内使用的术语目录，控制这些术语来生成关于这一领域的有效陈述的规则，以及当这些陈述应用于这一领域时可以得出的可行推理。

IDEF5 提出了一种与图形化语言相互对照的本体构建系统，这对于本体的重用和理解有很大的帮助。同时，IDEF5 本体构建方法还详细说明了一套本体构建流程，并提出了每一步所应注意的问题。这种本体构建方法将人作为要素放在第一位，体现了其对研究小组组织的重视程度，是一种融合了人力资源管理的本体构建方法。

（2）骨架法

骨架法，也称为 EO（Enterprise Ontology）工程法，是 Mike Uschold 和Michael Gruninger 在 1996 年提出的本体构建方式，也是他们 1995 年在开发 EO 中的经验总结[4]。企业本体是企业领域中一系列术语和关系的集合，它是企业中或者企业间公共的、知识化的描述，它明确定义了企业中各概念和概念之间的关系。该方法提出了开发本体的基本流程和指导方针，其流程包括有四个方面：①明确本体构建的目的和应用范围；②构建本体（包括本体获取、本体表示、本体整合）；③本体评价；④本体成文。

骨架法是目前学者讨论较多的一种通用型的本体构建方法，它并不局限于某一种特定的语言。它提出的本体构建原则中有很多都对现在的本体开发项目产生了较大的影响。骨架法明确本体应用场合和应用目的的重要性，所提出的本体评价也是一个重要的进步，将本体评价的高度提升到了构建基本步骤中来，使本体的构建效果有了清晰的认识。同时，骨架法的“本体成文”步骤也更多地融入了软件工程的思想，将文档化也作为本体构建的基本组成步骤，这对本体开发完成后的重用和改造可以起到重要的帮助作用。

（3）企业建模法

由 Micheal Gruninger 和 Mark S. Fox 提出的企业建模法用于 TOronto Virtual Enterprise（TOVE）项目中，该项目是多伦多大学 EIL（Enterprise Integration Laboratory）的一个项目，其目标是建立一套为商业和公共企业建模的综合本体、一种通用意义上的企业模型[5]。在该项目中，他们设计了一套创建和评价本体的企业建模法(Enterprise Modeling Methodology),也被称为评价法。

这种方法先建立本体的非形式化描述,然后再将这种描述形式化。该方法的本体构建基本流程包括有六个步骤:①激发场景,本体的构建是由应用场景激发的,场景描述有助于将本体构建的目的清晰化;②非形式化能力问题,给出激发场景后,会得到一组问题,这些问题需要得到潜在本体的解决;③术语表达,从非形式化能力问题中抽取非形式化术语,然后用形式化本体语言进行规范定义,即用一阶逻辑的形式化语言进行描述;④形式化能力问题,利用前一步骤形成的形式化术语表达本体能力问题;⑤用一阶逻辑描述公理,本体中的公理可以特化术语的定义和约束,这些公理按照一阶逻辑由本体中的谓词来描述;⑥完备性定理,当能力问题被形式化以后,就需要定义一些条件,在这些条件下,能力问题的解决方案应该是完备的。

企业建模法是一种基于本体评价的本体建模方法,它的特点是将本体的评价放到了一个相当重要的位置上,并贯穿于本体构建过程的始终。提出了"能力问题"的概念,认为本体的构建应该以实际问题为基础,为解决实际问题而进行。企业建模法非常贴近实践,是一种以实践为指导的本体构建方法。

(4) METHONTOLOGY 法

该方法是由 Mariano Fernandez 和 Asuncion Gomez-Perez 等人在马德里大学开发人工智能图书馆时使用的。它参考了骨架法、企业建模法,并以 Gomez-Perez 等在化学领域创建本体的方法为基础发展而来,是一种更为通用的本体建设方法[6]。该方法构建本体流程包括有七个步骤:①规格说明,产生一份以自然语言编写本体规格说明书;②知识获取,从多种本体知识的来源获取知识;③概念化,将领域知识结构化为一个概念化模型;④集成,可以重用其他本体中已经建好的定义;⑤实现,选择一种同时支持元本体和上一步中集成的本体的开发环境,选用一种规范化语言对本体进行编码;⑥评价,在本体生命周期的各个阶段以及这些阶段之间利用一种参考标准对本体、软件环境及文档进行相关技术评断;⑦文档化,本体建设的每一个阶段都应该有对应的文档。

METHONTOLOGY 方法由于综合参考了骨架法和企业建模法,基本具备了这两种本体开发方法的特点。该方法对本体的评价、文档化以及解决实际问题的能力都有所体现。它重视本体的重用,重视本体获取的手段,是一种较为完备的本体构建方法。

(5) 循环获取法

循环获取法是一种半自动化的本体构建方法,由 Jorg-Uwe Kietz、Raphael Volz 和 Alexander Maedche 提出[7]。该方法主要针对他们提出的一种有利于半自动化构建的本体结构。由于这种本体构建方法具备一种环状的结构,所以被称为循环获取法。该构建方法包括五个步骤：①选择数据源，选择一个通用的核心本体作为整个循环过程的起始；②概念学习，从选定的领域特定文本中获取领域特定概念；③领域聚焦，将非领域特定概念从核心本体中移除；④关系学习，通过多种学习方法从选定文本中获取新的概念关系；⑤评价，对于最终从核心本体得到的领域特定本体进行评价。

循环获取法明确提出了本体循环迭代的重要性，加入了对本体演进的支持。说明了本体演进中应注意的问题和包含的步骤：先概念学习，再本体聚焦，再引入新的关系。同时，循环获取法在本体评价方面继承发扬了之前的本体构建方法，将本体评价和本体演进结合在一起，促进了本体的完善。

4.1.3　本体构建方法的对比分析

IDEF5 法认为本体是一成不变的。虽然它注重人在本体构建中所起到的作用，但忽视了人对本体的认识应该是不断演化的过程。该方法由于是一次性开发，所以过于重视了初期开发的准确性，难免延长了开发的周期，并限制本体在网络环境下的动态更新需求。

骨架法没有明确提出本体的构建应该是不断迭代的过程。虽然它提出了整合现存本体、本体文档化等能够促进本体重用的措施，但是忽略了对原始本体的演化。

企业建模法存在的重要问题也是没有对已生成本体的循环迭代过程。企业建模法低估了领域专家的能力，仅仅以实践问题来指导本体开发，很可能造成问题解决不全面，或者引起解决了一个现存问题后又有多个新问题涌现的情况。

METHONTOLOGY 并没有解决骨架法和企业建模法共同存在的问题，仍旧没有体现对本体的迭代进化。

循环获取法中其数据源的选择和抽取应该采用与演进阶段有所区别的形式，但是循环获取法并没将这个重要步骤与其他步骤区别开来，势必影响本体构建的可操作性和所建本体的质量。

以上这些方法把本体构建过程看作工程化的过程，没有注重知识自身的特点，欠缺知识组织结构设计、知识库管理和维护、知识的扩展和演化等问题。本体是语义知识的一种表达形式，因而本体的构建应遵循知识工程的思想，一个知识库的构建需要考虑其知识的表达、管理、使用等几个方面的问题。

4.2　空间信息本体的特点

在空间信息领域中，知识可划分为三个层次，即具体事实知识、领域概念知识和通用概念知识。通用概念知识是一种公理化的大家所认同的知识,无须做特别说明,也不会有二义性的理解,可以用通用本体(general ontology)来刻画;对领域概念知识的理解在领域内应该是明确的、无歧义的,是一组描述领域内实体及其属性和行为以及实体关系的词汇、定义、公理、定理的集合,即领域本体(domain ontology),领域内的具体事实知识是用来描述领域内具体事物、具体事件的知识,它是基于领域概念知识来表达的具体实例性知识[8]。

知识的层次特点(反映人类认知的渐进、层次化过程)要求本体也应具有相应的层次结构,并体现出知识认知的层次特性。现有本体在构建时,过多地注重于对概念间多样语义关系的完整充分表达,大多采用了网状的组织结构。虽然网状的语义知识结构具有较强的表达能力和灵活的结构,反映了知识的关联性。但是这种无主干的网状知识结构,会对本体知识库的构建、管理以及使用过程中带来一定的问题:

(1) 在本体构建过程中,由于缺少知识组织的主体结构的参考,会出现知识添加位置的多样性、新旧知识的重复性、概念和术语关系的模糊性等问题(缺少知识组织的约束和原则);

(2) 在本体知识管理和维护过程中,由于缺少知识库的整体清晰结构,会出现知识关联网不易维护、知识耦合度较高、知识库的移植性、重用性较差等问题(缺少知识关联的系统性和条理性);

(3) 在本体知识库使用过程中,缺少自上而下总体的清晰结构,会出现知识检索效率较低、知识推理复杂、本体知识间映射和集成较难等问题(缺少知识的层次划分和描述的规范化)。

因而本体在组织和构建过程中,应以概念为知识组织单元,而不要混淆于术语,术语应作为概念的语义属性来描述;作为本体基础结构的概念从属(subsumption)关系应采用结构清晰的树状层次结构,其他语义关系都基于该主干结构来构建和添加;在本体知识库的总体结构上,应采用自上而下的树形结构,实现基于上层约束的下层本体构建。清晰的树形主体结构对于本体知识库的管理、维护和运用都会带来很大的益处。

对于人而言,通用本体中的概念是易于理解和得到公认的,具体知识中包含的概念和术语由于所处领域的差别和认知水平的差别,存在理解上的差异;对于机器理解而言,则是相反的情况,越是通用抽象的概念越是不易形式化的描述和理解,反而是较具体的概念和术语却容易从专业的角度进行描述。本体中概念属性的描述应该是以机器易于理解为目的的,而不应该侧重于人的理解,或侧重于为人提供下层本体构建的辅助信息,这些辅助信息对于机器理解的帮助作用是很微弱的。目前大多数的本体构建过程都注重于上层概念的完备描述,希望依赖于上层概念属性的充分描述来继承和影响下层概念的理解，这将导致两类问题的出现：一类是概念的属性描述不全面，造成下层概念无法很好继承；另一类是概念的属性描述虽然很全面和完备，但是到下层概念理解时由于特殊性又需要重构或补充。

根据本体的定义可知，其主要意图是试图完全、充分并从根本上对各种概念进行描述和识别，但在当前科技发展和知识增长的速度下，在当前人们对世界认知水平有限的情况下，这种本源的认知和描述能力是有限的，缺少公认性和权威性，越是顶层的概念就越难于抓住其本源。本体的最初思想是非常好的，但是现阶段的技术水平无法或很难达到本体的真实目的，目前可行的解决方案是将本体构建的重心从顶层概念转向于具体应用场景，领域中很多概念和术语都是在具体的应用中才能易于得到确切的描述。因而，本体构建过程应侧重于领域知识的本体形式化描述，而不是仅仅是领域概念和术语的特性描述。

本书中将构建具有三层结构的空间信息本体，如图 4.1 所示。顶层本体中主要包含基础概念的分类和从属关系，是对世间万物的总体性认识，由于这些概念都是高度抽象的，主要用于提供与其他知识系统交互中的共同认知，而不需要特意对其进行特性的描述，因而顶层本体的描述信息相对是较少的，主要是概念的词汇和分类信息。随着本体构建进入到领域级和应用级，随着从属于顶层概念的领域级和应用级概念抽象度的不断降低，其具体化程度不断提高，可描述的属性信息也逐渐丰富和详细，特别是面向特定语义应用场景时，所关心的属性信息都是具体且明确的，因而所需描述的信息量是相对较大的。

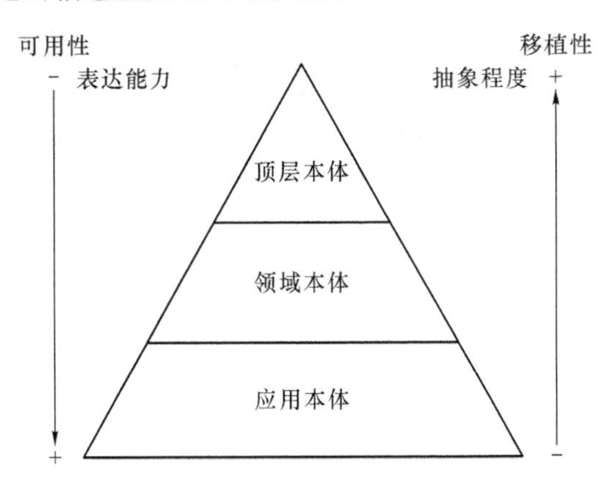

图 4.1　层次化本体结构

某个具体概念的属性描述是其上层概念理解的基础，本体中概念层次关系的建立应该采取自上而下逐级展开的方法，可保证领域知识的完整覆盖性；本体中概念属性的描述则可在概念层次关系确立后，再采取自下而上的方法来建立，并且是一个不断完善、按层向上依次迭代的过程。这种双向的本体构建方式既可以保证上层概念属性的描述是其子概念属性描述的共同特性和抽象,又可对上一阶段构建的概念层次关系进行验证和检查,保证了本体构建过程的质量。

本体知识库是各类资源形式化描述的基础,从上面对领域本体构建方法的调研和分析可以看出,现阶段本体的构建技术很不成熟,没有公认的标准和原则。采用层次化的思想来构建本体具有较好的可行性和实用性,既遵循了领域知识的组织特点,又保证了本体知识库的可扩展性和易维护性。同时,基于层次化结构组织的领域知识也便于对该领域中各类资源进行全面综合性的描述,既遵循了行业习惯,又保证了各类资源在领域知识背景下的全面理解和分析。

有研究人员也意识到本体层次化结构的重要性,曾提出过本体的分类和层次化结构,并进行了一定的研究。典型代表有:Benslimane 等采纳 Guarino 的本体分类思想定义了一个用于语义交互的多层结构本体[9],但是没有进一步分析并给出各层本体间的关系;Lammari 和 Metais 基于存在约束(Existence Constraints)方法[10],给出了一套用于自动化构建和维护本体的算法,但没有给出如何构建和维护本体中层次关系的完整性说明;Herre 和 Heller 提出一个本体的构建和应用框架[11],给出了顶级本体和领域本体间的层次关系,但缺乏对本体知识的总体层次化结构的分析和维护方法;Beydouna 等给出了规范化的本体层次关系度量机制[12],并提出了一个半自动化本体层次结构的构建方法,然而他们只给出了若干简单的模拟算法,并没有对具体构建过程进行说明。以上这些工作都在本体的层次化构建上从不同侧面或不同程度上进行了一些工作和探索,但是对于如何从知识抽象和整理、本体设计和构造到知识库构建和应用全过程充分注重和利用层次化结构,还缺少系统化全面的分析方法,没能给出详细且整体化的解决方案和构建原则。在本体构建过程中,应处处注重层次化结构的主线,需要基于层次化约束的思想来管理和维护本体,以增强本体知识库的规范性和可用性。

本部分将尝试从知识工程角度首次提出层次化本体的构建和管理方法,给出各层本体的构建原则和层次结构的维护方法,并说明采取层次树结构的本体知识库在知识检索、知识推理和集成过程的优势,为本体知识库的构建和运用提供了方法指导和参考。

4.3 层次化空间信息本体构建方法

顶层本体中的概念由于抽象度较高,因而其属性也是多样和综合的,若要完整全面的描述顶层本体中概念的属性是较困难的。而且在下级概念继承这些属性过程中,这些属性并不是都需要表现出来的(概念的属性很多,而不用的应用场景和应用领域对同一概念的属性描述又是不尽相同的,可以从不同侧面、用途等来分别描述)，也就是说，用户对同一概念在不同应用场景下所关心的侧面是不同的。越是下级具体的概念反而越易理解，对上层概念的理解往往是建立在其子概念理解的基础之上的，因而本书在构建空间信息领域本体的过程中，遵循层次化构建方法，注重对下层(领域级、应用级)本体中具体概念和术语的属性描述；同时为满足特定应用场景推理分析的需要，需要构造和编写大量的语义推理规则。

按照分层思想设计和构建本体过程中，不同层次的本体在可用性、重用性、表达能力和抽象程度上都存在区别，因而所采用的构建方法和应遵循的原则也存在不同，各层本体构建过程中应遵循的原则如下[13]：

(1) 层次化本体构建的基本原则

在不同层次本体中不能出现相同的概念，即概念必须具有确定的层次位置和所属本体层次。

$$\forall c(c\in \mathrm{TO})\rightarrow(c\notin \mathrm{DO})\cap(c\notin \mathrm{AO}) \tag{4-1}$$

$$\forall c(c\in \mathrm{DO})\rightarrow(c\notin \mathrm{TO})\cap(c\notin \mathrm{AO}) \tag{4-2}$$

$$\forall c(c\in \mathrm{AO})\rightarrow(c\notin \mathrm{TO})\cap(c\notin \mathrm{DO}) \tag{4-3}$$

其中，c 代表一个概念(对应于 OWL 语言中的 Class 类)，TO 为顶层本体所包含的概念集合，DO 为领域级本体所包含的概念集合，AO 为应用级本体所包含的概念集合。

(2) 顶层本体构建原则

该层次的本体向上应该包括世间万物最本源的描述和分类的概念，向下具体扩展到不涉及任何领域的概念知识。

$$\forall c((c\in \mathrm{DO})\cup(c\in \mathrm{AO}))\rightarrow(c\notin \mathrm{TO}) \tag{4-4}$$

该层次的本体概念应是各领域都公认的概念，不存在认识上的歧义，因而这些概念间应该是完全正交化的。

$$\mathrm{TO}\equiv C_1\cup C_2\cup C_3\cup\cdots\cup C_n,\quad C_i\cap C_j=\Phi(i,j=1\cdots n,i\neq j) \tag{4-5}$$

$$\forall c_1(c_1\in \mathrm{TO})\rightarrow\exists c_2((c_2\in \mathrm{TO})\cap \mathrm{Parent}(c_2,c_1)\cap \mathrm{Cardinality}(\mathrm{Parent}=1)) \tag{4-6}$$

其中，C_1、C_2、C_3 至 C_n 是不同类别概念的集合，谓词 Parent 表示 c_2 是 c_1 的父概念，谓词 Cardinality 是数量约束(count restrict)。

该层次的本体概念由于是高度抽象的，因而一般不为其添加实例的描述。该层本体主要提供概念的总体分类结构，其作用有两个方面：一方面为下层的领域本体中概念提供分类的依据，另一方面为下层领域本体中子概念的扩展提供根结点。

该层本体的构建应由知识领域专家参与并尽量手工来创建，以保证概念的抽象和分类是正确有效的，这需要长期经验的积累和对世间万物的深刻认识，这是计算机难以自动化创建的。

(3) 领域级本体的构建原则

领域层本体是在顶层本体的基础上展开的,该层次本体中最基础的概念必须具有顶层本体中对应的父类。

$$\forall c_1((c_1 \in \mathrm{DO}) \cap \mathrm{Root}(c_1, \mathrm{DO})) \rightarrow \exists c_2((c_2 \in \mathrm{TO}) \cap \mathrm{Parent}(c_2, c_1)) \quad (4\text{-}7)$$

其中,谓词 Root 表示某个概念 c_1 是领域本体 DO 的根结点。

该层本体中的概念分类层次关系可参考领域词典,还应遵循领域中公认的规范和标准。

领域层本体要尽量涵盖所有该领域所涉及的概念和术语,要注意概念间的分层关系不要跨级,要按照层次关系依次逐级地扩展。既要保证概念覆盖的广度,又要保证各层次的概念都应有相应明确的层次位置。

$$\forall c_1((c_1 \in \mathrm{DO}) \cap \neg \mathrm{Root}(c_1, \mathrm{DO})) \rightarrow$$
$$\exists c_2((c_2 \in \mathrm{DO}) \cap \mathrm{Parent}(c_2, c_1) \cap \mathrm{Cardinality}(\mathrm{Parent} \geqslant 1)) \quad (4\text{-}8)$$

该层本体中允许出现概念间的交叉(某个概念具有多个父概念),以便充分描述术语间复杂的上下级关系。但要尽量避免多父类情况的出现,力图保持本体整体清晰的树形层次结构。

在多父类情况下,不允许在某个概念的多个父类中出现同类型概念(属于相同的概念大类)的情况,这会造成树形结构的严重破坏。例如图 4.2 中的概念 c_1,若出现这种情况则代表了同类概念的归并,得到的子概念 c_1 其抽象度将比其父概念高。这种情况与自上而下概念扩展过程中概念抽象度逐级降低的原则相违背,这时可以考虑将该子概念上提,添加到父类概念所属层次或更为上级的层次中,以保证各层概念抽象度相当,并逐层向下递减。

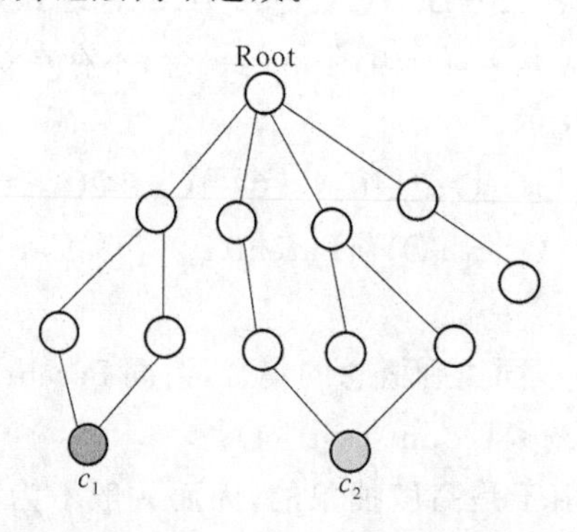

图 4.2　概念多父类情况的示意图

(4) 应用本体的构建原则

应用本体要基于领域本体来构建,可面向具体应用的需要在领域级概念的基础上扩充新的子概念。由于知识在应用过程中的综合性,在应用本体中会出现较多的综合概念。

$$\forall c_1((c_1 \in \mathrm{AO}) \cap \mathrm{Root}(c_1, \mathrm{AO})) \rightarrow \exists c_2((c_2 \in \mathrm{DO}) \cap \mathrm{Parent}(c_2, c_1)) \quad (4\text{-}9)$$

在应用本体中，可以根据具体应用需要，为概念添加所需属性并建立大量的实例，同时可以在实例间建立横向的语义关联。这些语义关联（在 OWL 语言中对应于对象属性）的命名要采用动宾式结构，便于理解其含义，例如 containBy、carrySensor、isNorthOf 等。

可以按照功能不同对定义的属性按照分类来组织，因而这些属性的组织同样可以具有层次化的结构。也可以按照这些语义属性所关联的概念类来分类组织，便于用户查看和检索这些属性。

由于这些语义属性的命名通常是采用便于人类阅读的单词组合来表示的，这些字符中通常包含有动词，动词是本体中概念知识所不能直接描述的，对于计算机是很难直接理解的，因而需要编写相应的驱动程序来识别和解析这些动词，以便获知这些词汇的语义。

各概念实例的属性添加和设置要遵循必要包含和最小化原则，对于那些可以根据实例的属性来判断出实例间语义关系的对象属性，可编写相应的推理规则，来实现基于规则的实例推理（ABox 推理），以减少手工设置属性的工作量，并可保证这种语义关联是动态、可根据属性变化而自动修改的，增强本体知识库的动态适应能力。

从本体构建技术研究以来，研究者们提出了较多的本体建立方法和构建原则，但是要么是过于抽象化的数学公式，要么是过于工程化的步骤，大多忽略了本体构建过程是知识的总结和整理。该任务对于人类而言都存在一定的难度，需要丰富的经验和学识为基础，仅依靠若干个公式或算法是很难表达的。因而本体构建过程应是以人为主导的，本部分所提出的以自然语句和形式化公式所描述的本体构建原则恰恰是针对本体设计和构建人员提出的，是通过实践过程所给出的经验总结，希望能对本体的设计和构建提供参考。

4.4　层次化空间信息本体的构建

基础级本体中的概念由于抽象度较高，因而其属性也是多样和综合的，若要完整全面的描述顶层本体中概念的属性是较困难的，而且在下级概念继承过程中，这些属性并不是都需要的，概念的属性很多，而不用的应用场景和应用领域对同一概念的属性描述又是不尽相同的，可以从不同侧面、用途等来分别描述，也就是说，用户对同一概念在不同应用场景下所关心的侧面是不同的。

例如:“产品”这一概念,其子概念有“农业产品”、“工业产品”、“畜牧产品”等,对于“产品”不同的人有不同侧面的解释和理解,若要完整描述产品则是较困难的,正如教师在传授小学生认识“水果”这个单词时采取的实物举例教学方法相似,越是下级具体的概念反而越易理解,上层概念的理解是建立在其子概念理解的基础之上的,因而我们按照分层的思路来构建领域本体的过程中,注重对下层具体概念和术语的属性描述。

这种分层结构,反映了知识从粗到细的认识过程,同时反映了同一事物(概念)不同领域对其知识维度的认识不同,反映了不同应用对同一认识的事物(概念)在具体应用中关联性的不同要求。强调通用性的话,通常意味着细节性描述较少。其中,基础级本体遵循人们认同的分类和结构来构建,可有效保证的互联性和互理解;各层本体可以根据层次标记进行分离,有效地保证了知识的重用性;每一层本体的更改和维护,对上层本体没有影响,便于维护和扩展。这种层次结构保证了本体中所有概念(术语)“有源可溯、有子可传、属性有意、实例可用”的层次关系约束[13]。

本书所介绍的方法在构建地学领域本体过程中,以基于 GCMD(Global Change Master Directory,全球变化主目录)的 SWEET V1.1(Semantic Web for Earth and Environmental Terminology,由美国 NASA 的 JPL 实验室推出的已建成的规模较大、信息较全,并得到公认的非层次化地学本体[14])为基础和参考。本章中将采用层次化本体的构建思想,依据 SWEET 提供的领域知识信息来逐层地构建层次化地学领域本体。

本书中针对空间信息服务领域,以地学领域顶级本体 SWEET 和 ISO191XX 系列标准等相关领域规范为知识参考,遵循上一节所介绍的层次化本体构建方法,设计并构建了具有三层结构的空间信息本体 HGO(Hierarchical Geo-Ontology)[15]。

该空间信息本体参考 SWEET 和 GCMD(Global Change Master Directory,全球变化主目录),在本体的设计过程充分考虑了正交化分解,即将属性(property)同它所应用到的元素(element)进行分离,而不是定义一个复合的概念(正交化分解是一种模块化的设计方法,可使得本体体系的分类十分明确具有层次性,从而非常易于使用及维护)。将概念空间分为 12 个子类,分别为:

- Activities 活动,用于表示那些有人类参加的活动和行为,包括包括行为(Behavior)、设施(Infrastructure)、知识领域(Knowledge Domain)、产品(Product)等。
- Biosphere 生物,为生物圈中各种生物进行描述,包括动物(Animal)、植物

(Plant)。

- Data 数据,为数据集概念提供支持,包括表示(representation)、存储(storage)、建模(modeling)、格式(format)、资源(resource)、服务(service)、发布(distribution)等。
- EarthRealm 地球领域,对组成地球系统的各个层次(Layer)进行描述,包括大气层(Atmosphere)、水圈层(Hydrosphere)、地圈层(Geosphere)、磁圈层(Magnetosphere)等。
- Numerics 数值,对数学中常用到的对象及数学关系进行描述,包括数学对象(Numeric Object)、数学操作(Numeric Operation)等。
- Phenomena 现象,用于描述发生于瞬时的事件,包括地球现象(Earth Science Phenomena)、地外现象(Extraterrestrial Phenomena)、星际间现象(Interplanetary Phenomena)等。
- Process 过程,描述了生命物质和非生命物质能够接受(或对它们能够产生影响)的各类过程,包括生物过程(Biological Process)、化学过程(Chemical Process)、物理过程(Physical Process)、地学过程(Geological Process)等。
- Property 属性,描述了其他本体的构成元素(elements)的属性,包括客观属性(Objective Property)、主观属性(Subject Property)。
- Space 空间,是特定于空间域的数字尺度术语,包括空间对象(Spatial Object)、空间关系(Spatial Relation)、空间参考(Spatial Coordination)等。
- Substance 物质,对自然界中物理的和化学的基本构建物质进行描述,包括化学化合物(Compound)、物理混合物(Mixed Substance)、粒子(Particle)、元素(Element)、电磁波(Electromagnetic Radio)等。
- Time 时间,是特定于时间域的数字尺度术语,包括时间对象(Timporal Object)、时间关系(Timporal Relation)、时间基准(Timporal Reference)等。
- Unit 单位,对各类本体属性进行描述过程中所使用度量单位进行描述,包括基本单位(Basic Unit)、导出单位(Derived Unit)。

这 12 大类分别从不同的侧面描述不同的概念空间,构成了一个描述地球科学的完整概念空间,为空间信息服务领域中各类术语提供知识参考。该空间信息本体中概念层次结构如图 4.3 所示。

目前所构建的层次化空间信息本体 HGO,共包含 1073 个地学概念、3633 个名词术语、264 个数据类型属性、93 个对象属性、3572 个实例,概念层次深度最大为 12 层,基础概念有 12 个,叶子概念结点有 851 个,具有一定的知识覆盖面和深度,具有良好的知识扩展性和可维护性。

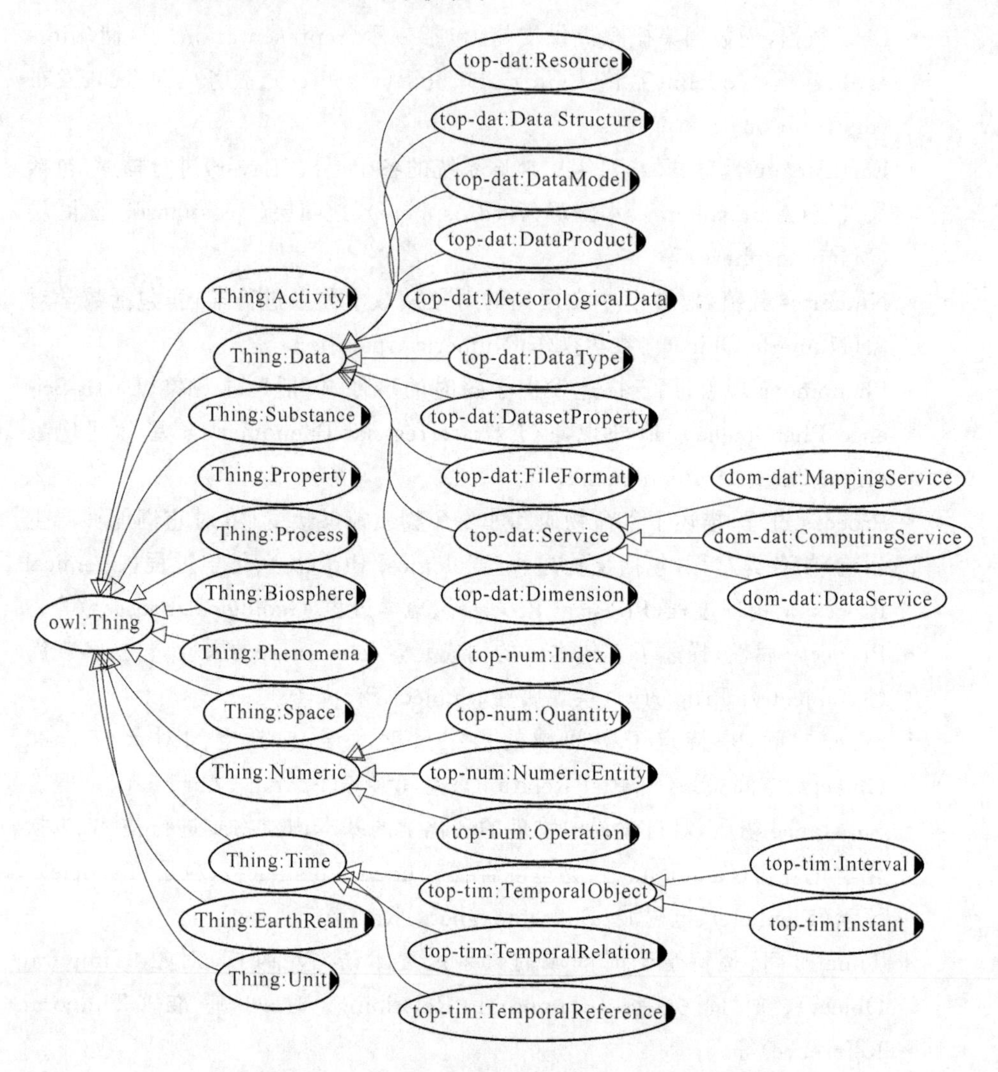

图 4.3　空间信息本体概念空间结构示意图

4.5　层次化空间信息本体的管理

采用上节所给出的层次化方法来构建多层本体,可实现基于上层基础的下层本体构建和基于下层约束的上层本体维护。在本体知识库管理和维护中,要时刻保持该层次化依存关系,各级别的本体以独立的 OWL 文件来存储,各 OWL 文件之间可通过 import 指令来相互调用和包含，默认情况下层本体必须调用对应的上层本体。采用该种方式所构建的具有三层结构的空间信息本体，其总体结构如图 4.4所示[15]。

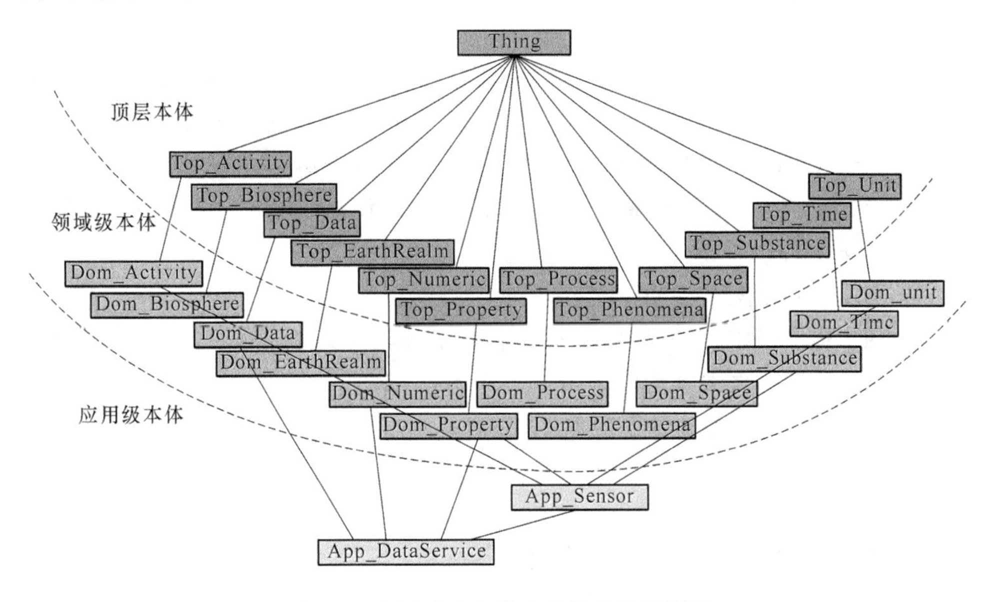

图 4.4　层次化空间信息本体总体结构图

这种本体分级管理的方法中，除根文件 Thing.owl 外任一个 OWL 本体文件都有其依赖的上层 OWL 本体文件，继承上层 OWL 本体文件中所有的本体信息，各层本体信息的扩展只能基于其上层本体来构建。虽然本体知识是分成若干个文件分别存储的，但是在本体的整体结构中，每个概念类 Class 都有其直接父概念，并可以追溯到各级祖先概念。同样，祖先类的语义属性信息则可向下逐级继承和传递，子孙类的属性和实例信息则为祖先类的属性理解提供了更为具体的体现和细化。本体的语义属性 Property 和概念实例 Instance 则依赖于概念类 Class 来构建和依存，对类 Class、属性 Property 和实例 Instance 的信息修改和删除，都要时刻维护这种层次化的依存关系。

在添加新的应用本体时，可以根据需要调用一个或多个领域本体后，基于领域概念进行扩展，添加新的概念、实例、属性、推理规则等，并编写相应的驱动代码来管理、操作和使用对应的应用本体，各顶层本体和领域本体文件被存储在服务器目录下，以只读的方式来共享访问(原则上只允许在服务器端通过特殊授权后执行添加信息的操作，不允许改动，否则会影响应用本体的基础)，应用本体可以根据所解决具体问题的适用性和安全性要求，由服务器管理人员来决定放置在服务器目录下便于用户共享，或放置在某个客户端供该客户端专用和独享。

从这种分级管理的方法上可以看到：除根文件 Thing.owl 外任一个 OWL 本体文件都有其依赖的上层 OWL 本体文件，继承上层 OWL 本体文件中所有的本体信息，本层本体信息的扩展只能基于这些上层本体来构建，虽然本体信息是分成若干个文件分别存储的，但是在本体的整体结构中，每个概念类 Class 都有其直接父概念，并有可以追溯的各级祖先概念，祖先类的属性信息向下逐级继承和传递，子孙类的属性和实例信息则为祖先类的属性提供了更具体的体现和细化。同样，本体的属性 Property 和实例 Instance 则依赖于类 Class 来构建和依存，对类 Class、属性 Property 和实例 Instance 的信息修改和删除，都要时刻维护这种层次化的依存关系，同时也保证了本体的扩展性和重用性。

该层次化空间信息本体的管理和维护原则有：

- 在本体文件维护过程中，各级本体间的 import 关系不能轻易修改，避免各级本体间层次关系的破坏；
- 当添加新的顶层本体文件时，必须要使用 import 指令关联根文件 Thing.owl，并在该文件中添加基础概念的描述信息；
- 当添加新的领域级本体文件时，必须要使用 import 指令关联相应的顶层本体文件，并保证其对应于明确的概念分类；
- 当添加新的应用本体时，应使用 import 指令至少关联一个对应的领域级本体文件，可根据应用场景需求关联合适类别的领域词汇，严禁跨级直接引用顶级本体文件；
- 在删除某级本体文件时，应保证其没有被任何下一级或同级本体文件引用。原则上，顶级本体文件只允许添加新的概念或属性，对其本体信息的修改应在保证不会对任何下层本体造成影响的情况下进行。

这种分级分层的本体文件管理方法可以有效地保证本体的共享，并避免用户对各层本体的误操作和破坏，同时还可以方便用户根据需要建立共用或专用的应用本体，实现了本体文件的分布式存储和共享。

基于该层次化本体构建方法的层次化思想和管理维护原则，开发了用于实现该层次化空间信息本体的知识库管理系统，界面如图 4.5 所示[15]。

从图 4.5 的本体知识库管理界面可以看出，本体整体是按照概念的层次化从属关系来组织的，属性和实例都是依赖于概念而存在和组织的，概念、属性、实例的添加、修改和删除等操作都要严格遵循层次化约束条件。该种本体知识管理方式保证了本体中各类信息间的层次化约束，可在整体清晰的树形层次结构基础上，实现各类信息的有序组织和管理，为本体的扩展和使用提供了有力的保障。

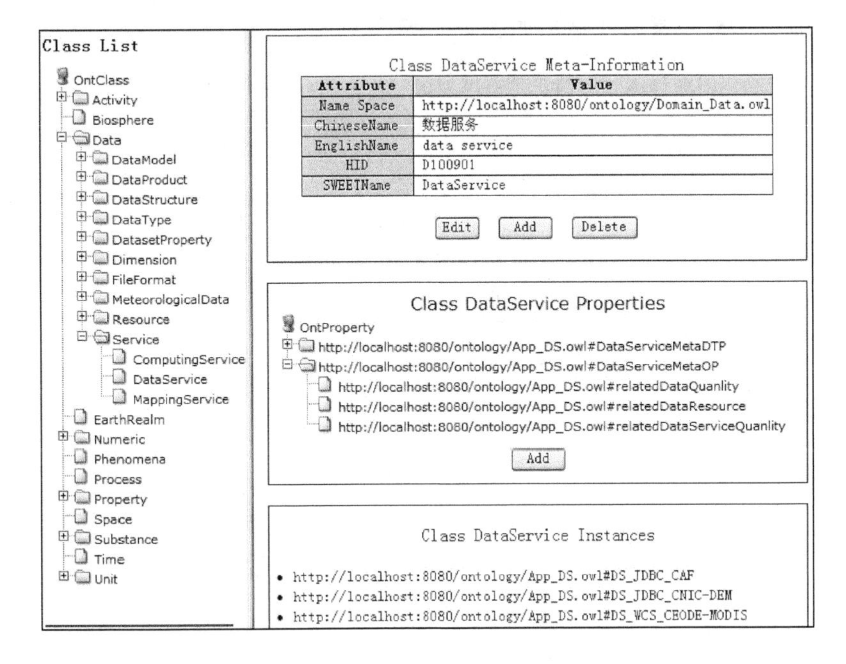

图4.5 层次化空间信息本体管理界面

某个概念的属性描述应该是上层概念理解的基础，本体中概念层次关系的建立应该采取自上而下的方法，可保证知识的广度和扩展性，本体中概念属性的描述则可在概念层次关系基本确立后，再采取自下而上的方法来建立，并且是一个不断完善、按层向上依次迭代的过程，这种结合方式既可以保证上层概念属性的描述是其子概念属性描述的共同特性和抽象，又可对上一阶段构建的概念层次关系进行验证和检查，保证了本体构建过程的质量。

4.6 层次化空间信息本体的对比评价

在设计和构建完成本体后，在投入实际应用之前对本体进行总体性评估是非常必要的，以便了解该本体的特点和适用情况。由于现阶段很难找到一个标准的(Gold Standard)本体样板作为评估参考，因而选择较为成熟、得到公认的本体知识库进行对比评估方法是比较可行、有效的方法。

本部分将采用知识工程的方法，从知识表现能力和知识管理能力两个角度，将本章所构建的层次化空间信息本体HGO与领域内较为成熟的SWEET本体进行对比评估（两者都采用了OWL作为本体描述语言），选用了若干关键评价指标[16][17]（如：概念数目、知识宽度、知识组织结构、知识耦合度等）来对二者进行对比分析,具体指标及其对比结果如表 4.1 所示。

表 4.1 层次化空间信息本体 HGO 与 SWEET 本体的对比分析[15]

	评价指标	SWEET(V1.1)本体	层次化空间信息本体 HGO
知识表达能力	概念数目	2 441	1 073
	本体组成	10 个侧面类(faceted categories)和 2 个综合类(integrative categories)	12 个基础概念类
	术语数目	2 441	3 633
	知识的宽度	455	282
	知识的深度	7	12
	概念的语义描述属性	same-as differ-from comment restriction axiom	HID ChineseTerm EnglishTerm restriction axiom
	语义属性数目	281 个(其中数据类型属性 39 个,对象属性 242 个)	357 个(其中数据类型属性 264 个,对象属性 93)
	实例数目	179	3 572
知识管理能力	本体文件数目	14	35
	知识拓扑结构	网状结构	层次树形结构
	本体的扩展性	可扩展新的综合本体	可扩展新的应用本体
	概念检索机制	主要依赖 is-a 和 same-as 关系逐层地检索	使用 CMI 中来检索术语,HID 来检索层次位置
	知识耦合度(Knowledge coupling)	概念间关系约有 50%为 is-a 关系,30%为 same-as 关系,20%为 part-of 关系	概念间关系全都为 is-a 关系
	知识凝聚度(Knowledge cohesion)	根概念有 419 个,叶子概念有 1 868 个	根概念有 12 个,叶子概念有 851 个
	知识管理的开销	主要是概念间关系维护的开销	主要是层次结构和 CMI 的维护开销

从表 4.1 中对比的结果可以得出以下结论:

(1) HGO 具有与 SWEET 相同数量级的词汇量。SWEET 本体中不区分概念和术语(将所有的术语都看作单独的概念来组织),共包含有 2441 个概念结点(都是英语词汇)。而 HGO 将术语看作概念的一类特殊语义属性,按照概念间从属关系来组织本体结构，共包含有 1073 个概念结点和 3663 个术语（包括中文和英文词汇）。因而从包含的领域术语词汇数目上看，两者具有相当的词汇量。

(2) HGO 和 SWEET 在知识组织结构上存在不同的特点。从知识的宽度和深度角度来分析，SWEET 具有较宽的知识分类结构，HGO 具有较深的知识层次结构；SWEET 采用了网状的知识组织结构，具有不依赖于层次关系的丰富语义关联，而 HGO 采用了树形的知识组织结构，具有良好的知识层次性和扩展性。不同的知识组织结构决定了两者可满足不同的应用需求，并具有不同的维护难度。

(3) HGO 和 SWEET 具有不同的应用目的。SWEET 使用了大量的关系原语来描述本体中各类关系，具有良好的通用性，目的在于为地学领域本体提供参考模型；而 HGO 则是面向应用的领域本体，使用了一些自定义的本体描述属性和机制，目的在于增强本体的描述和应用能力。

(4) HGO 和 SWEET 具有相同级别的语义信息含量。两者具有相近的语义属性总数量，但 SWEET 侧重于对各类语义关系的丰富描述（对象属性较多），而 HGO 则侧重于对概念语义属性的充分描述（数据类型属性较多），并且包含有大量的概念实例。从语义信息描述的侧重性来看，SWEET 可称为结构类本体，HGO 可称为描述类本体。

(5) HGO 和 SWEET 具有不同的知识管理方式。SWEET 作为地理本体参考模型，缺乏完整的知识管理机制和清晰的组织结构，不太适合于直接应用；而 HGO 则具有相对丰富的组织和索引机制，可实现本体中信息的管理和维护，具有良好的实用性。

(6) HGO 和 SWEET 具有不同程度的可用性。从本体文件的分块方法和组织结构来看，SWEET 从概念分类角度进行本体的分块组织，而 HGO 从概念层次和分类综合角度进行本体的分块组织，因此，HGO 比 SWEET 具有更好的本体细化程度和可用性。但从知识耦合度和凝聚度指标来看，SWEET 具有较低的知识耦合度和知识凝聚度，使得 SWEET 又具有较好的可移植性。

从以上的对比分析可以看出，HGO 本体和 SWEET 本体面向相同的领域，在具有相同的词汇量和同样丰富的语义信息基础上，采用了不同的知识组织结构和描述机制，SWEET 更适合于作为顶层本体为领域本体的构建提供参考，而 HGO 则具有更好的可扩展性、可维护性和实用性，为本书中后继的研究工作和实验分析，以及应用系统的实现提供了良好的本体知识库基础。

4.7　本章小结

本章在对比分析现有主要本体构建方法的基础上，分析了现有方法的不足和局限性,从知识工程角度采取层次化思想来设计和构建领域本体,注重从知识表达、管理和维护,到知识应用的完整性流程的研究。针对空间信息领域知识的层次性特点,采用层次化本体结构,从知识工程角度,给出了各层次本体的构建指导原则,并说明了该层次化本体的管理和维护方法。本章中所构建的层次化空间信息本体为后继章节的研究提供了知识库基础和实验环境。

本章参考文献

[1] Uschold Mike, Mic hael Gruninger. ONTOLOGIES: Principles, Methods and Applications [J]. Knowledge Engineering Review, 1996, 11(2): 93-136.

[2] Mahesh K, S Nirenburg. Meaning Representation for Knowledge Sharing in Practical Machine Translation[C]. Proceedings of the AI Resource Seminar: Special Track on Information Interchange, Florida, 1996.

[3] John A Bateman. Ontology construction and natural language[C]. Proceedings of the International Workshop on Formal Ontology. Padova, Italy, 83-93, 1998.

[4] Perakath C. Benjamin, Christopher P. Menzel, Riehard J. Mayer, Florence Fillion, Miehael T Futrell, Paula S. deWitte, Madhavi Lingineni. IDEF5 Method Report[EB]. 1994. http://www.idef. com pdf/ ldef5. pdf.

[5] Micheal Gruninger, Mark S. Fox. Methodology for the Design and Evaluation of Ontologyies[C]. Workshop on Basic Ontological Issues in Knowledge Sharing, IJCAI95, Montreal, 1995.

[6] Mariano Fernandez, Asuncion Gomez-Perez, Natalia Juristo. Methodtology: From Ontological Art Torwards Ontological Engineering[C]. Proceedings of the AAAI97 Spring Symposium Series on Ontological Engineering, 33-40, 1997.

[7] Jorg-Uwe Kietz, Raphael Volz, Alexander Maedche. Extracting a Domain-Specific Ontology from a Corporate Intranet[C]. Proceedings of the 2nd workshop on Learning language in logic and the 4th conference on Computational nautural language learning, 170-173, 2000.

[8] Xian-min Li, Guo-qing Li, Wen-yang Yu. Exploratory Analyses of Geoscience Ontology Infrastructure[C]. Fifth International Conference on Fuzzy Systems and Knowledge Discovery, 251-255, 2008.

[9] D. Benslimane, E. Leclercq, M. Savonnet, M. N. Terrasse, K. Yetongnon. On the definition of generic multi-layered ontologies for urban applications[J]. Computers, Environment and Urban Systems, 2000(24): 191-214.

[10] Nadira Lammari, Elisabeth Metais. Building and maintaining ontologies: a set of algorithms [J]. Data & Knowledge Engineering, 2004 (48): 155-176.

[11] H. Herre, B. Heller. Semantic foundations of medical information systems based on top-level ontologies[J]. Knowledge-Based System, 2006 (19):107-115.

[12] Ghassan Beydouna, Antonio A. Lopez-Lorca, Francisco Garcia-Sanchez, Rodrigo Martinez-Bejar. How do we measure and improve the quality of a hierarchical ontology[J]. The Journal of Systems and Software, 2011 (84): 2363-2373.

[13] Shengtao Sun, Dingsheng Liu, Guoqing Li, Wenyang Yu, Lv Pang. The Research on Hierarchical Construction Method of Domain Ontology[C]. Proceedings of 6th International Conference on Semantic, Knowledge and Grid, 203-210, 2010.

[14] Robert G Raskin, Michael J Pan. Knowledge representation in the semantic web for Earth and environmental terminology (SWEET). Computers & Geosciences, 2005,31(9):1119-1125.

[15] Shengtao Sun, Dingsheng Liu, Guoqing Li. The application of a hierarchical tree method to ontology knowledge engineering[J]. International Journal of Software Engineering and Knowledge Engineering, 2012,22(4): 571-593.

[16] Leo Obrst, Werner Ceusters, Werner Ceusters, Inderjeet Manil, Steve Ray, Barry Smith. The Evaluation of Ontologies: Toward Improved Semantic Interoperability[C]. Semantic Web: Revolutionizing Knowledge Discovery in the Life Sciences, New York: Springer, 139-158, 2007.

[17] Juan Garcia, Francisco J. , Garcia-Penalvo, Roberto Theron. A Survey on Ontology Metrics[C]. Proceedings of World Summit on the Knowledge Society, 22-27, 2010.

第5章　基于本体的自然检索语句语义化解析

在自然语言检索中，检索过程的初始点在于从用户输入的自然语句中解析和获取用户的检索意图，并且要以形式化、格式化的描述方式来表达所获取的检索需求，以便后继资源匹配过程中对该用户检索意图的可理解和可操作，该检索需求的解析过程实现了从自然语言到形式化语言的转化和映射。在基于本体的自然语言检索系统中，由于本体所表达语义的潜在性和概念化，使得本体对于自然语句的理解能力是有限的。本章将在分析现有自然语言解析方法和技术的基础上，选择适用的语言模型来扩展和增强本体模型对自然语言的理解能力，在层次化空间信息本体基础上构建用于自然检索语句理解的应用本体，并将用户的检索需求以本体化形式来描述，为后继的资源检索和匹配提供初始条件和依据。

5.1　自然检索语言的语义化解析研究现状

为了实现自然检索语言中用户需求的获取和形式化描述，首先需要对自然语句进行理解和分析，目的在于了解用户的检索需求，而不完全等同于自然语言理解和处理中对自然语言的理解和翻译，它通常是一种受限语言查询，具体表现在：词汇受限、句型受限、语义受限和词用受限，因而不涉及复杂的词法、语法和语义分析过程，更注重于语义的理解和分析。根据用户自然语言中关键词的组合和搭配情况，通过语义层面的推理和分析，获知用户检索的真正意图，并将该检索需求进行形式化的表述，以便与所查找资源的形式化描述间进行匹配。本部分将对自然语言理解和处理的相关理论和方法进行调研和分析，并从中选择适用的语言模型，尝试用于扩充本体模型对自然语言的描述和理解能力。

5.1.1　自然语言处理的主要技术

进行自然语言处理的传统技术手段主要有两类：

(1) 基于词典的语法语义分析技术(经验主义随机派)

将自然语言中所有可能出现的词汇进行汇总和分类，依赖词典中的词汇及其含义来识别单词和理解词义，主要针对大规模语料库，着重研究随机和统计算法。

目前比较成熟的方法是构建基于统计的语料库（Corpus），用于实现自然语言的词法、语法和语义分析。作为自然语言处理的一个分支，基于统计方法的语料库研究主要涉及机器可读的自然语言文本的采集、存储、检索、统计、词性和句法标注、句法语义分析，以及语料库在语言定量分析、词典编纂、机器翻译等领域中的应用[1]。

（2）基于语言模型的语义分析技术（理性主义符号派）

将自然语言以数学符号和模型来描述，通过基于模型的推理和分析算法来识别单词和理解词义，采用基于规则的分析方法，着重研究推理和逻辑问题。单纯采用基于规则的自然语言理解系统，规则所能刻画的知识颗粒度较大，不能保证语言学规则之间相容，并且获取语言学和世界知识也是比较困难的。

到 20 世纪 70 年代随着认知科学的兴盛，研究者又相继提出了语义网络（Semantic Network）、概念依存理论（Conceptual Dependency Theory）、格语法（Case Grammar）等新型的语义表示方法。到 80 年代一批新的语法理论脱颖而出，具有代表性的有词汇功能语法（Lexical Functional Grammar，LFC）、功能合一语法（functional unification grammar，FUG）和广义短语结构语法（Generalized Phrase Structure Grammar，GPSG）等。随后针对语用分析的研究也开始逐渐展开，情景语义学（Situation Semantics）、言谈语言学（Discourse Linguistics）和语用学（Pragmatics）也逐渐成为研究热点。这些语法和语义理论经过各自的发展，近年间逐渐开始趋于相互结合和综合运用。

（3）理性主义和经验主义的结合

"理性主义"现有的手段虽然基本上掌握了单个句子的分析技术，但是还很难覆盖全面的语言现象，特别是对于整个段落或篇章的理解还无从下手。"经验主义"对于语言中基本的确定性的规则仍采用统计强度的大小去判断，这与人们的常识相违背。"经验主义"研究中的不足常常需要依靠"理性主义"的方法来弥补，统计和规则相结合的方式成为现阶段的主流研究方法。

这类方法中出现了两个比较有代表性的动向：一个是以宾州大学（University of Pennsylvania）的 Macus 为代表的思想，将语料库内容进行结构化组织，以树库（Tree Bank）和 Xtag 为手段实现了词汇树邻接文法；另一个是以 AT&T（American Telephone & Telegraph）公司的 Abney 为代表的思想，采取加大语言处理单元的粒度，即语段（Chunk）的思想，来实现自然语言的解析和表达[2]。

通过上面的调研和分析可以看出，将理性主义的规则和经验主义的语料库相结合是现实可行的，既可弥补各自的缺点，又可从语法规则和语言词库两个方面来综合描述和理解自然语言，是行之有效的方式。采用这种结合的方式需要解决的两个关键问题是语言规则的形式化描述和语言知识库的构建，以及如何以词库为基础运用推理规则来对自然语言的语义进行推理和分析。词库是自然语言解析的词汇基础，语义规则是自然语言理解的参考依据，这两者的形式化描述都需要语言模型的支持，下一小节将对现阶段用于自然语言理解的语言模型进行对比和分析。

5.1.2 自然语言的表述方法和语言模型

在进行自然语言理解之前，首先需要对自然语言中的要素进行形式化的表述和模型化的解析。自从开始自然语言理解和处理的研究以来，研究人员就不断地提出各种自然语言的描述方法和模型，其中针对汉语进行的研究和主要成果如下所示。

(1) 传统语法学的主谓宾定状补句法成分分析是较早也是一直居于主导地位的方法，该方法对语句进行组成结构的分析，寻求基于词法、语法基础上的语义分析和理解。汉语语法学的出现是以西方语言学理论为基础的，西方语言学理论是在形态语言的基础上建立起来的，而汉语是无形态语言，用形态语言的理论去描写非形态的汉语，存在很大的局限性和理解的障碍。

随后发展起来的依托于乔姆斯基语法理论的各种句法树是对语法分析更深入、形式化的描述，八大词类、六种句子成分、短语结构和句法树成为语言分析的基础概念和依托，但其对于自然语言的分析和理解比较机械和生硬[3]。对于这一传统分析模型，早在20世纪70年代就曾一度受到菲尔墨(Fillmore)和单克(Schank)的质疑和挑战。

(2) 20世纪80年代依托于各种现代数理逻辑理论的句法语义分析开始出现，基于统计学依靠因特网或语料库中字和词的共现概率，来实现自然语言理解中的分词和词法分析。出现了依托于隐马尔科夫模型HMM(Hidden Markov Model)和人工神经网络ANN(Artificial Neural Network)模型的各种统计处理方法，依赖于大规模的语料库支持，确实获得了较好的效果。但是该类方法需要较大的带有标注的训练集，并且训练时间较长，而且只是词法层面上的字符搭配理解，对于使用频度不高的特殊用法识别能力较弱。

数学模型本身是抽象、无物理含义的，当它作用于某个具有特定含义的应用模型时，必须符合“应用题”成立的前提条件。然而在自然语言理解中，词语之间存在着语义关系，以字和词为单位的数据集合必然不能满足目前所采用的各种统计模型对数据无关性的要求。语义是蕴含在语言文字符号下的隐现内容，语义表示方法的最终目标则是为内容提供形式化的表示手段，也就是提供将隐含的“义”转化成显现的“义”的载体。

(3) 进入到20世纪90年代，国内对汉语自然语言理解技术的研究呈现出“多元化”和“多角度”的研究态势。

- **第一个动向**：与国际发展相适应，纯概率和语料库的研究似乎走到了尽头，开始统计和规则相结合。

中科院计算所汉语词法分析系统 ICTCLAS 采用了统计方法与规则相结合的手段，并在 973 专家组评测了国内主要的汉语词法分析系统后，该系统获得了最好的成绩。

清华大学的黄昌宁成功地结合语料库统计与规则的优点，设计了一个统计与规则并举的汉语句法分析模型 CRSP(Corpus Rule and Statistics based Parser)[4]。在该模型中，语料库用来支持各类知识和统计数据的获取，规则主要用于邻接短语的合并和依存的关系网的剪枝，通过实验验证同样获得了令人满意的结果。

北京师范大学许嘉璐主持的国家社会科学“九五”重大项目“信息处理用现代汉语词汇研究”也是在统计方法的基础上，引入西方计算语言学的理论成果，通过加入规则而形成的分析方法。

- **第二个动向**：开始重视语义和知识表示，并有意识的抛开英语自然语言理解研究模式，寻找适合汉语自身的方法。

中科院声学所黄曾阳的概念层次网络(Hierarchical Network of Concepts, HNC)理论[5]，考虑到传统研究方法(词-短语-句-句群-篇章)是基于西方语言而建立的，其总体与汉语实际不相适应。而 HNC 模型以概念化、层次化、网络化的语义表达为基础，把人脑认知结构分为局部和全局两类联想脉络，认为对联想脉络的表达是语言深层(即语言的语义层面)的根本问题。

上海交通大学陆汝占的基于内涵逻辑模型论的语义分析理论，主张深入到语义层面，将汉语表达式抽象成恰当的表示内涵与外延的数学表达式，然后把这些语义表示在计算机内进行处理。其思想即是在汉语表达式和计算机数据结构间插入抽象数学表示。

- **第三个动向**：人们越来越深入地认识到，语义表示和知识处理是自然语言理的瓶颈问题，开始重视知识库的建设。

中科院计算机语言信息中心董振东的知网(HowNet)[6]就是一个以汉语和英语的词语所代表的概念为描述对象，以揭示概念与概念之间以及概念所具有的属性之间的关系为基本内容的常识知识库。

北京大学和东北大学研究人员联合对 WordNet 进行了汉化，WordNet 是传统的词典信息与现代计算机技术以及心理语言学的研究成果有机结合的一个产物，最具特色之处是试图根据词义而不是词形来组织词汇信息。

- **第四个动向**：受到信息全球化和 Internet 的影响，智能信息搜索成为研究的热点。

理论研究方面成果主要有:东北大学姚天顺提出的文本信息过滤机制,哈尔滨工业大学王开铸对文本层次结构的划分,北京邮电大学钟义信实现的自动文摘系统,上海交通大学王永成进行的信息浓缩研究等。

应用系统开发方面的成果主要有:基于内容的搜索引擎,代表性系统有北京大学天网、计算所的天罗、百度、慧聪等搜索引擎;信息自动分类、自动摘要、信息过滤等文本级应用,如上海交通大学纳讯公司的自动摘要、复旦大学的文本分类,计算所基于聚类粒度原理 VSM 的智多星中文文本分类器等。

从目前自然语言理解的研究和反战趋势可以看出,自然语言理解已经进入到语义描述和分析阶段,提出了较多自然语言的描述方法和模型。另外,为了服务于应用和验证模型的有效性,还将模型所给出的语义描述机制采用目前某种知识描述方式来表述和存储,开发了相应的语言知识库。在众多汉语语言模型中,HNC 模型具有较为适合的语义表达方式和词汇组织结构,比较适合于与本体模型的结合,用于改善本体模型对自然语言理解的能力,下一小节将对该语言模型进行进一步的研究和分析。

5.1.3 概念层次网络 HNC 模型

概念层次网络模型不同于传统语言模型的过多注重于主谓宾结构的严格遵循,而更多地关心于自然语言中词汇的层次结构组织和词汇间关联的含义表达,与本体模型对概念的层次化组织和概念间语义关联的知识表述方式具有一定的相似性。但是 HNC 模型更多地注重于各类词汇间搭配关系的描述,本体模型则更多地注重于概念间各类语义关系的表达。下面将通过对 HNC 模型的进一步研究,分析其与本体模型结合的可能性和可行性。

(1) 概念层次网络的基本理论和思想

自然语言的计算机理解的发展主要围绕三个方面:自然语言的表述和处理模式,自然语言知识的表示、获取和学习,研制开发自然语言的应用系统。其中,自然语言的表述和处理模式是基础性问题,它决定着整个自然语言理解的方法和过程。

黄曾阳针对汉语理解中的问题一针见血地指出:用于信息处理的词汇知识,必须下连网络、上挂句类,否则对计算机毫无用处[7]。黄曾阳在对相关问题进行充分的分析和研究基础上,于 1997 年提出了 HNC 理论,该理论试图摆脱我国现有流行的语法学的束缚,对传统的基于句法知识的语言表述及其处理模式提出挑战,取而代之以语义表达为基础来对汉语进行理解,从语言的深层入手,注重于对语义的表达和理解,为汉语理解开辟了一条新路[8]。该理论可有效地避开当前中文信息处理所面临的一系列难题,诸如分词问题、词性标注问题、词的兼类问题、义项标注问题、句法分析问题、句子述语动词识别问题等。

HNC 理论是面向整个自然语言理解的理论框架，是国内自然语言处理领域的三大理论之一[8]。该理论从语言的深层入手，以概念的基元化、层次化、网络化、形式化的语义表达为基础，通过句类和语义块把自然语言的表层结构和深层语义联系起来，从而实现对中文语句的多维描述。

黄曾阳经过多年的艰苦探索，在自然语言的表述和处理模式这一根本问题上提出了三大理论要点[5]：

① HNC 理论把自然语言所表述的知识划分为概念、语言和常识三个独立的层面，对不同层面采取不同的知识表示策略和学习方式，形成各自的知识库系统。将知识库建设的首要目标定位于自然语言模糊消解，这是 HNC 理论对迄今为止的知识库建设进行总结后得出的诊断。

② HNC 理论建立网络式概念基元符号体系，即概念表述的数学表达式。该符号体系或表达式具有语义完备性，能够与自然语言的词语建立起语义映射关系。同时，它是高度数字化的，每一个符号基元（每个字母或数字）都具有确定的意义，可充当概念联想的激活因子。这个符号体系就是 HNC 理论设计的三大语义网络及五元组和概念组合结构，它是计算机把握并理解自然语言概念的基本前提（称为局部联想脉络），是 HNC 理论的基础性内容之一。

③ HNC 模型建立了语句的语义表述模式，即语句表述的数学表达式，这一模式的完备性表现为可表述自然语言任何语句的语义结构。为表述自然语言语句的语义结构，HNC 理论提出了语义块和句类的概念，在此基础上形成的句类格式就是语言的深层结构，它是语句分析的基点（称为全局联想脉络），是 HNC 理论的另一基础性内容。以上三大理论要点，正是 HNC 理论在自然语言表述和处理模式上所获得的突破性进展的表现。

HNC 理论从一个全新的角度，开拓了对中文信息处理和汉语语言研究的新领域，对人工智能、语言学、计算机科学和认知科学等发展都具有重要的理论和应用价值。自然语言的表述和处理模式是自然语言计算机理解的根本问题，HNC 模型采用了层次网状结构来表述汉语语义，和本体模型具有相近的表述思想和相似的组织结构，因而易于和本体模型相结合，为基于本体的自然语言理解提供了有效的语言表述模型基础和语义理解方法。

(2) HNC 模型的局限性

HNC 模型采用了全新的视角和方法给出了汉语自然语言描述的模型，而且其核心思想与本体具有一定的相似性，为两者的结合提供了很好的基础。但是该模型现阶段仍处于起步阶段，在实际应用过程中，还存在一定的局限性，主要表现在如下几个方面。

① HNC 模型缺少对语义强度的度量，虽然在该模型中存在对各种情况下词汇含义和词间搭配语义的描述，但是这些描述都是二值逻辑的，缺少语义关联强度

的定量化度量，对于知识的模糊性和不确定性表述不足。

② 在基于 HNC 符号的索引和关联机制中，采用没有语义意义的字符串来表示语义含义和关联，例如：第 19 类概念是指 XX 类型概念、v341 和 v342 代表是动词第 34 类概念中反义关联性（末尾字符 1 和 2 代表相反关系）等表述方式。该符号作为检索的索引是具有一定作用的，但是作为语义符号则在含义的有效表达上显得有些不足。（本体中以语义链接来表示概念间语义关系，具有便于理解的属性名和描述信息）

③ 目前 HNC 大多采用关系型数据库来存储其网状结构的语义关联结构，使用 HNC 符号来实现索引和查找，受关系型数据库对图结构描述能力的限制，使得其知识组织和管理的灵活性较差。（本体中以网状语义关联结构和 RDF 形式来表示和存储语义信息，具有灵活、扩展性强等优点）

④ 目前 HNC 模型上的语义分析手段主要是概念和语义的查找、语义距离和概念相似度的计算等操作，虽然从一定程度上摆脱了基于字符串匹配的信息检索模式，但是如何在其网状结构上有效实现语义检索和分析仍未有给出很好的解决方案。在网状结构知识上进行的语义分析和理解应采用启发式的检索和推理机制，以使得语义分析过程具有一定的智能性和灵活性。

因此，在本体模型和 HNC 模型的结合上，HNC 模型可为本体模型提供所需的自然语言知识的表达机制和组织方式，本体模型又可为 HNC 模型提供概念间关联的语义描述和灵活高效的概念知识组织结构，两者的结合具有一定的可行性和较好的预期效果。

本小节在对现有各类语言模型研究和对比分析基础上，发现概念层次网络 HNC 模型和本体模型在知识组织结构和知识表达方式上具有一定的相似性，适合于与本体模型的结合，以提供概念知识空间基础上的句类分析和语义认知能力，因而本书中选用 HNC 模型来扩展本体模型对自然语言的理解能力。

5.2 本体模型和 HNC 模型的结合

本部分将研究本体模型和 HNC 模型的结合方式，完成用于自然检索语言理解的应用本体的设计和构建；分析空间信息自然语言检索中常用语句模式，基于 HNC 模型提供的语义表达和分析方法，归纳出常见的句类和典型词汇（动词），并给出本体化描述机制；对自然语句中用户需求的解析方法进行研究，根据用户自然语句中的名词和动词间的搭配关系，基于句类分析获知语句类别，依据该句类中动词对应的语义，用来检索和筛选相匹配的语义关系，并获得用户检索需求的本体形式化描述，为后继的资源匹配提供初始条件和依据。

5.2.1　本体模型和 HNC 模型结合方式的分析

本体模型从概念知识空间来表达语义，按照概念间层次包含(subsumption)关系来组织知识，上下级概念间的关系是包含、蕴含、子类关系，反映了概念从抽象到具体、从通用到专用、从基础到应用的逐级关系，侧重于表达不同概念间的包含、相同、子集等关系，主要用于解决特定领域内所出现各类术语词汇间语义关系的表达和分析。本体模型的知识结构如图 5.1 所示。

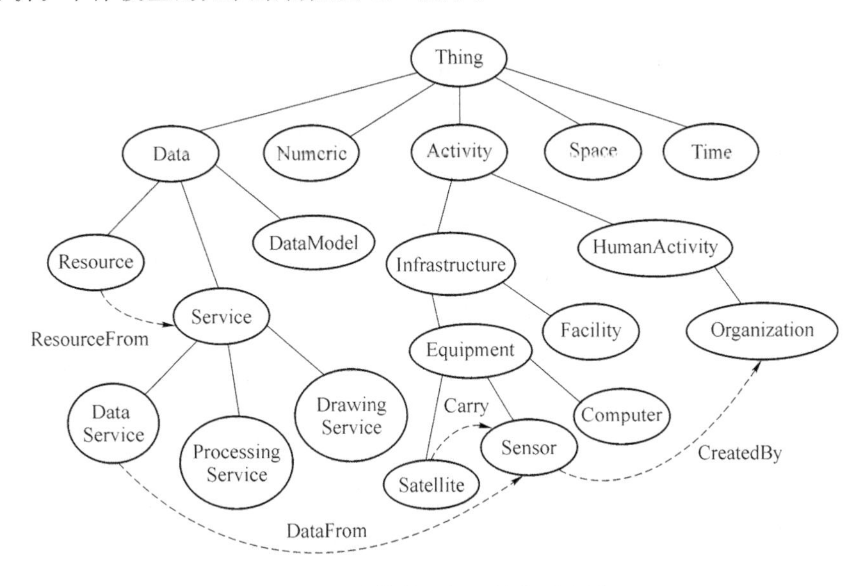

图 5.1　本体模型知识结构示意图

本体所描绘的概念知识对于概念词汇(主要对应于自然语言中的名词)的理解是非常有帮助的，并且提供一定的语义分析和推理能力。但是，目前本体的基础描述逻辑以及本体的描述语义主要侧重于对概念间包含关系、概念间相似关系的描述，这两方面的信息对于语义的描述和理解都只停留在了概念关系级别，常用于实现各种异构或歧义概念间的映射和匹配，难以解决自然语言语义的理解和用户意图的获取。因此本体模型所描述的语义是很有限的，导致了现有本体模型的语义描述机制在自然检索语言中对检索需求的语义理解还是具有一定障碍和局限的。分析其关键问题在于如何对本体中概念间语义关联(通常都包含有自然语言中的动词词汇)如何进行有效的表达和理解，概念间的语义关系是表达概念间联系和理解自然语言中词汇间搭配含义的重要依据。因而，通过引入适用的语言模型来扩展本体模型，将语义描述从概念知识空间提升为语义认知空间，来改善对本体中关联属性的描述和表达机制，在概念知识空间的基础结构上实现对动词词汇的语义化描述和理解，是本项研究的关键所在。

HNC 模型认为语言概念空间包括有四个层级(概念基元空间、句类空间、语境单元空间、语境空间),为自然语言理解处理建立了从词语到篇章的全景处理模式,形成了计算机理解自然语言词句、句群以及篇章语义的三大核心技术:句类分析技术、语境单元萃取技术、语境生成技术,其语言处理流程如图 5.2 所示。从 HNC 模型的语言处理层次关系图中可以看出,句类分析是语句理解的基础性工作和任务,本书中所要解决的就是其中语句层的自然语言理解和解析问题,因而可借鉴 HNC 模型中句类分型的方法来实现自然检索语句的分析和理解。

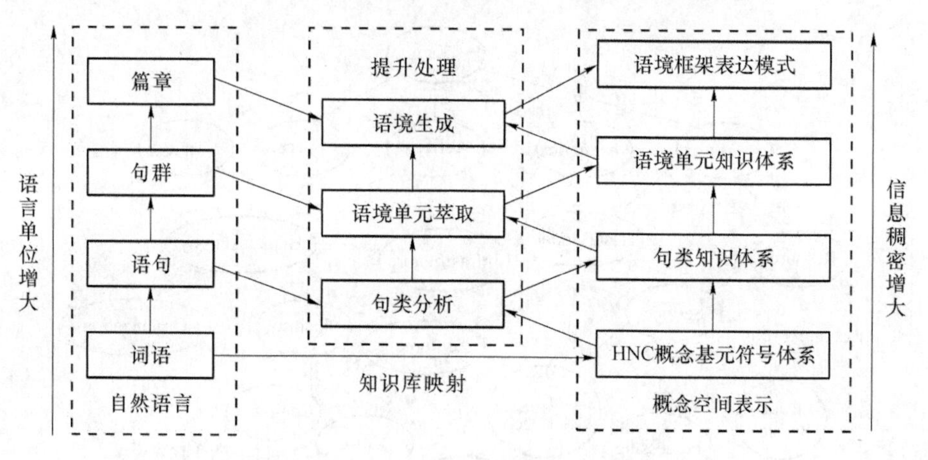

图 5.2　HNC 模型的语言处理层次关系图[57]

HNC 句类分析系统采用了"语义块感知和句类假设、句类检验、语义块构成分析"三步曲的处理策略,从语义块感知和句类辨识入手,通过句类分析来"消解模糊"。针对某一自然语句,首先寻找表示概念的词汇,并把它们假定为特征语义块的核心(即语句的核心),据此推测整个语句的类别;然后在句类知识的指导下进行语句合理性检验,如果检验成功,则该语句的模糊性即可消解,获知其语句类别和语句用途,如果检验失败,则回溯到上一级再做其他的假定和检验,如此往复直至检验成功;之后进入语义块构成分析,最终将获得该语句的确切含义和意图[9]。

可以看出,本体模型在可在该过程中为 HNC 模型提供所需的概念知识,HNC 模型则为这些概念间组合所获得语句的句类分析提供了方法和策略,可用来判断句类以及所包含的语义块。HNC 模型以层次化的概念结构和网状的语义结构来表述自然语言的结构,非常符合本体的构建和设计思路,本体以其层次化的概念结构、灵活的语义关联、利于网络交互和访问等特点成为自然语言语义描述的有效载体。本体具有良好的组织结构和应用接口,便于 HNC 模型的实施和应用,可弥补 HNC 模型的若干不足之处。因此,可基于 HNC 理论思想和方法,给出空间信息检索中自然语言理解的语义描述,并在本体的基础结构上进行表述和存储,形成基于 HNC 的本体语义知识库,用于实现空间信息自然检索语句的语义理解。HNC 模型和本体模型的结合,可利用 HNC 模型对各类语义联系的表达能力,来改善本体模型中对自然语言描述的有限性,同时可利用本体模型对概念的良好组织结构和表现能力,来实现 HNC 模型中语义信息的有效描述和推理支持。

本项研究将在分析空间信息查询中用户自然查询语句结构特点的基础上,进行用户查询语言的模式分析,并给出空间信息检索中各类句型和对应语义的映射关系;将本体模型和 HNC 模型结合,设计并构建用于实现自然语言理解的语义本体知识库,在概念层次结构基础上,将各类语义关联对应的词汇集合也进行层次化组织和描述;根据用户自然语言包含的词汇(主要包含名词和动词)在该语义本体知识库中进行检索和推理分析,对用户检索意图进行提取和本体语义化描述。

5.2.2　用于自然检索语言理解的应用本体构建

现代汉语句子的语义分类是个比较困难的课题,因为难以找到适当的分类标准,不易形成合理的分类体系。而基于 HNC 理论思想,运用 HNC 提供的方法可以对现代汉语句子的语义进行适当的分类,HNC 模型将自然语言从语义角度进行描述,为自然句子语义的描述和理解提供了有效的语言描述模型。HNC 模型抛弃了传统的按照句子语气的分类(陈述句、疑问句、祈使句、感叹句),而是从句子的功能和要表达的语义角度来划分句类,并且又对这些基础句类进一步划分了子类,形成了一个完整清晰的句类层次结构,该句类知识为自然语言理解应用本体的构建提供了重要的依据。

HNC 句类是根据特征语义块的意义和性质来划分的,特征语义块的核心部分一般由动词充当,它蕴涵了一个句子的基本的语义信息。HNC 模型所定义的句类是指句子的语义类型,HNC 理论的句类系统是具有层次结构的,其层次结构如下所示。

(1) 第一个层次包含有七个基本句类:作用句 XJ、过程句 PJ、转移句 TJ、效应句 YJ、关系句 RJ、状态句 SJ、判断句 DJ。

(2) 在七大句类下,又划分出 57 种子类,这是对动词(特征语义块)内涵细分的结果。在这 57 个子类中,根据子类是简单的基本句类的子类,还是子类的混合和复合,又可分为基本子类和混合句类。

例如:第一级基本子类中,作用句的基本子类有:承受句、反应句、免除句、约束句;转移句的基本子类有:接收句、物转移句、物自身转移句、信息转移句、交换和替代句等。第二级基本子类中,反应句的基于子类有:后续反应句、主动反应句、被动反应句等。

混合句类是特征语义块的概念涉及作用效应链的两个或多个环节的句类,例如:反应状态句、作用关系句、信息转移作用句、复合句等。

(3) 在基本句类、基本子类和混合句类中，HNC模型都给出了这些句类的物理表示式，用于描述以动词为中心的句类组成结构。例如：

作用句 XJ＝A＋X＋B(张三打断了李四的腿)；

过程句 PJ＝PB＋P(李四的腿伤大有好转)；

转移句 TJ＝TA＋T＋TB＋TC(李四的朋友电告李四父母这个好消息)；

效应句 YJ＝YB＋Y＋YC(李四养好了腿伤)、YBC＋Y(李四的腿伤养好了)；

关系句 RJ＝RB1＋R＋RB2(张三失去他多年的女友)、RB＋R(张三跟他多年的女友吹了)；

状态句 SJ＝SB＋S＋SC(张三穿着皮大衣)、SB＋S(张三升官了)、SB＋SC(张姐很漂亮)；

判断句 DJ＝DA＋D＋DBC(张三认为李四不该那样做)；

反应句(作用句的子类)X2J＝X2B＋X2＋XBC＋(X2C)(张先生怕李小姐发脾气)；

基本状态句(状态句的子类)S00J＝SB＋S00＋SC(主席团坐在台上)；

作用关系句(混合句类)XRJ＝A＋XR＋RB 张三挑拨李四和我的关系；

关系作用句(混合句类)RXJ＝RB1＋RX＋B 张三多次帮助过李四。

以上这些表达式中每个字符都代表某一类型的语义块，具体含义如表5.1所示。

表5.1　HNC模型中各类语义块的含义

A	特殊对象语义块，亦称作用者块素，或简称A块
B	对象语义块，亦称对象块素，或简称B块
C	内容语义块，或特殊表现语义块，亦称内容块素或简称C块
D	一般判断句E要素
E	特征语义块，亦称E要素或E块
FK	语义块块素符号，但不用于E块表示
H	语义块块素指示，用于语义块的形式分解，不单独使用，前后之后的意思
J	句子
K	语义块形式符号
P	过程句E要素
Ph	短语
Q	同H，与H配合使用，前后之前的意思
R	关系句E块标志
S	状态句E块标志
T	转移句E块标志
X	作用句E块标志
Y	效应句E块标志
jD	基本判断句E块标志

在该应用本体的构建中，将基于 HNC 模型的思想，按照句子语义分类关系来组织，在每个句类结点上关联若干个概念结点，同时在具体句类结点上记录关联的空间信息自然语言检索中常用动词对应的中英文词汇。其中，中文动词词汇和名词术语的组合搭配关系用于判断用户输入自然语句的所属句类；依据所判断的句类可获取该句类中各动词的英文词汇，用于作为从本体语义链接中选取和用户检索意图相关的若干条语义关联的依据，作为后继资源检索和匹配的初始条件。该句类分析过程的流程如图 5.3 所示。

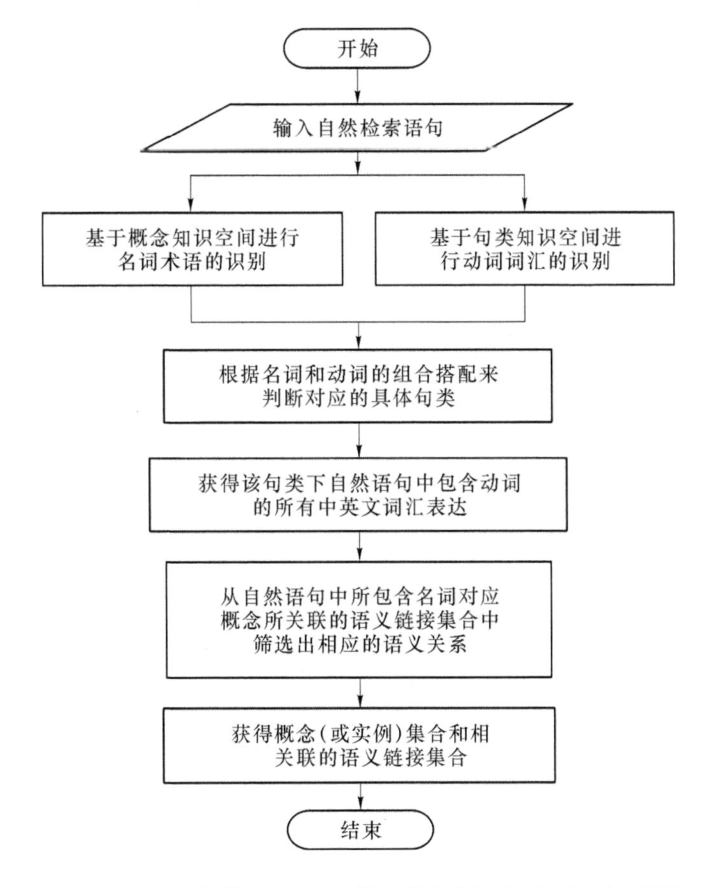

图 5.3　基于本体模型和 HNC 模型的自然检索语句解析流程图

这些动词词汇对于理解本体知识库中语义关联属性名所包含的动词具有重要的作用，为后继的用户需求理解以及资源查找提供了重要的语义信息。本体模型和 HNC 模型的结合示意图如图 5.4 所示。所构建的用于自然检索语句理解的句类分析应用本体知识组织结构如图 5.5 所示[10]。

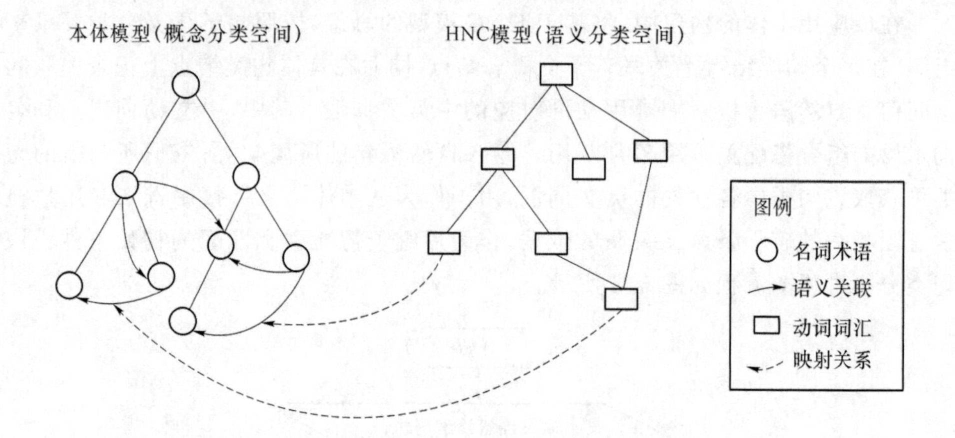

图 5.4　本体模型和 HNC 模型间映射关系示意图

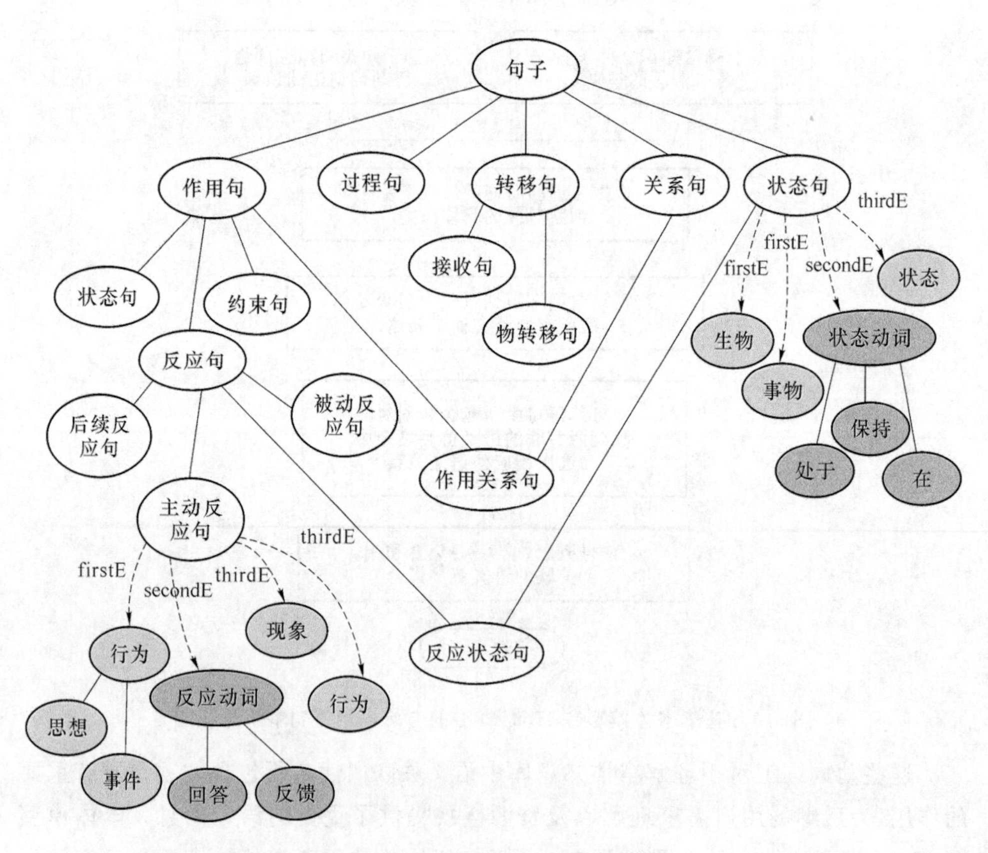

图 5.5　用于自然检索语言理解的句类分析应用本体知识结构示意图

从上面所描述的 HNC 模型和本体模型的结合机制可以看出,在本体模型中引入语言模型，并不是要从基础结构上改变原有本体的知识结构，而在原有概念知识空间基础上，以应用本体形式来扩展和增加语言模型的知识描述，为自然语句中动词的理解提供表达机制和处理能力，最终目的在于从本体知识中筛选出满足用户检索需求的相关知识子集，为后继的资源查找和匹配提供依据。

该种结合方式将本体模型的概念分类空间和 HNC 模型的语义分类空间有效地结合在一起，依托层次化本体知识库的总体结构，为句类的表达和理解提供了有效的方法和实施途径。

5.2.3 自然语句中用户检索需求的本体化描述

基于自然语言理解应用本体，对自然语句中包含的动词和名词进行检索和匹配，根据动名词间搭配所对应的句类分析，可初步分析出用户所输入自然语句的检索意图，并对该检索需求以形式化的方式来表达，可为后继的资源查找和匹配提供依据[11]。基于该自然语言理解应用本体进行自然语句解析过程的具体步骤如下所述。

(1) 对用户输入语句中的名词和动词分别在概念空间和语义空间中搜索匹配的知识结点，获得概念(对应名词)集合 C 和语义块(对应动词)集合 V。若检索不到对应的动词 $V=\phi$(表明知识库当前对该动词词汇描述的缺失)，则仍按照传统单纯基于本体的自然语句理解方法来进行该语句在概念分类空间的形式化表达；若 $V\neq\phi$，则进行第2步基于自然语句理解应用本体的句类和动词词汇分析。

(2) 基于自然语句理解应用本体中对句类和动词关系的描述，根据出现在该自然语句中的动词 V 及其上下文来初步推测该语句可能对应的句类(该过程中存在一词多义和多动词问题，详细的解决方法可参见本章实例1和实例2)。根据判定的句类可获得该语句中核心动词所表达语义的所有动词词汇集合 S，并从 C 中选择出与该核心动词邻近的概念子集 C'(该概念子集中概念与核心动词直接作用，可粗略认定为关键名词，是后继资源检索时的重点，需要保留这些关键名词与其他 C 中概念间的所有语义关联)。

(3) 基于检索到的动词词汇集合 V，对 C 中概念间语义关联属性集合 L 中各语义关系名称进行比对，筛选出与所检索到的概念集合 C 关联的所有相关语义关联的集合 L'。若不能匹配到任何语义关联(表明当前动词词汇理解能力的缺陷和不足)，则选择所有语义关联属性，即 $L'=L$。采用同时方法，获得所有与概念子集 C' 中概念相关的语义关联属性的集合 L''。

(4) 获得的以概念集合 C 为中心结点、包含有语义关联 L' 或 L'' 的语义网络子图中，包含有纵向的概念间层次关系和横向的语义关联关系，该子图即是用户检索需求粗略的形式化表述，如图 5.6 所示，可为后继的资源匹配提供依据。

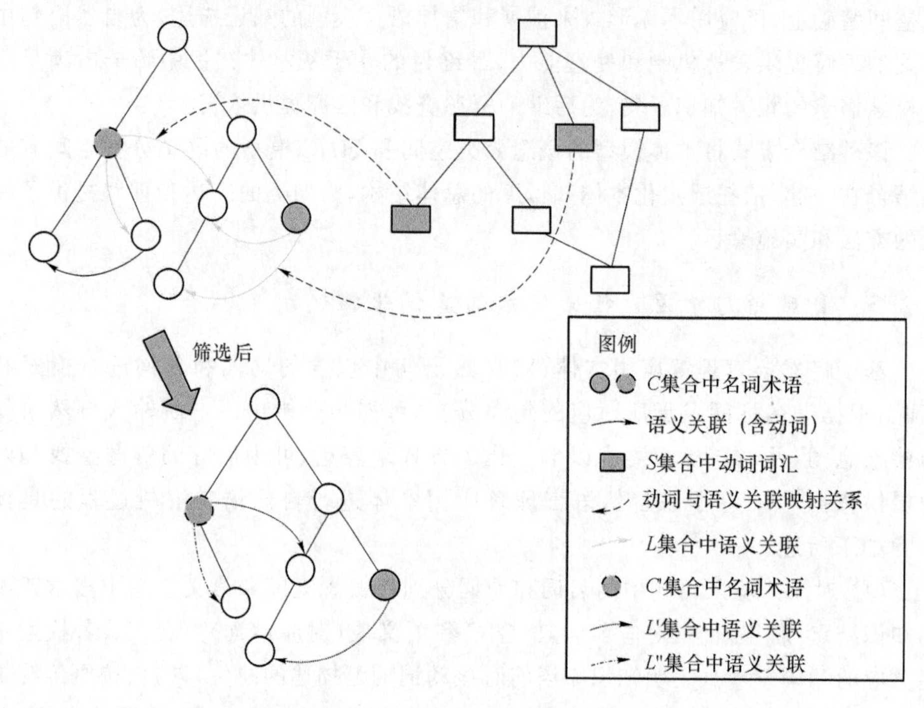

图 5.6　以概念为中心结点并包含有若干相关属性的语义网络子图筛选前后对比演示图

原有基于本体的自然语言分析机制是找到所有与语句中名词匹配的概念和实例，之后基于这些概念和实例，通过所有相关联的属性进行知识检索和推理分析。由于语义关系的复杂多样性，势必会在这些语义属性中包含有大量用户不关心的信息，影响了语义分析的效率和速度，获得的检索结果中很多信息不能很好地满足用户的需求。因而，需要从众多语义关系中筛选出满足用户检索需求的相关概念和属性集合，该集合中仅包含有与用户检索需求相关的语义属性和信息，为后继的语义信息检索和推理提供初始条件和基础，并且可保证信息检索的针对性和准确性。

5.3　自然检索语句的解析实例展示和结果分析

本节将选择空间信息检索中典型的案例，给出基于上面所提方法的自然检索语句语义解析过程的说明，并对解析结果进行分析，总结该方法的优缺点。

案例 1：用户输入的自然检索语句为“2010 年舟曲泥石流影响范围”

该用户自然检索语句反映了用户对某类自然灾害所造成的影响情况的关注，

用户的检索意图是获得所有与该检索需求相关的空间信息资源。下面将说明基于本章所构建的用于自然语句理解应用本体的自然语句的解析过程和检索意图的提取结果。

语句解析过程：

(1) 基于本体知识库中概念知识空间，首先进行名词术语的解析和匹配，可检索到的概念有 4 个：年份(Year，Time 子类概念)、郡县(County，Space 子类概念)、灾害(Disaster，Phenomena 子类概念)、区域(Region，Space 子类概念)，即 $C=\{$Year，County，Disaster，Region$\}$。这些概念对应的概念间层次关系图如图 5.7 所示。

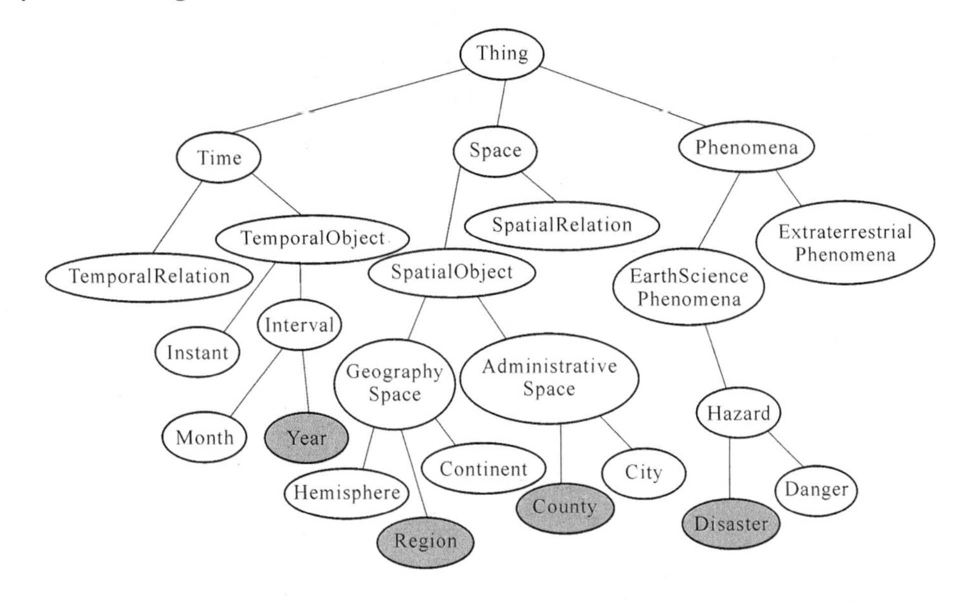

图 5.7　案例 1 中概念间层次关系图

在匹配到的 4 个概念间存在多种多样的语义关系(由于概念间语义关系的多样性，本章中实例仅对自然语句中包含的概念间语义关系进行分析)，例如：Disaster 和 Year 间存在 happenTime 关联、Year 和 Year 间存在 afterYear 关联、Disaster 和 Region 间存在 happenLocation 和 influnceArea 关联、Disaster 和 County 间存在 centerIn 关联、County 和 Region 间存在 locateIn 关联、County 和 Year 间存在 buildTime 关联等，即 L=｛happenTime，influenceDuration，happenLocation，influenceArea，centerIn，buildTime｝，如图 5.8 所示。

若仅依靠本体所提供的概念知识空间来进行该自然检索语句的解析，则只能完成这些概念的检索和匹配，而无法识别语句中动词所关联的语义关系。则接下来的资源匹配过程，将检索和这些概念所关联的所有语义链接，找寻相关的资源，会搜索到所有与这些概念相关的包含各方面语义关系的资源，使得检索结果与用户的需求间存在一定的差异性，不能很好地满足用户的检索意图。

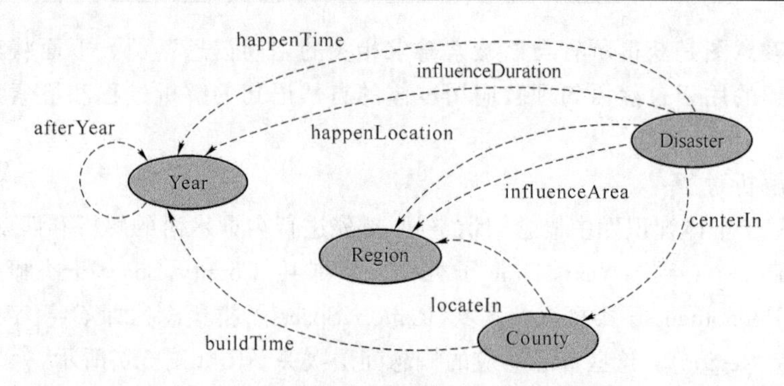

图 5.8 案例 1 中概念间语义关系示意图

而借助于本章中所构建的自然语句理解应用本体中对句类和动词关系的知识描述，以及基于句类分析的自然语句语义解析方法，可初步理解用户检索语句中动词的含义，从众多语义属性中选择出与其对应的语义关系。

(2) 基于自然检索语句理解应用本体进行动词词汇解析和匹配，可检索到的动词有：影响，即 $S=\{影响\}$。包含该动词的句类有：承受句、主动反应句、被动反应句，这些句类间的层次关系如图 5.9 所示。

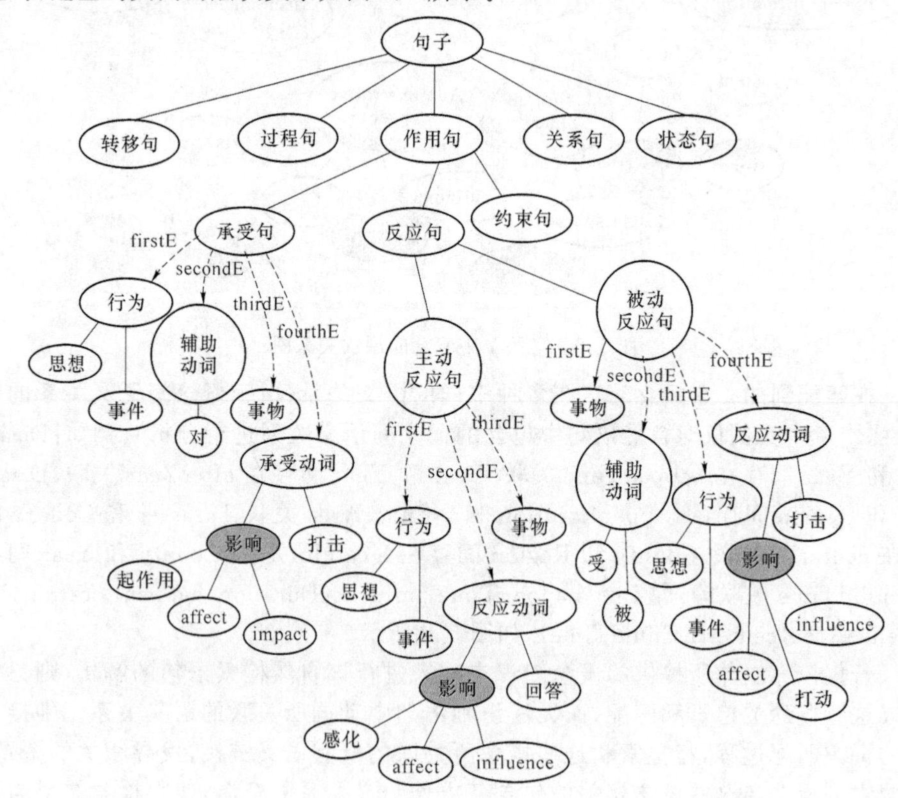

图 5.9 案例 1 中句类层次及动词词汇关系图

在自然检索语句中所匹配到的动词“影响”可在3类句类中出现，分别具有不同的句类组成结构，也存在一定动词词汇的差异，在语句中该动词的确切含义也具有一定的差异性。因而为识别“影响”在该语句中的准确含义，需要进一步根据句类组成结构来识别该语句所对应的确切句类。如图5.9所示的句类组成结构描述信息，承受句的句类结构是：XX对XX影响，主动反应句的句类结构是：XX影响XX，被动反应句的句类结构是：XX受/被XX影响。通过对比分析可知，与用户所输入的自然吧检索语句所匹配的是主动反应句，在该句类中动词“影响”所对应的词汇有：感化、affect、influence等，与该动词邻近（存在直接语义关联）的概念子集$C'=\{\text{Disaster},\text{Region}\}$。

（3）根据动词匹配和句类识别后所获得的动词词汇集合$V=\{$感化，affect，influence$\}$，来进一步分析概念集合C中概念间关联属性集合L，可筛选出与自然检索语句中动词相关的语义关联集合$L'=\{\text{influenceDuration},\text{influenceArea}\}$。再根据集合$C'$中包含概念所关联的语义关系，可获知集合$L''=\{\text{happenTime},\text{influenceDuration},\text{happenLocation},\text{influenceArea},\text{centerIn},\text{locateIn}\}$。

（4）根据本体中概念间层次关系，以及通过上面步骤获得的与核心动词相关的语义关系集合L'和与关键名词相关的语义关系集合L''，可获得该实例中用户输入自然语句解析后的语义网络子图如图5.10所示。

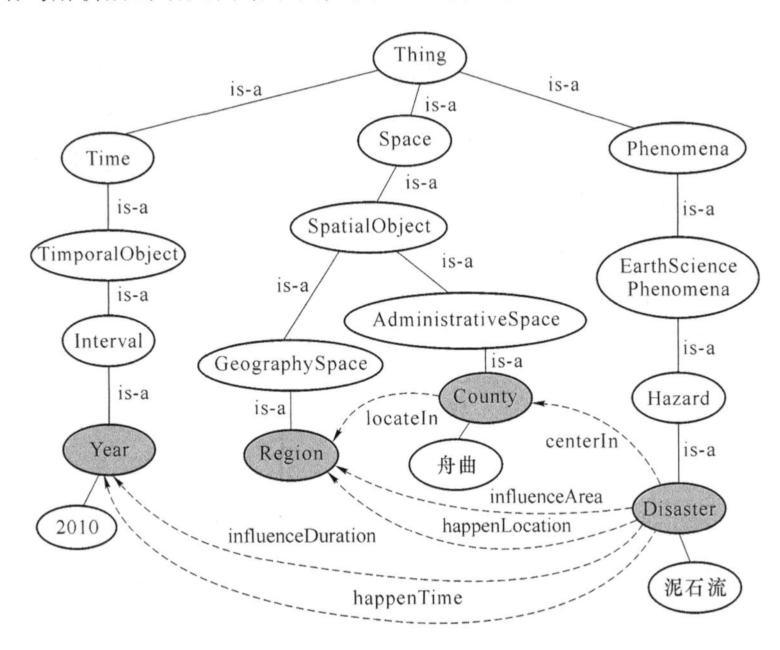

图5.10　案例1中自然检索语句对应的语义网络子图

解析结果分析：

该实例中所识别出的句类、动词词汇和关键名词都与自然语句的检索意图相吻合，最终得到的语义网络子图中包含了关键概念以及满足用户需求的概念间语义关联属性，获得了该自然检索语句的形式化描述。

案例 2：用户输入的自然检索语句为“近几年华北地区小麦种植面积变化”

该自然检索语句反映了用户对农作物种植面积变化的关注，用户的检索意图是获得所有与该检索需求相关的空间信息资源。该语句的特点是包含有两个动词“种植”和“变化”，其中之一为核心动词，决定着该语句的句类。下面将说明基于本章所构建自然语句理解应用本体的自然语句的解析过程和检索意图的提取结果。

语句解析过程：

(1) 基于本体知识库中概念知识空间进行名词术语的解析和匹配，可检索到的概念有 4 个：年份(Year，Time 子类概念)、华北地区(Region，Space 子类概念)、小麦(Wheat，Biosphere 子类概念)、面积(Area，Property 子类概念)，即 C={Year，Region，Wheat，Area}。这些概念对应的概念间层次关系如图 5.11 所示。

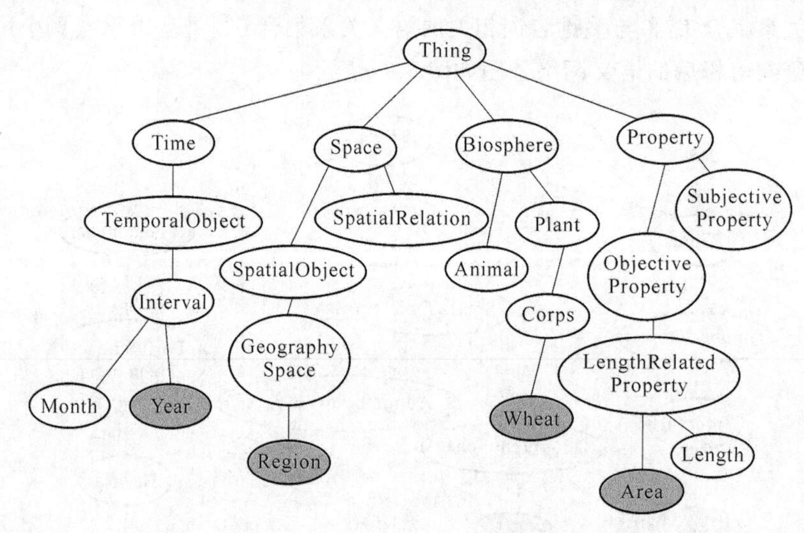

图 5.11　案例 2 中概念间层次关系图

在匹配到的 4 个概念间存在多种多样的语义关系，例如：Wheat 和 Year 间存在 plantYear 关联、Year 和 Year 间存在 YearBefore 关联、Wheat 和 Region 间存在 plantRegion 关联、Weat 和 Area 间存在 plantArea 关联、Area 和 Area 间存在 AreaChange、Region 和 Area 间存在 hasArea 关联等，如图 5.12 所示，可获得集合 L={plantYear，YearBefore，plantRegion，plantArea，AreaChange，hasArea}。

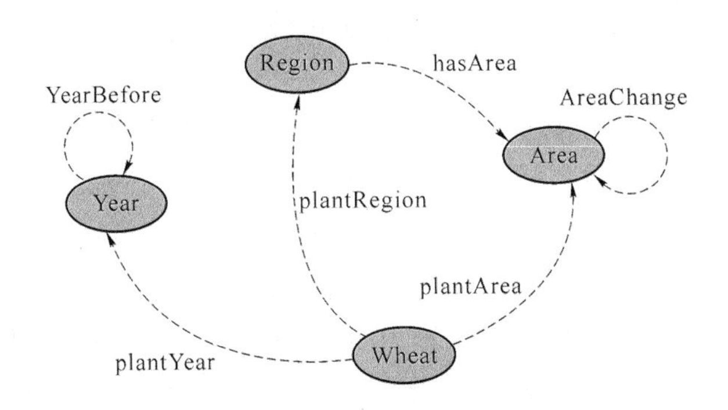

图5.12 案例2中概念间语义关系示意图

(2) 基于自然检索语句理解应用本体进行动词词汇解析和匹配，可检索到的动词有：种植、变化，即集合 $S=\{$种植，变化$\}$。包含动词"种植"的句类有：基本作用句、承受句，包含动词"变化"的句类有：一般效应句、基本效应句，这些句类的层次关系图如图5.13所示。

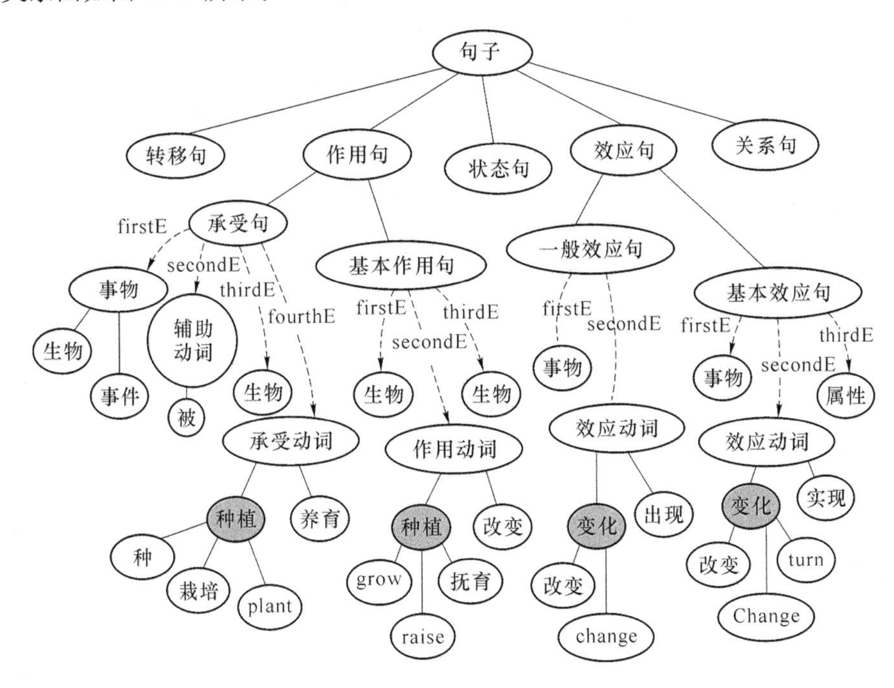

图5.13 案例2中句类层次及动词词汇关系图

该实例的自然语句中出现了两个动词，需要首先分析出其中的核心动词，它决定了该语句的基本句类。根据动词"种植"的上下文"水稻"和"面积"，以及动词"变化"的上下文"面积"来进行相应句类组成的推断，可以匹配的句类为一般效应句，因而动词“变化”为核心动词，“种植”为辅助动词，可以获得的相应动词词汇有：改变、change 等，与该动词邻近（存在直接语义关联）的概念子集 $C'=\{\text{Area}\}$。

（3）根据动词匹配和句类识别后所获得的动词词汇集合 $V=\{$改变，change$\}$，来进一步分析概念集合 C 中概念间关联属性集合 L，可筛选出与该自然检索语句中动词相关的语义关联集合 $L'=\{\text{AreaChange}\}$。再根据集合 C' 中包含概念所关联的语义关系，可获知集合 $L''=\{\text{AreaChange}, \text{hasArea}, \text{plantArea}\}$。

（4）根据本体中概念间层次关系，以及通过上面步骤获得的与核心动词相关的语义关系集合 L' 和与关键名词相关的语义关系集合 L''，可获得该实例中用户所输入自然语句解析后的语义网络子图如图 5.14 所示。

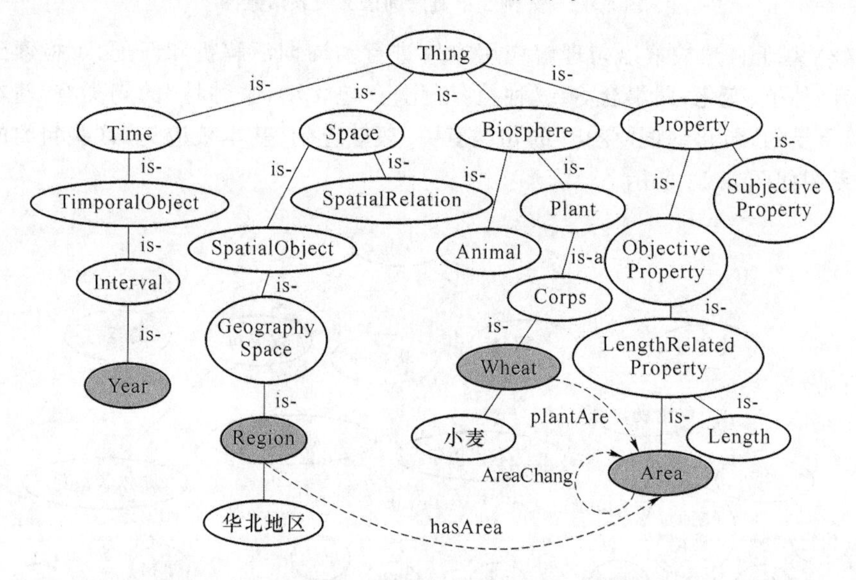

图 5.14　案例 2 中自然检索语句对应的语义网络子图

解析结果分析：

该实例中，依据句类组成结构进行了动词语义的分析，识别出了该语句的核心动词和相应的句类，所判定出的句类、核心动词和关键名词都与自然语句的检索意图相吻合，最终得到的语义网络子图中包含了关键概念以及满足用户需求的概念间语义关联，获得了该自然检索语句的形式化描述[15]。

采用本章提出的基于本体模型和 HNC 模型相结合的自然检索语句解析方法，可依据自然语句中名词和动词间搭配关系，推断出该语句的句类、核心动词和关键名词，实现了概念间语义关联的筛选，获得了满足用户检索意图的语义网络子图。从该子图中信息可以获知自然语句所包含的概念和概念间语义关系，将抽象的自然语句解析为以本体形式描述的形式化结构，实现了自然语言到形式化语言的转换，为后继的资源检索提供了重要的初始条件和依据。

通过本章中两个实例的说明和展示，可以看出：这种自然语句解析方法的语义分析能力与知识库中动词词汇的涵盖量和准确性有着直接关联，该用于自然语句理解的应用本体只是提供了自然语言中句类和动词知识的基本组织结构和初级信息，在实际应用中需要针对特定领域经过反复训练和使用，发现词汇的缺失和不足，进一步补充和完善其词汇量和句类知识，才能在实际应用中发挥较好的效果，达到预期的自然语句解析结果。

此外，借助于句类分析后获得的动词词汇，虽然可以从多种多样的语义关系中筛选出与用户检索意图相关的语义关系，但同时也可能会排除若干与检索需求相关的语义关系，这些语义关系无法仅通过动词词汇和上下文来判断和选择，还需要依靠领域知识的辅助来进一步分析而获得。这种情况属于隐性语义，需借助于推理规则来进一步发现和推断，需要实现形式化语义到空间数据检索知识空间上的映射，本部分的研究内容将在第 7 章中介绍和说明。

5.4　本章小结

本章在分析现有自然语言处理和自然语言检索发展现状的基础上，研究了基于本体的自然语言理解的局限性和问题所在，提出了将语言模型和本体模型相结合的基本思路，用于扩展和增强本体模型对自然语言的理解能力。经过对比分析各类语言模型的原理和特点，选择了易于和本体模型结合的 HNC 概念层次网络模型，基于 HNC 模型所提供的基于句类层次结构的动词词汇组织和表达机制，设计并构建了用于自然检索语句理解的应用本体，实现了本体模型的概念知识和 HNC 模型所提供的句类知识的相互结合。该方法实现了自然检索语句中名词术语和动词词汇间搭配关系的解析，解决了基于句类分析的动词语义解析和语句关键名词分析等关键问题，并可从本体知识库中分离出满足用户检索需求的概念术语和概念间语义关联的语义网络子图，完成了用户检索需求的本体形式化表达。本章中所构建的自然检索语句理解应用本体和提出的用户需求语义化解析方法，为后继章节中面向用户需求的资源检索和匹配，提供了用户检索意图的形式化描述基础和初始检索条件。

本章参考文献

[1]　刘小冬. 自然语言理解综述[J]. 统计与信息论坛，2007，22(2)：5-12.

[2]　詹卫东. 80 年代以来汉语信息处理研究述评[J]. 当代语言学，2000，2(2)：63-73.

[3] 黄曾阳. HNC 理论与自然语言语句的理解[J]. 中国基础科学，1999(2)：83-88.

[4] 周强，黄昌宁. 基于局部优先的汉语句法分析方法[J]. 软件学报，1999，10(1)：1-6.

[5] 黄曾阳. HNC 理论概要[J]. 中文信息学报，1998，11(4)：11-20.

[6] 陆汝占. 汉语内涵逻辑及其应用[C]. 中国中文信息学会二十周年学术会议论文集，2001 年.

[7] 董振东. 新资源、新思路、新技术—知网的近期发展和应用[R]. 全国第五届计算语言学联合学术会议特邀发言，1999.

[8] 林杏光. 计算机理解语言研究的新突破——《NHC (概念层次网络) 理论》述评[J]. 科技导报，1999(1)：62-64.

[9] 黄曾阳. HNC(概念层次网络)理论——计算机理解自然语言的新思路[M]. 北京:清华大学出版社，1998.

[10] Shengtao Sun. The realization and discussion of word sense disambiguation based on ontology[C]. International Conference on Computational Intelligence and Software Engineering，206-210，2009.

[11] Shengtao Sun. Subgraph topology detection for directed graph analysis of social network[J]. Journal of Computational Information Systems，2012，8(11)：4513-4520.

第6章 基于本体的不确定性知识描述方法

在完成自然语言检索中用户检索意图的解析之后，接下来需要进行的是在形式化表达的用户检索需求和所需资源之间建立联系和匹配，本体在该过程中提供了资源的语义化描述信息，并提供了该检索和匹配过程所需的领域知识。本体自身的描述和推理能力都局限于对确定性信息和精确化推理过程的支持，但在资源的语义化描述和领域知识的本体化描述过程中，都存在一定量的不确定性。这些不确定性反映了语义描述和推理过程的灵活性和动态性，因而这些不确定性的合理解决和充分利用，可在实现领域中各类不确定知识表达的基础上，提高各类资源的语义化描述精度和推理匹配过程的灵活性。本章将在分析各类不确定性度量方法的基础上，研究本体中不确定性知识的描述方法，探索可能性逻辑和概率理论相结合的语义定量化描述机制，给出空间信息服务领域中各类不确定性的定量化度量方法，解决领域知识描述中各类不确定性的形式化描述问题，实现空间信息本体中各类资源语义属性的精确化描述，为后继的检索需求和资源描述间的语义化匹配过程提供知识描述基础和语义匹配依据。

6.1 基于本体的不确定信息描述研究现状

在基于本体的空间信息自然语言检索中，由于空间信息的时空性、多样性、动态性等特点，使得空间信息检索中存在一定量的不确定性因素和信息，需要借助于相似性匹配和非精确推理等技术手段，来实现用户需求的解析和检索资源的匹配，因而对于不确定信息的描述和非精确性推理的研究都具有重要的研究意义和应用价值。

6.1.1 空间信息领域中的不确定性表现

地学领域中包含了随机性、模糊性、未确知性在内的大量的不确定性因素和信息，可以说大至天体运动、板块拼贴过程，小至地学中常用来确定温压条件的所谓的古应力、古温度计等，无不存在着不确定性信息。

1988年由美国国家科学基金会(National Science Foundation,NSF)资助成立了美国国家地理信息与分析中心(National Center for Geographic Information and Analysis)。在该中心的12个研究专题中,第一专题把GIS(Geographic Inforamtion System,地理信息系统)的精度定义为最优先研究的主题,第十二专题则把误差问题列在其6个研究问题的首位。显然,作为广义误差的不确定性,从即时起已经引起人们的关注,并成为空间信息学中的重要研究主题之一[1]。

地理系统本身就是一个不稳定的系统,具有明显的不稳定性特征。地理数据的不确定性包括有[2]:

(1) 凡是两种类型的地理对象之间是渐变的、逐步过度的,如两种不同类型土壤、不同自然类型(自然地理区、植被区、动物区、生态区、气候区)和不同经济类型(功能区、经济区等)之间,其界线具有不确定性特征;

(2) 凡是动态的、不断变化的,甚至瞬息万变的对象,如大气污染、水体污染、蝗虫的分布范围等,都是不确定的;

(3) 某些地理对象,如复杂的海岸线的长度、全国的人口数目、全国的耕地面积、全国农作物的产量,只能是近似值,只能是大致正确,也是不确定的,尤其是没有真值的数据,更是不确定的;

(4) 凡是人工模拟产品,其数字模拟产品、公式、模型计算所给的数据与客观真实世界之间不可能完全一致,在没有充分验证之前它们都是不确定的;

(5) 凡是根据少数离散监测站点数据,运用“插值法”求得的等值线图,除了监测站的数据是确定的外,其他数据都是不确定的,既可能是对的,也可能是错的;

(6) 凡是定义、概念、语义,其本身就具有不确定性,由它产生的数据是不确定的,例如城市、林地在不同的地区、不同的部门之间的理解是不同的,所以与它们有关的数据(如城市化率、土地利用图等)也是不确定的。

遥感、遥测数据中的不确定性则表现在:遥感数据中的地物波谱的不确定性、遥感影像的不确定性(混合像元)、分类中的不确定性,以及制图过程中的不确定性等[3]。

随着空间信息领域中用户群体的日益广泛,由于知识背景和认知水平不同,出现了空间信息的语义异构性,因而出现了用于解决空间信息领域中语义分析和理解问题的地理本体的应用和研究。由于空间数据自身的多样性、空间数据的多用途、空间数据处理的多途径、空间数据来源的多样性等,使得空间信息领域中同样存在一定的不确定性,主要包括有:信息的不完整性、知识的不确定性、分析和推理过程的模糊性。

(1) 信息的不完整性。由于空间中的事物具有方方面面的属性,而且在不同的坐标系统、不同的应用场景、不同的用户需求下,所表现出来的属性信息都不尽相同，因而无法完全地保证事物描述信息的完整性和完全性。

(2) 知识的不确定性。体现在地学领域中，完成相同的任务可以选用不同的数据来源、选用不同的处理流程、要求不同的输出结果等，使得知识在表示过程中存在多值性和不确定性，而且这些多值之间又存在这一定的主次关系，表现出不同的可能程度和优先级。

(3) 分析和推理过程的模糊性。在基于已有的不完整的信息，按照知识描述的规律进行分析和推理过程中，上一阶段的信息不同取值(具有不同的不确定度)将会影响着下一阶段推理和分析流程的不同走向，并影响着最终信息检索的结果(具有不同的满足程度)。

因而空间信息领域中，进行不确定性知识的描述和推理研究对于实现空间数据检索的高效化、智能化具有重要的研究意义和应用价值。

6.1.2 基于本体的不确定性知识描述研究现状

描述逻辑 DL 作为知识表示的形式化基础，具有很强的知识表示和推理能力，但是描述逻辑通常只能处理含义明确的概念，在处理非单调的、不完备的知识时却无能为力[4]。这就需要对描述逻辑进行扩展，以支持在本体中描述不确定性知识，并提供对不确定推理的支持。

为了在本体中描述和处理不确定性知识，国内外研究人员已经在以下几个方面进行了相关的研究工作和尝试。

(1) 在描述逻辑中引入默认规则

Ray Reiter 于 1980 年提出用来形式化有默认假定的推理的非单调逻辑的默认逻辑(Default Logic)[5]。在人们的常识推理中经常会出现一些一般情况下成立的事实或者特征，也经常涉及在多数时候是真但不总是真的事实的推理。可使用默认规则来描述和处理这些例外的情况，能进行非单调的知识表示和推理。

Baader 等提出了术语默认理论(Terminological Default Theory)[6]，并采用计算扩充的方法进行默认推理。Baader 等又在术语默认理论的基础上进一步引入了带优先级的术语默认理论[7]，以处理带有前提条件的默认规则之间的优先级问题。

上述工作共同的基本思想是把描述逻辑与默认逻辑相结合以实现描述逻辑中的默认推理，其做法是保持描述逻辑中的声明知识库(assertions box)不变，对于术语知识库(terminology box)则替换为一个默认规则集。

(2) 利用模糊特性对描述逻辑进行扩展

该研究方法的理论基础是模糊集合理论和模糊逻辑(Fuzzy Logic)。模糊集合是基于集合的模糊定义而不是随机性，模糊逻辑是处理部分真实概念的布尔逻辑扩展，用真实度替代了布尔真值，模糊真值表示在模糊定义的集合中的成员归属

(membership)关系，而不是某事件或条件的可能度(likelihood)[8]。使用隶属度值来描述模糊概念和实例，主要用于解决知识描述过程中模糊概念和实例间的对应关系，将现实世界中模糊的词以定量化的隶属度来度量其所属。

意大利的 Meghini 于 1997 年在 AAAI 会议上发表的文献中介绍了模糊描述逻辑的初步知识[9]，并期望作为多媒体文档检索的建模工具。虽然当时并未提出其推理算法，但是掀起了研究模糊描述逻辑(Fuzzy DL)的热潮。

与 Meghini 一同研究 Fuzzy DL 的 Straccia 于 2001 年系统地提出了 Fuzzy ALC[10]，被后来模糊描述逻辑的研究者认为是 Fuzzy DL 的研究基础。Straccia 不仅完整地介绍了模糊描述逻辑的基本语法、语义、各种连接操作符号、可满足性和包容性的证明，而且还介绍了一种基于约束繁殖微积分的模糊描述逻辑的推理算法。

2005 年 11 月在法国召开的 Fuzzy Logic and the Semantic Web 国际会议代表了模糊描述逻辑研究的前沿。在这次会议上，模糊描述逻辑的研究和应用成果十分丰硕，代表性工作和成果主要有：Straccia 再次完善其 Fuzzy 描述逻辑理论，综合了当时已有的概念模糊度判定方法提出了更全面的一套模糊描述逻辑系统 Fuzzy SHOIN[11]；Daniel Sanchez 等提出了量化模糊描述逻辑的方法；Mathieu 等人将模糊描述逻辑的实例概念应用于医学中肿瘤的描述，并取得了一定的效果。

我国关于模糊描述逻辑的研究也在慢慢升温，其中代表性研究工作有：东南大学徐宝文等在 COMPSAC2005(29th Annual International Computer Software and Applications Conference)上发表的论文中对 Straccia 的 Fuzzy ALC 进行了扩展[12]，使其可以处理更大范围的模糊信息；蒋运承等在描述逻辑 ALNUI 的基础上，对描述逻辑 ALNUI 进行了模糊化推广，提出了一种新的描述逻辑[13]，并利用 FALNUI 的推理机制研究了模糊 E-R(Entity-Relation，实体-关系)模型的可满足性、冗余性和包含关系等自动推理问题；胡鹤等也提出了一种新颖的模糊描述逻辑系统[14]，并讨论了其语法、语义和该系统的计算性质。

(3) 用概率特性对描述逻辑进行扩展

该方法基于 Nilsson 于 1986 年提出的概率逻辑(Probabilistic Logic 也称为或然性逻辑)[15]，其目标是尝试对概率论处理不确定性的能力和演绎逻辑开发结构的能力进行组合。基于概率来表示概念间的不确定关系，可实现语义关系以概率统计值来进行定量化的描述。模糊逻辑和概率逻辑都是多值逻辑的特殊情况，将对应于“绝对假”的“0”和对应于“绝对真”的“1”之间分割出无限多的取值区间。

Heinsohn 提出了对描述逻辑 ALC 的概率扩展[16]，利用概率方法来表示概念和角色，并实现了概率推理；Jaeger 也对 ALC 进行了概率扩展，并支持对断言知识库进行推理。随后，Koller 等提出了基于经典描述逻辑的概率扩展 P-CLASSIC，使用贝叶斯网络来描述含有概率的 p-class；Giugno 等完成了对描述逻辑 SHOQ(D)的概率扩展[17]，并实现了其语义和推理。Jaeger 又通过统计抽样分布对基于概率的概念包含和角色定量化进行了解释说明，并开发了一个原型实现一阶逻辑的推理片段。Lukasiewicz 则给出了概率描述逻辑扩展的程序指导，并更进一步给出了概率描述逻辑的形式化表达。

(4) 用可能性度量对描述逻辑进行扩展

模糊数学的创始人 Zadeh 于 1978 年提出可能性(Possibility)理论[18]，将不确定性理解为可能性，并运用模糊集合理论处理非精确推理中的问题。可能性理论是模糊学(Fuzziology)的一个重要发展，它的基础是模糊集合论(fuzzy set theory)，其研究对象主要是可能性分布(possibility distributions)和可能性测度(measures of possibility)。基于可能性理论，Dubois 等于 1987 年提出了可能性逻辑[19]，它是一种非确定性逻辑，主要用于不确定证据和不相容知识的处理。

可能性逻辑不同于模糊逻辑，主要表现在：模糊逻辑处理非布尔公式，其命题中包含模糊谓词(fuzzy predicates)，它处理的是命题的真值度(degrees of truth)，并把结论的真值处理成关于逻辑联结词(connectives)的真值函数；而可能性逻辑的命题公式仍然是布尔表达式，其中不含模糊谓词，而且它所关心的是命题的可信度(degrees of confidence)，即关于命题真值的信念，另外它所采用的比较运算也不同于模糊逻辑联结词的复合运算。

可能性逻辑使用可能度(Possibility Degree，Poss)和必然度(Necessary Degree，Nec)两个指标来度量事件的不确定性，Poss 用来表示事件发生的可能和难易程度，Nec 用来表示事件必然发生的可能程度，二者对应的计算规则为：

$$\text{Poss}(\alpha \cap \beta) = \max(\text{Poss}(\alpha), \quad \text{Poss}(\beta)) \tag{6-1}$$

$$\text{Poss}(\alpha \cap \beta) \leqslant \min(\text{Poss}(\alpha), \quad \text{Poss}(\beta)) \tag{6-2}$$

$$\text{Nec}(\alpha \cup \beta) \geqslant \max(\text{Nec}(\alpha), \quad \text{Nec}(\beta)) \tag{6-3}$$

$$\text{Nec}(\alpha \cup \beta) = \min(\text{Nec}(\alpha), \quad \text{Nec}(\beta)) \tag{6-4}$$

Hollunder 于 1995 年首次将可能性逻辑应用于语义 Web 中处理不确定性问题[20]。之后，Dubois 等将 Hollunder 提出的可能性逻辑引入到模糊描述逻辑中[21]，分析了可能性逻辑提供的可能程度和模糊逻辑提供的真实程度间的差别，给出了一级可能性逻辑的描述能力的说明，用可能性逻辑来解决模糊描述逻辑中的部分不确定性和模糊属性的描述。Qi 等则更进一步给出了可能性描述逻辑较完整的扩展[22]，给出了语法、语义和推导的描述，并实现了相应的推理算法。

可能性逻辑中的两个度量指标应用到本体中，Poss 反映了概念(可以具体化到实例)的属性和概念间关联的权重和强弱程度，Nec 则反映了概念依赖于某个属性和关联的程度(不使用该属性或关联，仍能完成概念属性或关联的描述的可能程度)。因而 Poss 和 Nec 从两个不同的侧面反映了可能性程度,比较符合于人类的思维方式,也有助于信息的双向检索。Poss 考查可能性程度,可用于扩大检索的范围,找到所有满足一定可能度的解,保证了查全率;而 Nec 则考查确信程度,可用于从前面检索到的所有可能的解中,滤掉必然性程度低于一定阈值的解(筛选出确信度达到一定程度的解),保证了查准率。因次,可能性逻辑中 Poss 和 Nec 的综合运用,可有效地保证在本体知识库中信息检索和推理的效果,可从一定程度上改善基于本体知识库的信息检索结果。

(5) 动态知识描述扩展

以上方法主要是采用某些较成熟的数学理论来扩展描述逻辑,仍属于静态的知识描述。另外,还有针对描述逻辑在时间和动态性上的扩展。

Artale 和 Franconi 提出了一个知识表示系统,用时间约束的方法将状态、动作和规划的表示统一起来。为了能使该表示方法进行有效的推理和明确的语义,又和描述逻辑结合起来,从而形成了一个很好的知识表示方法,形成了时态描述逻辑(Temporal Description Logic)[23]。

由于描述逻辑最初只能用来表示静态知识,因此 Wolter 等对具有模态算子的描述逻辑进行了深入系统的调查分析,并证明了恒定域假设下,多种认知和时序描述逻辑是可判定的。他们将描述逻辑和命题逻辑 PDL 相结合,提出了动态描述逻辑(Dynamic Description Logics)[24]。该逻辑结合了可能世界语义和可达关系,引入时间依赖和信念等模态操作,提出了多维描述逻辑框架。该种描述逻辑适用于刻画多主体 Agent 系统模型。

6.1.3 对空间信息领域中各类不确定性的分析

1988 年,美国国家数字制图数据标准委员会(National Committee for Digtial Cartographic Data Standard)[25]颁布了空间数据标准中不确定性的五个方面的说明文档,包含的不确定性有[26]:

- 历程(lineage)指空间数据的采集及使用过程中存在有粗差、系统误差和随机误差三大类误差;
- 位置精度(positional accuracy)表示量测位置与其实际位置的接近程度;
- 属性精度(attribute accuracy)衡量属性数据量测值和其真值的差异;
- 逻辑一致性(logical consistency)指空间数据之间的拓扑一致性、数据结构一致性、数据规范逻辑一致性的程度;
- 完整性(completeness)指空间数据集中因省略误差带来的缺陷,定义了 GIS 中数据对自然界存在的概括和抽象的程度。

基于以上对空间数据的各类不确定性的分析,结合空间信息服务领域的特殊性，可总结出在空间信息领域知识的本体化描述过程中，主要存在以下几类不确定性。

① 概念属性描述的不完整性。由于认识水平受限或应用的特殊需要，在特定本体中往往只是描述地理实体的某些方面的特性，相对应的概念属性是不全面的，存在描述属性的缺失。这些描述信息的缺失会影响对这些概念的全面理解，在基于这些属性进行语义分析和推理时，会产生部分推理无法完整进行到底而中断的情况，影响了推理的效果和完整性。上面介绍的方法中，可用于支持知识不完整性描述和推理的方法主要有：默认逻辑和可能性逻辑等。

② 概念属性描述的侧重性。由于地理实体所具有的属性是多种多样的，而且不同的应用关心实例不同侧面的属性。例如概念“植物”，其描述属性可以有生长环境、原产地、植株特征、生长状况、产物情况、物种分类等。对于农业领域人们关心其生长条件、产物情况和生长状况，对于遥感领域人们关心其植株特征、生长状况和产物情况。再进一步，对于遥感领域，若进行作物估产遥感应用，人们关心其生长状况和产物情况，若进行植物分类和分布调查，人们则关心其植株特征和生长状况。因而，在面向具体应用的应用本体中，应能设置概念所属各属性的权重，以便于机器能够从这些主要的、起决定性因素的属性出发来理解某个概念的含义。上面介绍的方法中，可用于对属性的重要程度进行度量的方法主要有：概率逻辑和可能性逻辑等。

③ 概念实例属性取值的多值性。由于人们知识背景和认识水平的差异，对于同一事物的描述不尽相同，存在较多的异构性和描述差异，因而在本体知识库中建立概念的实例并为其属性赋值时，就存在多值的情况。例如：对于“City”概念的实例“北京”进行属性值设定时，该实例的“CityName”属性取值可以有“北京”、“京”、“Beijing”、“Peking”等。这些取值只是列举出了该城市的所有可能称呼，但是这些称呼的使用频度和习惯是存在差异的。而在本体中没有对这些差异性表达的手段，在语义分析和推理过程中，对于这几个名称都同等对待，展示给用户的很有可能是一个不常用的别名，从而会造成一定的误解。因而同样需要对这些不同属性取值的重要程度进行度量，上面介绍的方法中适用的主要方法有：概率逻辑和可能性逻辑等。

④ 概念实例间关联属性的多解性。实例间的语义关联也存在多解性，同样这些语义关联的强弱程度是存在差异的。例如：“遥感应用”和“频谱波段”间存在的“use”语义关系，代表某种类型的遥感应用可以使用某个波段的数据来实现的语义关系。对于具体应用实例“林火监测”，该类遥感应用可使用的遥感波段有中红外波段和远红外波段，而基于领域专家的经验可知，中红外波段是林火监测的最佳波段。由于本体中属性取值都是二值逻辑的（存在或不存在），适用于描述确定、静态

的知识,在取多值时不存在多值间的差异,这样就存在了语义理解上的偏差和描述上的不精确性。因而需要引入语义关联多解时的定量化度量机制,来标识各种取值的可选择程度和优先级,实现精确化、准确化的语义理解。上面所介绍的方法中,可用的定量化度量的方法主要有:概率逻辑和可能性逻辑等。

⑤ 概念与实例间从属关系的部分性。地理本体中所涉及的概念是丰富多样的,由于对这些领域术语在分类和认识上存在差异性,会造成某些概念间从属关系存在一定的争议性和不确定性。例如:地质构造中的“被动陆缘”(Passive Margin)这一概念,可以从属于地球圈层实体中的“岩石圈”(Lithosphere),也可以从属于空间实体中的“边缘”(Margin)。这种多父类和部分包含的关系在传统的本体中是无法描述的,影响了对这些概念间模糊关系的准确表达和理解。因而,需要引入对这些模糊概念从属度进行度量的方法,描述概念在层次关系上关联的程度,以便将这些层次关系有效地运用于概念的语义分析和理解上。上面介绍的方法中,可用于对概念从属度进行度量方法主要有:模糊逻辑和可能性逻辑等。

⑥ 本体检索和推理结果集合中各解间的差异性。由于上面存在的属性和语义关联的多值性,基于这些多取值进行分析和推理时,势必会获得较多可满足的解。一方面,这些解中存在有满足程度较弱的情况,特别是多个可能性较弱取值的组合解,很大程度上不能满足用户的需求,降低了检索的准确率;另一方面,这些解的选取都是按照布尔逻辑来判断的,它们之间不存在差异性,无法提供排序的依据,因而也无法对这些结果进行更为细致的择优筛选。因此,需要引入这些多解情况的定量化度量手段,以实现对检索和推理过程进行定量化的度量和跟踪,该度量手段可对为检索和推理结果的排序和筛选提供依据,保证语义分析和推理结果的准确率。上面所介绍的方法中,可用的定量化度量方法主要有:概率逻辑和可能性逻辑等。

6.1.4 各种描述逻辑扩展方法的对比

以上这些对于描述逻辑的扩展,都是针对经典描述逻辑在某些方面上描述能力的欠缺而引入和扩展其他定量或定性的分析方法,用来补充这部分知识的描述,从一定程度上增强了描述逻辑的描述和推理能力,使得描述逻辑更加能满足日益丰富的知识描述的需求。这些方法都存在各自的优势和一定的局限性。

通过在描述逻辑中引入默认规则,一定程度上解决了一些概念中的特殊情况,但对术语知识库本身不能进行有效的推理;模糊扩展都基于 Zadeh 的模糊理论,在精确的隶属函数确定之后,所有概念已经纳入精确数学的范畴,而再没有丝毫的模糊性可言;概率扩展是基于概率论的坚实理论基础,能够很好地表示和处理随机不确定,但它无法处理模糊关系,还增加了计算复杂性,以及对数值取和后归一化(所有可能情况的概率和为 1)的数学严密性要求;可能性逻辑的扩展是模糊理论的一种延伸,有效地解决了人类认知中对于事物难易程度的度量,计算复杂度和实现难度较低,但是由于其度量过程中受主观性影响较大,使得可能性度量在处理过程中存在一定的不均衡性,此外其所采用的比较运算符也制约了其计算的精度。

以上这些工作都是在数学模型基础上进行的扩展和论证,给出了各种扩展方法在语法、语义上的描述,重点论证了基于该扩展后的描述逻辑在完成传统推导过程中不会由于扩展的引入而使推导问题变得不可解或不一致,从理论层面上验证了这些扩展的可行性和完备性。但是,这些方法大多没有考虑具体的实施,以及如何将这些扩展真正地引入到本体描述语言中,对已有本体描述语言(如 DAML、OWL 等)进行扩展,支持这些扩展信息的存储和计算,并且能够直接利用或者引入新的技术来实现基于这些扩展的不确定性推理,还需要实现相应的推理机,并提供相应的推理机制。目前这方面的研究和进展相对较少,亟须改善此现状并进行进一步的研究。

在解决空间信息检索中的不确定性度量问题上,概率逻辑和可能性理论都具有较好的适用性。概率逻辑和可能性理论既表现出较大的差别,也存在一定的联系,主要表现在以下几个方面。

① 概率是基于统计特性的,反映某种情况发生在整个样品空间中的所占的比例,而且严格要求非负性和规范性(概率之和必须保证是 1),注重关联事物间的关联性(条件概率),具有严格的计算规范,分析精度高效果好。但是其计算较复杂不易实现,概率分布的获取不易,并需要时刻验证其合理性和归一性。

概率主要适用于度量等可能事件的可能性大小,然而很多事件的发生不具有等可能性。例如:今天可能下雨的概率是 1/3 的天气预报中,该 1/3 数值则不仅仅是基于随机性概率计算出来的,而是基于先验知识和一定的主观判断来获得的,因而可能性可以作为概率的基础和补充。

② 可能性是基于观测和经验的,反映某种情况发生的可能和难易程度,同样在[0,1]区间上取值,但是该取值主要凭借于人的主观判断,由领域专家基于经验给予一个用于描述可能性的度量。该度量过程没有严格的规范性要求,分析的结果也只是一个大致的参考,不代表真实的发生概率。可能性分布主要靠人工基于经验而设置,因而不需验证和检查。

通过以往的经验,如果一个事件的发生概率大,那么它发生的可能性也大,等价地,它的逆否命题(一个事件的发生概率很小,那么它发生的可能性也很小)也是成立的,这就是概率/可能性相容原理。可能性分布与概率分布通过可能性/概率相容原理松散地联系在一起。

③ 概率假设是以可进行统计分析的大量样本为前提的,而可能性则是基于经

验的度量。概率与可能性测度有着本质的区别:前者主要依据对现实的观测,而后者除了对现实的观测外,还涉及人的主观认识;不同于概率的测度方法,可能性测度不包含重复试验的思想,它不涉及统计特性。在直观上,可能性同我们对可实行性的程度或技能的熟练程度的感觉有关,而概率则与似然性、信念、频率或比例等有关。

从数学角度看,概率度量的公理化定义是建立在经典测度基础上的,满足经典测度公理,在本质上是一种经典的测度。而可能性测度是一种似然性测度,而似然性测度是一种模糊测度,是对经典测度的扩展。

基于概率逻辑的扩展数学限制严格,要求保证数据的严格范围,并存在较为复杂的传递规则,计算量大且实现难度较大;而且概率不适合于现实世界的描述和人类思维的习惯,概率值不易估计,维护也较困难;此外,概率的有效性是需要大量样品空间支持的,用户在建立知识库时不可能也不现实对所有的知识进行预先的统计和分析,大多是基于经验给出可能性的程度。此外,目前基于概率扩展的本体描述和相应推理机的实现都需要对现有技术进行较大的改动,现有的推理机不能直接支持基于概率的推理,而且需要提供大量的数值运算,现有的本体推理机都主要用于逻辑运算,需要基于其他技术(如贝叶斯网络、神经网络等)来开发专用的推理机,造成了理论上的完善性和实际上的可行性之间存在较大的差距。

而可能性逻辑比较适合于人类的思维,可以依据经验主观地给出某种事物发生的可能和难易程度,可能性分布可通过专家的帮助和经验较容易地获得;而且计算过程主要是比较运算(逻辑运算),计算和实现难度较低,因而可能性逻辑的扩展可以化简为现有描述逻辑和推理机能够直接处理的逻辑推理问题,很大程度上充分利用了现有的技术,实现难度低、周期短、见效快,使得其可行性极大增强;但可能性度量的主观因素影响较大,难免会存在不一致性和不可比性。可能性逻辑对描述逻辑的扩展只在最近几年得到了重视,其投入力度还很不够,但很多学者也逐渐地认识到可能性逻辑的优点,给出了可能性逻辑与已有描述逻辑扩展的结合和应用,获得了较好的效果。

在所研究的不确定性问题无法得到统计特征或无法进行统计分析时,可以考虑采用可能性理论。当研究的对象或信息的意义或语言变量等带有主观特征时,也可以考虑采用可能性理论。可以看出可能性逻辑虽然相对缺少严密的数学理论基础,但是却更符合于人类的思维习惯,具有较好的实用性。因此,本书中选用可能性逻辑来扩展本体模型,以增强本体对不确定性语义关系的表达能力,并借助于概率统计方法来弥补可能性逻辑的不足,实现对空间信息领域中的各类不确定性知识的度量和表达。

6.2　不确定性表达上可能性逻辑和概率理论的结合

本节将在分析可能性逻辑在不确定性描述中局限性的基础上，研究可能性理论和概率理论相结合的方式，将概率统计方法应用于可能性分布赋值中 Nec 度量值的自动计算，借助概率统计解决可能性理论主观因素影响和 Nec 难以获得的问题。同时，分析空间信息领域中不确定性知识的特点，归纳总结出常见的六类不确定性语义关系表现，并给出这些不确定性知识的定量化描述机制，为后继在空间信息本体中进行不确定性知识描述的扩展和改造提供基础和准备。

6.2.1　可能性逻辑在不确定性知识表达中的问题

通过上面对空间信息领域中不确定性的分析可知，目前在基于本体的空间信息领域知识在描述中存在一定的不确定性，这些不确定信息的描述和理解对于保证空间信息检索的准确性和全面性是非常重要的，因而需要扩展本体模型对不确定性信息的描述能力，概率逻辑和可能性逻辑在解决空间信息检索中的不确定性方面是比较适用的。通过前面对两者各自优缺点和适用情况的比较分析，再考虑空间信息领域中存在的不确定性后发现：为解决空间信息检索中的不确定性，需要对不确定性信息和知识采用定量化的手段来给出度量和参考的依据，以提高分析和推理的精度，并便于对最终结果的评估和筛选。因而，这种定量化不需要很高的精度，不像控制领域、计算领域等要求较高的计算和度量精度，也不需要过多地考虑复杂的依赖和因果关系。因此，可能性逻辑是比较适用的方法，可对空间信息领域中各类不确定性语义关系进行度量和表达。

经过前面对可能性理论的说明可知，可能性逻辑中采用非对称的 Possibility degree 和 Necessary degree 两个度量指标，两者对应关系为

$$\mathrm{Nec}(\alpha) = 1 - \mathrm{Poss}(\neg \alpha) \tag{6-5}$$

其中 α 为事件，Nec 反映的是信息的必要性、必然性的程度，Poss 反映的是信息的可能性、不确定性。

由于目前关于事件的非（反）运算没有很好的对应于数学要求的实际合理的解释，因而，在应用可能性逻辑时需要分别给出可能性分布和必然性分布，可能性度量是可以通过专家的经验直接给出的，但是必然性度量则需要在全局下给出该事件不发生的可能性。在目前本体知识库中所描述的都是正逻辑的知识（事件成立的描述），缺少反逻辑的知识（事件不发生情况下的描述），因而 Nec 需要人为手工的设置，但是又缺少数据的支持（很少有人做非事件的统计和分析），成为了可能性逻辑在实际应用过程中的一个重要障碍。

目前有研究人员已经在可能性逻辑的实际应用中给出了一些 Nec 的度量和计算方法，主要代表性工作如下所示。

1994 年 Philippe 和 Jerome 给出 $N(\phi)$ 的定义如下[27]：

$$N(\varphi)=\inf\{1-\pi(\omega)\mid\omega\models\neg\varphi\} \tag{6-6}$$

$$N(\varphi)=1-\sup\{\pi(v)\mid v\not\models\varphi\} \tag{6-7}$$

$$N(\varphi)=1-\sup\{\pi(v)\mid v\mid\models\neg\varphi\} \tag{6-8}$$

1995 年 Klir 和 Yuan 给出 Nec 的计算公式为[28]：

$$\mathrm{nec}(A)=1-\mathrm{pos}(A^{c}) \tag{6-9}$$

2002 年 Jamison 和 Lodwick 在列空间中给出了 Poss 和 Nec 的度量公式[29]，设定 $(X,\mathcal{L},\mu)$ 是一个度量空间，定义 $\mathrm{PN}=\{E_{r}\mid r\in S\subseteq R_{\infty}\}$ 是一个 possibility nest，则满足 μ 的 Pos 和 Nec：$P(X)\to R_{\infty}$ 定义为

$$\mathrm{pos}(A)=\inf\{\mu(E_{r})\mid A\subseteq E_{r},E_{r}\in\mathrm{PN}\} \tag{6-10}$$

$$\mathrm{nec}(A)=\sup\{\mu(E_{r})\mid E_{r}\subseteq A,E_{r}\in\mathrm{PN}\} \tag{6-11}$$

2003 年 Eric，Rui 和 Claudette 考虑到人类判断中的随机性误差，给出了 Nec 的度量公式为[30]

$$N(A)=1-\Pi(\neg A)+\varepsilon \tag{6-12}$$

2006 年 Didier Dubois 给出了关于某个事件 A 的 Pos 和 Nec 分布计算公式[31]

$$\Pi(A)=\sup_{u\in A}\pi_{X}(u) \tag{6-13}$$

$$N(A)=1-\Pi(A^{c})=\inf_{u\notin A}1-\pi_{X}(u) \tag{6-14}$$

2007 年 Guilin Qi，Jeff 和 Qiu 也给出了相似的计算方法[32]：

$$\Pi(\phi)=\max\{\pi(t):l\in I,I\models\phi\} \tag{6-15}$$

$$N(\phi)=1-\max\{\pi(I):L\mid\neq\phi\} \tag{6-16}$$

以上这些计算公式大多从数学角度，给出满足一定数学意义的计算方法，注重于数学上的完备性和严谨性。从逻辑上看，对于有限集合的取反操作是比较容易理解和实现的，但是在描述逻辑中对公理 Axiom 的取反操作却是无法进行的。因而需要在本体实际应用中给出可能性度量指标 Poss 和 Nec 合理的语义解释（semantic interpretation）。

以上这些关于 Nec 的计算方法从数学角度上是合理可行的，但是在实际应用中却存在一定的问题：

(1) 在本体中对于语义属性和关系的取反操作是难以进行的，并且缺乏直接的语义含义。例如对本体中的概念进行取反操作¬ Sensor 就是难以理解和实现的。我们需要从语义角度给出 Nec 更加合理有意义的解释或重新定义。

(2) 在可能性逻辑中使用 max 和 min 比较运算符，它们具有计算强度低、模糊

性支持等优点，但是易受到个别异常值的干扰。例如：某个语义关系的 Nec 分布中度量值取值有 0.6、0.5、0.55 和 0.2，则基于上述公式中的 min 运算规则，最终的 Nec 取值为 0.2。这种计算方法易受主观因素的干扰，会因为个别主观评分的异常性而影响全局的结果。

再来分析这两类度量指标 Poss 和 Nec 的含义和作用。从知识表达角度看，两者反映了不同类型的不确定性：Poss 反映的是人们对于某个事件发生可能性的主观性判断和评价，体现了人类的经验性知识；而 Nec 反映的是不依赖于具体某次事件或某个经验，在知识空间整体中给出某个关系或事物发生的客观性统计和度量，体现了人们日常忽视或不易察觉的潜在性知识。因而设想 Nec 的计算可以在全局知识空间范围内，借助于概率理论的统计特性来获得。具体到本体知识结构中，Poss 反映了某个概念具有某些属性值的可能程度，而 Nec 则反映了使用这些属性值仍能关联到该概念的可能程度，也就是通过这些属性值仍能够找到该关联概念的必然性，这种特性在本体知识库中恰恰可以通过已有知识空间信息为基础，依靠具有统计特性的概率度量来获得。在 Poss 和 Nec 的度量上，应遵循两者各自的特点，选择适用的计算方法，才能更好地发挥它们对于不确定性描述的意义和作用。

因而可选用可能性逻辑来扩展本体对不确定性知识的描述和推理支持，并结合具有统计特性的概率方法来实现本体知识库中必然性 Nec 的度量，结合可能性理论和概率论的思想，从不同侧面对不确定性给出定量化描述。

6.2.2 可能性逻辑中 Nec 度量的语义解释

以上各种关于 Nec 的计算方法大都从数学角度出发，忽视了其语义特征。虽然其中的运算或符号在数学上具有合理的解释和意义，但是在知识表达上却缺乏其合理的解释和含义。本小节将从语义分析角度，给出 Nec 的各种可能解释，并通过模拟实验的对比分析结果，选择出较为合理的语义解释。

基于以上关于计算公式(6-7)、公式(6-9)、公式(6-14)和公式(6-16)中对 Nec 的度量方法，可以给出类似的 Poss 和 Nec 计算公式。

$$\mathrm{Poss}(r)=\max\{\pi(r):r\in R\} \tag{6-17}$$

$$\mathrm{Nec}(r)=1-\max\{\mathrm{Poss}(r')\} \tag{6-18}$$

其中，π 为可能行分布，r 和 r' 为语义关系，并且 $r'\neq r$，两者具有相同的属性名和目标结点。$\mathrm{predicate}(r')=\mathrm{predicate}(r)$，$\mathrm{object}(r')=\mathrm{object}(r)$

从语义角度来分析以上两个公式，对于 Poss 的度量方法含义是某个语义关系存在或发生的最大可能性，1-Nec 的含义是与该语义关系具有相同目标结点的其他同类语义关系存在的最大可能性(即不通过该语义关系仍能描述相同语义信息的可能性)。这种计算方法虽然从数学上具有一定的意义，从语义角度也可以给出解释，但仍存在一定的问题[33]：

(1) 公式(6-18)中“1”的语义含义。“1-Nec”可以给出合理的解释，反映一定的语义信息，但是与“1”的减法使得 Nec 自身仍是难以理解的。在可能性逻辑中“1”可以有多种含义：$\mathrm{Poss}(\mathrm{T})=1$，$\mathrm{Nec}(\bot)=1$，以及 $\mathrm{Poss}(\neg\phi)+\mathrm{Nec}(\phi)=1$。$\mathrm{Poss}(T)=1$ 反映了可能度的上限，但是该值并不总可以满足为 1。为了使 1 更有含义，可以将其替换并改造公式(6-18)，获得对 Nec 的一个新的计算公式(对于该公式的合理性和可行性分析将在后继的对比实验中说明)：

$$\mathrm{Nec}(r)=\max\{\mathrm{Poss}(r),\quad \mathrm{Poss}(r')\}-\max\{\mathrm{Poss}(r')\} \tag{6-19}$$

(2) 对于 Poss 和 Nec 间关联性的忽视。根据式(6-18)在对某个语义关系的 Nec 值进行度量时，只考查与语义关系 r 具有相同目标结点的其他同类语义关系的 Poss 值，而忽视了该语义关系自身的 Poss 值。按照常理有类似的经验，具有不同发生可能性的多个事件，它们各自的必然性也是不同或存在差异的(即当某个事件发生的可能性发生变化时，其相应的事件必然性也应是不同的)。但按照公式(6-18)的计算规则，无论 r 的 Poss 值取值如何，其 Nec 值都是相同不变的。为了改变这种状况，可以将该语义关系的 Poss 值引入到其 Nec 值的计算中，改造公式(6-18)获得另一个 Nec 的计算公式(对于该公式的合理性和可行性分析将在后继的对比实验中说明)：

$$\mathrm{Nec}(r)=1-\max\{\mathrm{Poss}(r),\quad \mathrm{Poss}(r')\} \tag{6-20}$$

(3) Nec 计算的精度不高。基于可能性逻辑的比较运算符 max 进行 Nec 的计算，最终结果仅能反映最大取值，对于细节信息不能很好地保留和传递，运算的精度不高。因而尝试让各个度量因子都能参与到运算中，并且对结果产生一定的影响。借助于计算精度较高的概率统计方法来对 Nec 的取值进行计算，改造公式(6-18)获得另一个 Nec 的计算公式(对于该公式的合理性和可行性分析将在后继的对比实验中说明)：

$$\mathrm{Nec}(r)=1-\mathrm{Average}\{\mathrm{Poss}(r')\} \tag{6-21}$$

以上经过改造获得的 3 个 Nec 计算公式，都是从语义角度进行分析，改造原有从数学角度给出的 Nec 计算公式，试图给出更为合适的语义解释，以改善其语义含义和计算精度。下面将通过实例中 Nec 计算的结果，来对这几个公式的效果进行对比分析。

本部分选取了地名本体知识库中片段作为实验样本，来计算地名重名这类不确定性语义关系的 Nec 度量指标计算问题。如图 6.1 所示，在该知识库片段中，City 的“城市名称”属性上存在多解性和重名问题，这是典型的一类不确定性。依据专家经验已在图中给出各 City 实例取不同 CityName 属性值的可能度 Poss，下面将基于这些 Poss 值，根据以上公式来计算各语义关系的 Nec 度量值，并基于计算结果来对比分析这些公式的可行性和适用性。

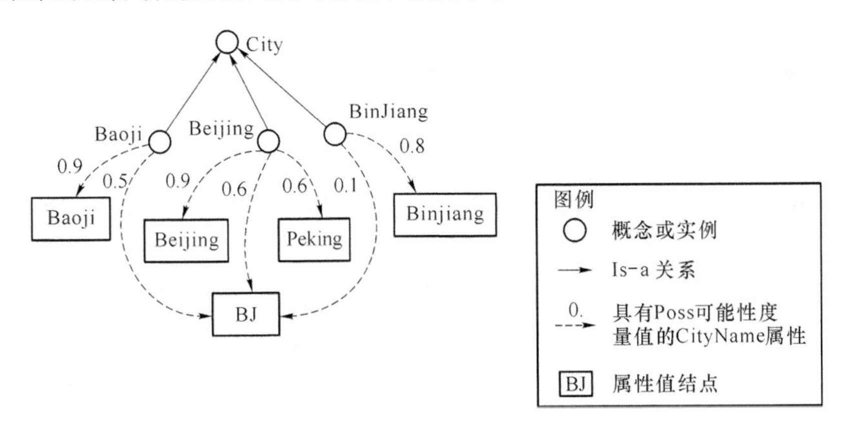

图 6.1　地名本体知识库的片段实例

为了更好地区分图 6.1 中各语义关系，首先对它们进行编号，设定：

r_1 = r (BeiJing, CityName, "Beijing"), r_2 = r (BeiJing, CityName, "BJ"), r_3 = r (BeiJing, CityName, "Peking"), r_4 = r (BaoJi, CityName, "Baoji"), r_5 = r (BaoJi, CityName, "BJ"), r_6 = r (BinJiang, CityName, "Binjiang"), r_7 = r (BinJiang, CityName, "BJ")。

根据图 6.1 中所标示的各 Poss 值可知：Poss(r_1)=0.9、Poss(r_2)=0.6、Poss(r_3)=0.6、Poss(r_4)=0.9、Poss(r_5)=0.5、Poss(r_6)=0.8、Poss(r_7)=0.1。将这些 Poss 值分别代入公式(6-18)、公式(6-19)、公式(6-20)和公式(6-21)可计算得到各个语义关系的 Nec 值如图 6.2 所示。

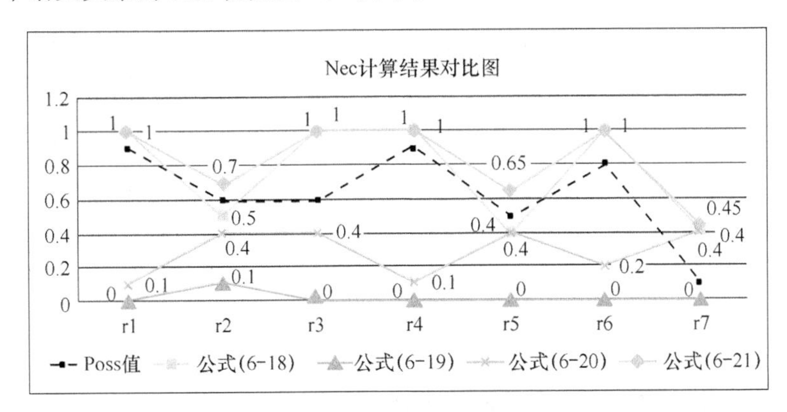

图 6.2　使用不同公式计算得到的 Nec 结果对比

从图 6.2 中 Nec 计算结果的对比分析可以看出(从区分度和合理性等角度来分析)：

公式(6-19)试图将公式(6-18)中的“1”替换为更具有含义的 max{Poss(r), Poss(r′)}(代表可能度的上限)。但结果是大多数 Nec 值都为 0,无法区分这些语义关系间必然度的差异,而且与公式(6-18)计算结果偏差太大。因而该公式不是合理的改造方案;

公式(6-20)尝试在公式(6-18)中引入语义关系自身的 Poss 值参与 Nec 计算(反映所有语义关系中必然度的最小值)。但结果使得具有相同目标结点的语义关系 r_2、r_5 和 r_7 具有相同的 Nec 值,无法区分这些语义关系的差别,而且与公式(6-18)计算结果偏差太大。因而该公式也不是合适的改造方案;

公式(6-21)尝试借助概率统计方法来提高 Nec 值的计算精度,用 average 运算替换公式(6-18)中的 max 运算(反映平均语义关联强度)。从计算结果可以看出,该方法获得了最接近于公式(6-18)的计算结果,并且具有比公式(6-18)更高的精度,能够更好地区分各语义关系必然度的差异。但是该公式中仍然存在“1”的语义解释问题。应用该公式获得的计算结果,验证了概率统计方法对于可能性逻辑中 Nec 值度量的积极作用和可行性,为可能性逻辑和概率统计方法的结合提供了重要的参考依据。

6.2.3 可能性逻辑和概率统计方法的结合

概率逻辑和可能性逻辑都适用于对知识不确定性的度量,但概率逻辑表达的是随机不确定性,具有取值严格、运算效率低等问题;可能性逻辑表达的是模糊不确定性,具有主观因素干扰、全局性弱等问题。可能性逻辑表达的知识模糊性更符合空间信息检索中不确定性的描述需求,为了解决其主观经验性带来的弊端核问题,引入反映客观统计特性的概率方法来改善其性能。

在本体的语义关系中,Poss 和 Nec 可反映两个不同方向的语义关系:Poss 反映的是从源结点出发关联目标结点的语义强度(正向,与语义链接同向),该值越大,语义强度越高,关联性越强;Nec 则反映了从目标结点关联源结点的语义强度(与语义链接方向相反),该值越大,反向关联性越强,反映了目标结点对源结点的依赖度越高。这种双向的语义关联强度的度量,对于本体中的信息检索和知识推理具有重要的价值和作用,有助于实现正向搜索和反向筛选的结合和实现。

在可能性逻辑中,从语义角度分析可给出这样的语义解释:Poss 度量反映了某个概念(或实例)具有某个属性值的可能程度,而 Nec 度量则反映了使用该属性值仍能关联到该概念的可能程度,也就是通过该属性值仍能够找到该概念的必然性,这种特性在本体知识库中恰恰可以通过对现有知识进行概率统计来获得。以专家的经验值来给出可能度量 Poss 的取值分布(反映充分性),采用概率统计方法来自动计算必然度量 Nec 的取值(反映必要性),从全局视角分析各 Poss 取值的权重比例,给出反向关联程度的客观评价,可从一定程度上减少主观因素的干扰。

在上面的例子里,关于概念“City”的属性“CityName”,针对实例“北京”,其取值可以有很多(例如北京、BJ、Peking、Beijing 等,城市宝鸡和滨江同样也可使用 BJ 作为 CityName),可以为每个取值赋予 Poss 值(依据专家的经验给出,取值范围为 (0,1],其中 Poss=0 是默认值,通常不予显式描述)来表示在提及“北京”这个城市时选用某个城市名称的可能程度,Nec 值则可通过在该本体知识库中基于统计来自动地获得,具体计算过程如下:

首先检索所有同样使用属性值结点“BJ”来作为“CityName”的实例,获得这些实例中以“BJ”作为属性取值的语义属性的 Poss 值;

之后基于这些 Poss 值进行统计运算,运算公式为:$P(C_m, P, v) = \text{Poss}(C_m, P, v) / \sum \text{Poss}(C_i, P, v)$。其中:$P$ 代表属性(包括数值类型属性和关联属性),v 代表属性的取值,n 为 P 属性都取相同属性值 v 的概念或实例的总个数,m 为 1 到 n 中某个取值,C_m则代表某个概念(或实例),C_i代表一个概念(或实例),$i = 1, \cdots, n$。

该概率值反映了概念(或实例)C_m中属性 P 必然取得该值的可能程度,该概率值可以作为该属性取值的 Nec 度量值。特殊情况下,若 $i=1$(只有一个概念或实例使用该属性值),则 $P(C_1, P, v)=1$(对应 Nec=1),表示该属性值在整个知识库全局中的唯一性和必然性;而对于 $P(C_m, P, v)$的值非常小接近于 0 的情况,则表示在众多使用相同属性值的概念(或实例)中,该属性值对该概念的依赖度很低。换句话说,也就是该属性值不是标识该概念的关键属性取值(关联度很弱)。

基于以上的初步实验结果和分析,我们对公式(6-18)再次进行改造,给出了基于概率统计方法的 Nec 计算公式[33]:

$$\text{Nec}(r) = \text{Poss}(r) / (\sum \text{Poss}(r') + \text{Poss}(r)) \tag{6-22}$$

其中 r 和 r'为语义关系,$r' \neq r$,两者具有相同的属性名和目标结点(即 predicate(r')=predicate(r),object(r'))=object(r)。

为验证公式(6-22)的有效性,采用上面的实验样品进行同样的 Nec 值计算,结果为:Nec(r_1)=1.0,Nec(r_2)=0.5,Nec(r_3)=1.0,Nec(r_4)=1.0,Nec(r_5)=0.417,Nec(r_6)=1.0,Nec(r_7)=0.083。对该计算结果进行分析可以发现:Poss(r_3)=0.6 值不是很高,但是由于其关联的语义属性“Peking”只与一个结点“BeiJing”存在关联。可以说在该知识空间中,“Peking”是“BeiJing”专用的语义属性,与计算结果 Nec(r_3)=1.0 所反映的含义是吻合的。

此外,虽然 Poss(r_2)和 Poss(r_3)具有相同的值,但是语义属性“BJ”与其他很多源结点都存在语义链接,因而它们应具有不同的反向链接强度。也就是说语义属性

“BJ”并不是“Beijing”所专用的，其反向语义关联性不是很强。计算结果 Nec(r_2)=0.5 反映了从“BJ”实例经过语义关联到属性值“BeiJing”的可能度为 0.5，而且该值与对应语义链接的 Poss 值存在关系，可以较好地满足度量意图，并具有合适的语义含义。

再与公式(6-18)计算结果对比可以看到：在语义关系 r_5 和 r_7 的 Nec 计算中，按照公式(6-18)的计算结果两者的 Nec 值相同，而按照人类的思维习惯，两者的 Poss 值分别为 0.5 和 0.1，基于经验两者的 Nec 值应该存在一定的差异。分析其原因在于公式(6-18)中所使用的 max 运算的低精度造成的，而通过公式(6-22)基于概率统计方法计算得到的两者 Nec 值分别为 0.417 和 0.083，反映了不同的语义关联强度，因而比公式(6-18)具有更好的计算和度量精度，从语义角度也更加易于解释和理解。

下面将通过进一步的对比实验，考察该方法的有效性和执行效率。该实验仍在地名本体知识库 GeoNameOntology 中进行。目前该本体知识库中包含有中国国内 86 个各级省市县实例，共含有 246 个地名和 356 条语义关联，其中存在地名重名和多解的不确定性问题，各地点与地名间语义关联的 Poss 值是基于领域知识和专家经验给出的[33]。

为更好地展示实验结果，本书从实验样品空间中选取关联 8 个地点的 20 条语义链的 Nec 计算为例(图 6.3)，来近似地说明实验结果。本实验将基于该知识空间，采用上面提出的公式(6-22)对比于公式(6-18)来计算 Nec 值，主要从度量精度、可比性、执行效率等几个方面来进行对比和分析。

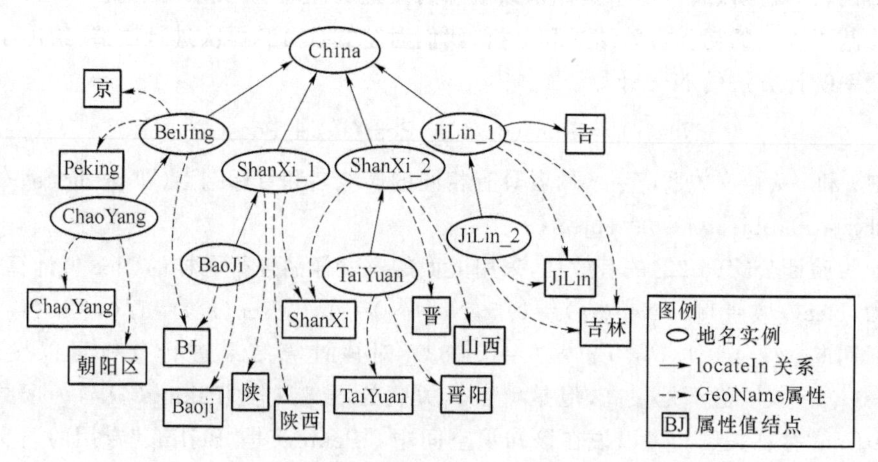

图 6.3　地名本体知识库 GeoNameOntology 中实验样品

根据地名本体知识库中 GeoName 语义属性的 Poss 值，按照公式(6-18)和公式(6-22)对这 20 条语义关系的 Nec 值进行计算,计算结果对比如图 6.4 所示。

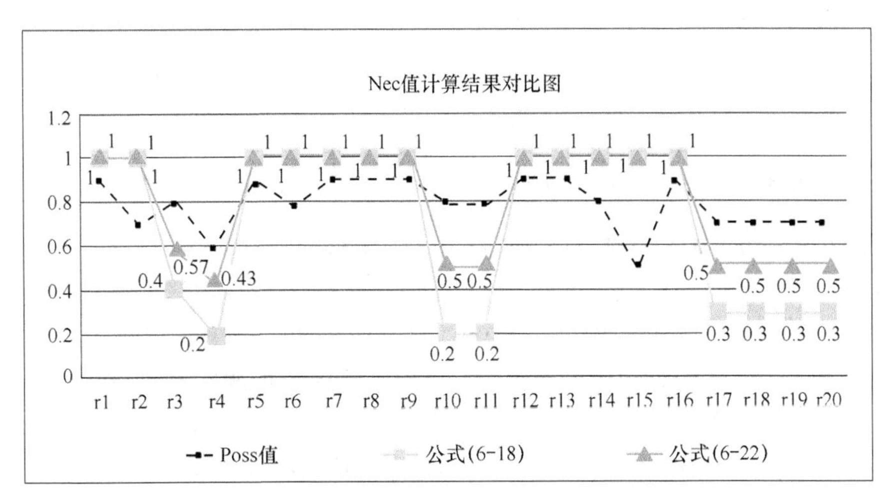

图 6.4　基于可能性逻辑和概率方法进行 Nec 计算的结果对比图

从图 6.4 的结果可以看出,公式(6-22)可以获得与公式(6-18)相似的计算结果,两者的结果曲线接近吻合,表明利用上面提出的方法仍可以获得较为满意的 Nec 计算结果,而且该方法具有更好的语义含义和计算精度。随着参与计算的语义链接数目增加,两者的计算效率对比如图 6.5 所示。

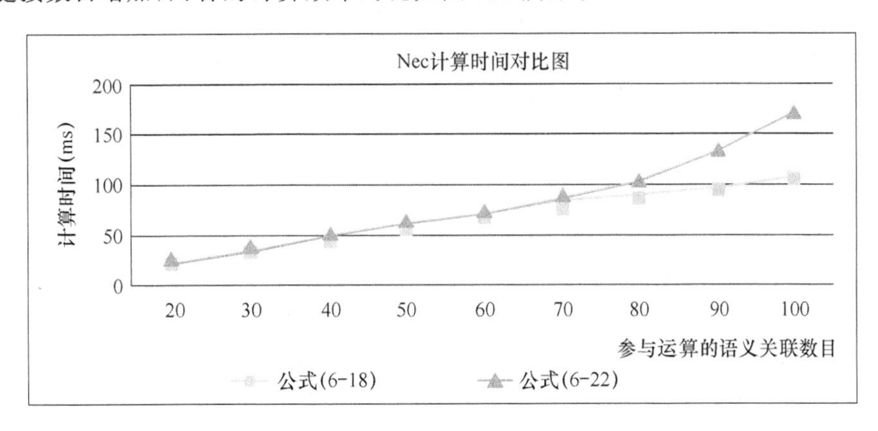

图 6.5　基于公式(6-18)和公式(6-22)计算 Nec 值时间的对比图

从图 6.5 的对比可以看出,公式(6-18)比公式(6-22)具有更高的执行效率,原因在于比较运算 max 比统计运算(涉及除法)具有较低的计算复杂度。该方法在大规模知识库中会花费更多的计算时间,执行效率会有所下降,但其计算精度要高于公式(6-18)的比较运算。因此该方法主要适用于知识规模不大且具有良好的知识完备性,并对不确定性度量精度要求较高的应用。

本小节从语义角度对可能性逻辑中的 Poss 和 Nec 指标进行了语义分析和解释,给出基于统计方法的 Nec 计算公式,提出了基于可能性逻辑和概率统计的不确定性语义关系度量方法,并通过实验对该方法进行了验证,结果表明该方法可获得与常规方法相近的度量效果,并具有更好的语义解释和计算精度。

6.2.4 基于 SRQ-PP 方法的不确定性语义关系度量实例

通过上面的计算过程可以通过概率统计方法自动地获得 Nec 的值,而且该值是基于概率统计动态获得的,为可能性逻辑中必然性的度量提供客观的参考依据。这样就可以解决可能性逻辑中 Nec 度量的自动计算,以及可能性逻辑中主观因素的影响,实现了不确定性的主观经验评价和客观统计分析的有效结合。为该语义关系的定量化度量方法命名为 SRQ-PP(Semantic Relation Quantification based on Possibility and Probability)。下面将通过空间信息服务领域中典型的不确定性描述案例,来进一步说明该方法的使用过程。

示例 1:遥感应用与传感器波段间的关系描述

遥感影像数据反映了电磁波与地表物质相互作用后的反射波谱特性,不同地表物质对电磁波的反射、吸收、发射表现出一定的差异性。因而在实施不同的遥感应用时,通常需要针对要探测地物的波谱特征和物理特性,来选择适用波段的遥感影像数据。这些遥感数据来源于不同的传感器,各传感器针对探测领域也提供不同波段的数据信号,在特定遥感应用与所使用的传感器波段间建立联系,将对于该遥感应用选择合适的数据源提供重要的依据。然而,这种关系存在一定的不确定性,具有不同的关联强度和适用度。下面将说明基于本章所提出的可能性逻辑和概率统计结合的语义定量化度量方法来实现这类不确定性知识的描述方法。

(1) 对水体中悬浮泥沙的探测中,含有泥沙的浑浊水与清水比较具有以下光谱特征:

- 浑浊水的反射波谱曲线整体高于清水;
- 波谱反射峰值向长波方向移动(红移),清水在 0.75 μm 出反射率接近零,而含有泥沙的浑浊水至 0.93 μm 出反射率才接近于零;
- 波长较短的可见光,如蓝光和绿光对水体穿透能力较强,可反映出水面一定深度的泥沙分布状况,例如:0.5~0.6 μm 的影像可反映 2.5 m 水深的泥沙,0.6~0.7 μm 的影像可反映 1.5 m 水深的泥沙,0.7~0.8 μm 的影像可反映 0.5 m 水深的泥沙,0.8~1.1 μm 的影像仅能反映 0.02 mm 水深的泥沙分布状况。

从上面的说明可分析出，在悬浮泥沙探测中，最有效的是使用 0.8～3 μm 的近红外波段，其次是使用 0.5～0.56 μm 的绿波段，使用不太多的是 0.43～0.47 μm 的蓝波段。

(2) 对水体中悬浮叶绿素的探测中，叶绿素的浓度与水体反射光谱特征存在以下关系：

- 水体叶绿素浓度增加，蓝光波段的反射率下降，绿光波段的反射率增高；
- 水面叶绿素和浮游生物浓度高时，近红外波段仍存在一定的反射率。

从上面的说明可分析出，在悬浮叶绿素探测中，最有效的是蓝光和绿光波段，其次是近红外波段。

这两类遥感应用与所选用传感器波段的语义关系如图 6.6 所示。

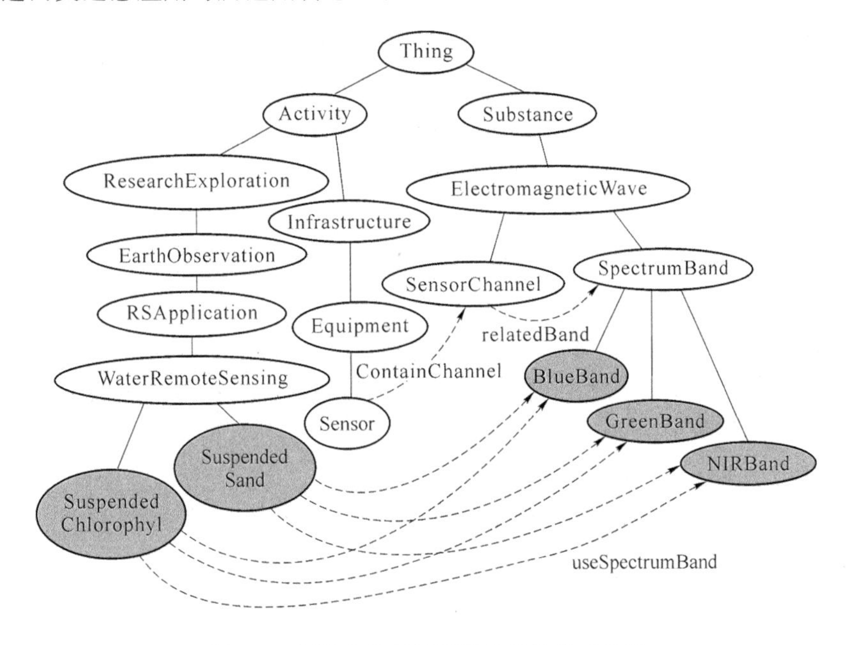

图 6.6　遥感应用与传感器波段语义关系图

从图 6.6 中可以看出，若采用本体原有的定性化语义描述机制(二值布尔逻辑)，则这两类水体悬浮物遥感应用都可采用 Blue、Green 和 NIR 三个传感器波段，而且这三个传感器波段对于解决特定类别遥感应用时不存在任何差异，无法表现出不同对象间语义关联 useSpectrumBand 的差别。因而这种方法无法表达知识的不确定性，这种方法的知识表现精度较低，也导致了基于该定性化知识进行推理分析时获得的结果其精度和准确性也受到很大的影响。

基于本章所提出的语义定量化度量方法 SRQ-PP，进一步对以上知识进行定量化描述，如图 6.7 所示。

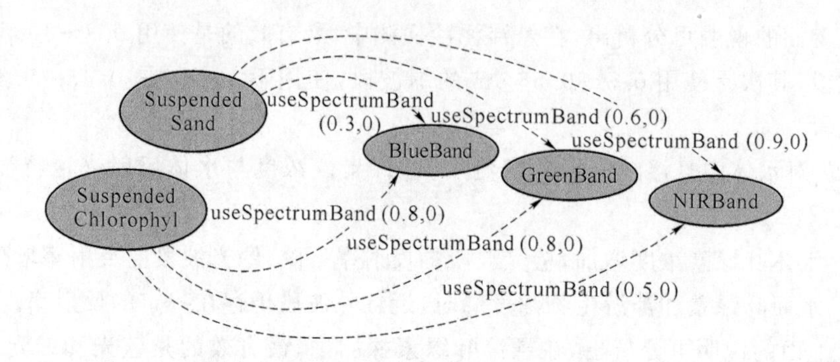

图 6.7　遥感应用与传感器波段语义关系的定量化描述示意图

经过基于可能性逻辑的语义关系定量化描述后，每一条 useSpectrumBand 语义关联都带有一组度量值(Poss，Nec)，其中：Poss 代表从 source 出发关联 object 的语义强度(该值依据领域专家经验赋值，在该值设置和修改过程中，不需考虑归一化问题)，基于该知识可在特定遥感应用选择适用的传感器波段时提供定量的判断依据，进行水体悬浮泥沙探测最适用的是 NIR 波段(Poss＝0.9)，其次是 Green 波段(Poss＝0.6)，最后的是 Blue 波段(Poss＝0.3)，Poss 的强弱表示关系的强弱和可能度，为推理过程和结果排序提供定量化选择和决策依据。

Nec 代表从 object 反向仍能关联 source 的区别度(该值反映了 object 对 source 的依赖和专用程度，体现了标识性作用，初始默认为 0)，Nec 的赋值需要从全局视角依据经验给出主观评价，基于概率统计方法可以在当前知识空间中根据统计特性实现该值的动态计算。

若仅考虑如图 6.7 所示的知识空间，相应的 Nec 取值可分别计算得到：

SupendedSand 到 BlueBand 的 useSpectrumBand 的 Nec 值＝0.3/(0.3＋0.8)≈0.273

SupendedSand 到 GreenBand 的 useSpectrumBand 的 Nec 值＝0.6/(0.6＋0.8)≈0.429

SupendedSand 到 NIRBand 的 useSpectrumBand 的 Nec 值＝0.9/(0.9＋0.5)≈0.643

SupendedChlorophyl 到 BlueBand 的 useSpectrumBand 的 Nec 值＝0.8/(0.3＋0.8)≈0.727

SupendedChlorophyl 到 GreenBand 的 useSpectrumBand 的 Nec 值＝0.8/(0.6＋0.8)≈0.571

SupendedChlorophyl 到 NIRBand 的 useSpectrumBand 的 Nec 值＝0.5/(0.5＋0.9)≈0.357

计算后的语义关系定量化描述如图 6.8 所示。

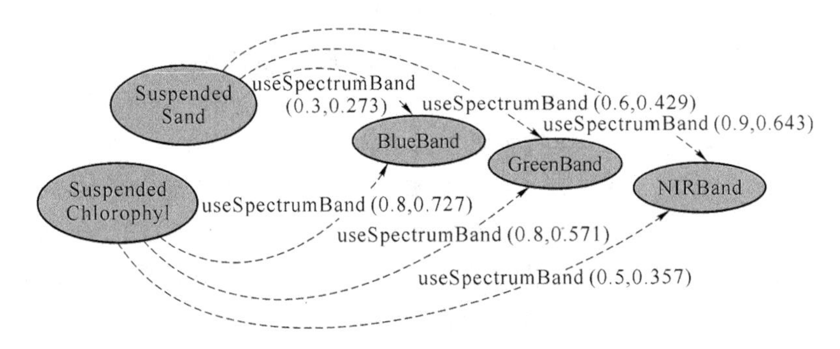

图 6.8　遥感应用与传感器波段语义关系的定量化描述示意图

基于该 Nec 值，可粗略推断：Blue 波段是水体中叶绿素探测的特征波段，NIR 波段是水体中悬浮泥沙探测的特征波段，其反映的语义关系与领域知识是相吻合的，初步实现了领域知识的准确化描述和表达。

若考虑到在各 useSpectrumBand 的 Poss 值赋值时存在主观差异性，即对不同对象关联的语义强度进行定量化度量时 Poss 值的设置存在评分基准不一致，则可在 Nec 计算之前先对相同 source 的 useSpectrumBand 的 Poss 值进行归一化处理，使得各 source 所关联属性的 Poss 值间具有可比性。归一化后相应的 useSpectrumBand 属性的 Poss 值可计算得到：

SupendedSand 到 BlueBand 的 Poss′值＝0.3/(0.3＋0.6＋0.9)≈0.167

SupendedSand 到 GreenBand 的 Poss′值＝0.6/(0.3＋0.6＋0.9)≈0.333

SupendedSand 到 NIRBand 的 Poss′值＝0.9/(0.3＋0.6＋0.9)＝0.5

SupendedChlorophyl 到 BlueBand 的 Poss′值＝0.8/(0.8＋0.8＋0.5)≈0.381

SupendedChlorophyl 到 BlueBand 的 Poss′值＝0.8/(0.8＋0.8＋0.5)≈0.381

SupendedChlorophyl 到 BlueBand 的 Poss′值＝0.5/(0.8＋0.8＋0.5)≈0.238

根据 Poss′值进行 Nec 的计算，则相应的 useSpectrumBand 的 Nec 取值分别为：

SupendedSand 到 BlueBand 的 Nec 值＝0.167/(0.167＋0.381)≈0.305

SupendedSand 到 GreenBand 的 Nec 值＝0.333/(0.333＋0.381)≈0.466

SupendedSand 到 NIRBand 的 Nec 值＝0.5/(0.5＋0.238)≈0.678

SupendedChlorophyl 到 BlueBand 的 Nec 值＝0.381/(0.167＋0.381)≈0.695

SupendedChlorophyl 到 GreenBand 的 Nec 值＝0.381/(0.333＋0.381)≈0.534

SupendedChlorophyl 到 NIRBand 的 Nec 值＝0.238/(0.5＋0.238)≈0.322

从以上结果可以看出,通过概率方法进行 Poss 值的计算,若在不同 source 关联的 Poss 值之和差异不大的情况下(本例中分别为 0.3+0.6+0.9=1.8 和 0.8+0.8+0.5=2.1),具有一定的效果,可保证不同 Poss 赋值可在相近的基准上具有可比性,而且同样可以表达出相似的不确定性知识。但对于 Poss 值之和差异过大的情况下,例如:对其中之一取值按照 3 的倍数降低为 0.1+0.2+0.3=0.6,另一取值不变仍为 0.8+0.8+0.5=2.1,则按照归一化的方法 SupendedSand 的 useSpectrumBand的 Poss′值仍和上面的结果相同。而若改变一定的比例,设置取值分别为 0.4+0.7+0.9=2.0 和 0.2+0.2+0.1=0.5,再来计算归一化后相应的 useSpectrumBand 属性的 Poss 值分别为:

SupendedSand 到 BlueBand 的 Poss′值=0.4/(0.4+0.7+0.9)=0.2

SupendedSand 到 GreenBand 的 Poss′值=0.7/(0.4+0.7+0.9)=0.35

SupendedSand 到 NIRBand 的 Poss′值=0.9/(0.4+0.7+0.9)=0.45

SupendedChlorophyl 到 BlueBand 的 Poss′值=0.2/(0.2+0.2+0.1)=0.4

SupendedChlorophyl 到 BlueBand 的 Poss′值=0.2/(0.2+0.2+0.1)=0.4

SupendedChlorophyl 到 BlueBand 的 Poss′值=0.1/(0.2+0.2+0.1)=0.2

根据 Poss′值进行 Nec 的计算,则相应的 useSpectrumBand 的 Nec 取值分别为:

SupendedSand 到 BlueBand 的 Nec 值=0.2/(0.2+0.4)≈0.333

SupendedSand 到 GreenBand 的 Nec 值=0.35/(0.35+0.4)≈0.467

SupendedSand 到 NIRBand 的 Nec 值=0.45/(0.45+0.2)≈0.692

SupendedChlorophyl 到 BlueBand 的 Nec 值=0.4/(0.2+0.4)≈0.667

SupendedChlorophyl 到 GreenBand 的 Nec 值=0.4/(0.35+0.4)≈0.533

SupendedChlorophyl 到 NIRBand 的 Nec 值=0.2/(0.45+0.2)≈0.308

虽然最后结果 Nec 的值发生了一点变化,但是其反映的知识与未进行归一化处理所获得的结果是相近的。可以看出该归一化方法对 source 的语义属性 Poss 之和间是否同级是不敏感的,而对于具有相同 source 的语义属性各 Poss 值间的比例是敏感的。因而只要领域专家在对具有相同 source 的语义属性赋予 Poss 值时能保证度量基准相同,则可在对 Poss 不采取归一化处理的情况下仍可获得有效的 Nec 值,可很好地反映该 source 选取某个语义关系时的适用性(可能度),从而可体现出知识表达和检索过程的动态性和不确定性。

通过以上案例的分析和说明,可以看出该基于可能性逻辑和概率统计的语义定量化度量方法 SRQ-PP 可较好地表达知识的不确定性,所采用的 Poss 度量和 Nec 度量为资源的检索和筛选提供了重要的依据,分别反映了知识的适用性和识别性,为空间信息服务领域中各类不确定性知识的描述提供了基础理论和方法,下面将具体分析空间信息服务中存在的各类不确定性，说明如何采取所提出的方法来分别表达这些不确定性知识。

6.3　空间信息服务中各类不确定性的定量化描述

通过前面的介绍和说明，获得了基于可能性逻辑和概率统计相结合的语义强度定量化度量机制。本部分将针对空间信息服务领域中常见的六类不确定性知识，分别给出相应的语义定量化描述方法[34]。

6.3.1　语义属性描述的不完整性

在本体中可以根据领域知识为概念设置多种多样的语义属性，但是由于认知的局限性和知识更新的阶段性，使得属性取值存在一定的缺失和不全。在本体推理机制中若某个属性值是缺失的或不完整的，则认为该属性值不满足条件而舍弃该实例。该推理过程对判定条件必须是 100％严格满足的，缺少对不确定性或缺失的容忍，其结果将会使得很多可能满足的解也被排除，影响了检索的全面性。该类不确定性的解决目的在于实现在某些属性取值缺失的情况下仍能保证推理分析的进行，这类不确定性的定量化度量方法如下所述。

在为概念添加描述属性（hasPropery）时，即为各个属性设置属性缺省权重（Default Weight of Property，DWP），表示该属性对描述所属概念的重要（关键）程度（$0 \leqslant DWP \leqslant 1$），该值越大则表明对所描述对象越重要。在推理分析时，若某个属性值缺失，则考查该属性的 DWP 值来判断是否为关键属性，若 DWP 大于设定的阈值 T，则表示该属性为关键属性（不能缺省），若该概念某个实例中该属性值缺失或不完整则放弃对该实例的选取；否则，可认为该属性取值满足要求，继续考查其他属性取值要求的满足度。基于本书中所构建空间信息本体的层次化特性，该 DWP 权重是在添加描述属性时设置的，并可至上而下传递，下层本体继承上层本体定义的描述属性时也继承相应的 DWP 值。

示例 2：传感器描述属性的不完整性

传感器是空间信息服务领域中遥感数据的重要获取工具和来源，但在传感器属性的描述和设置过程中，由于认知的的局限性和知识更新的阶段性，使得传感器属性的描述存在缺失或不完整的情况。不同的属性对于推理和判断的影响程度是不尽相同的，有些是必要不可缺少的，有些则是可以忽略和缺省的，因而需要对属性与描述对象间关联的强度进行定量化的度量。

在空间信息本体中，传感器的常见属性如图 6.9 所示，以语义网络的形式描述如图 6.10 所示。

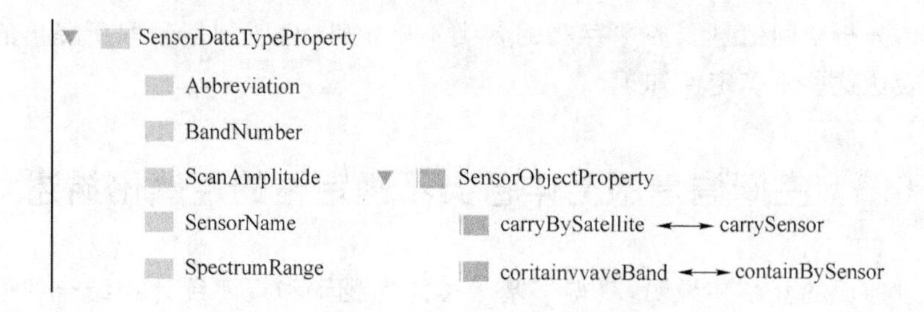

图 6.9　空间信息本体中传感器的描述属性

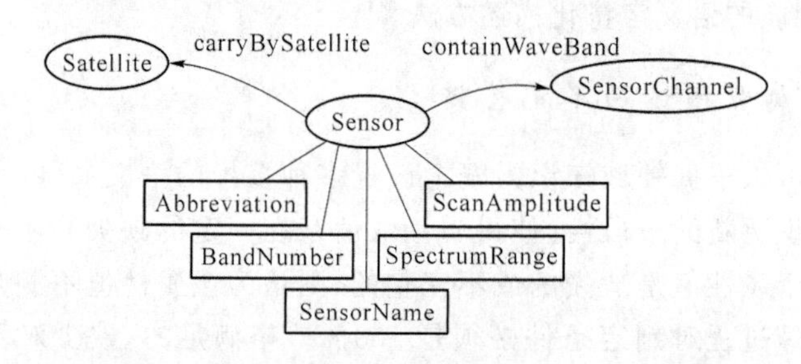

图 6.10　空间信息本体中传感器的语义关系描述

在传感器的描述属性中,默认情况下(在领域级本体中),传感器与卫星的 carryBySatellite 关系、传感器名称 SensorName、探测频谱范围 SpectrumRange 是最基础必要的属性,其属性缺省权重 DWP 设置如图 6.11 所示,推理规则(本书中采用产生式规则的 IF-THEN 形式来表达各本体推理规则的条件和结论内容)如下:

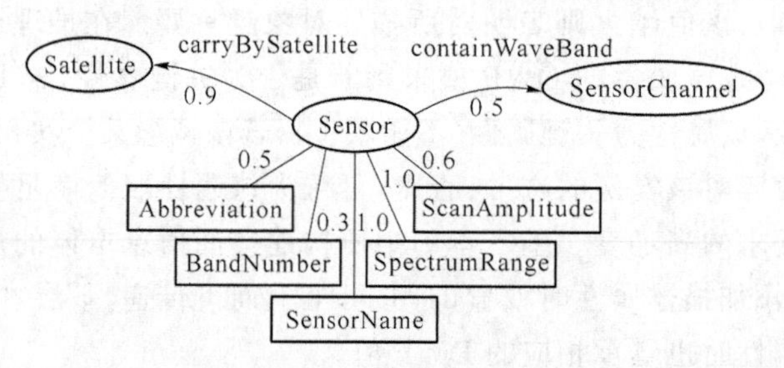

图 6.11　传感器描述属性 DWP 值的设置

```
wideAreaApp:                               //规则名
{?sensor = ns:Sensor}                      //字符集(对应于本体中概念或属性)
IF (?sensor.ns:ScanAmplitude ≥100) AND (?sensor.ns:BandNumber≥5)
                                           //前提条件
THEN (?sensor.ns:wideAreaApp = ´Yes´)      //推理结论
CF = 0.8                                   //规则的置信度
```

在推理时若取 $T=0.8$，根据 DWP 值判断 carryBySatellite、SensorName、SpectrumRange 三个属性的取值是不能缺失的，则推理过程中 carryBySatellie 属性是必须的。若其他属性取值若缺失或不完整，可近似认为该属性取值满足判定条件，继续进行推理过程。若取 $T=0.6$，根据 DWP 值判断 carryBySatellite、SensorName、SpectrumRange、ScanAmplitude 四个属性的取值是不能缺失的，则在推理过程中 carryBySatellite、ScanAmplitude 属性是必须的，而其他属性可以缺失。例如：BandNumber，若存在该属性值为空的传感器实例，则可忽略该值（认为满足推理规则中的条件），继续判断其他属性值来决定推理结果。

可通过调整阈值 T 的高低，来调节推理过程中对信息缺失的包容程度。当 $T=1$时，则恢复传统的 DL 推理机制，推理过程将是严格的，而 T 越小，则对信息不完整性的包容度越高，但也会导致推理结果的精度下降，因而需要根据实际需求来设置合适的 T 值。

该方法可表达各属性对于知识推理和判断的重要性和必要性程度，可在推理中舍弃关键属性缺失的实例，而保留非必要属性不完整的实例，以提高推理过程的灵活性，实现在信息缺失或不完整情况下仍可进行知识推理和决策分析。

6.3.2　语义属性描述的侧重性

在本体中可以为概念设置多种多样的语义属性，但是这些属性对于该概念的语义分析影响和重要程度是不同的，存在关键属性和辅助属性的区别，这种差异对于概念的语义侧重性分析和其实例的语义有效性分析都具有重要的作用。属性缺省权重 DWP 所描述的是属性值缺失时的不确定性，而对于属性值都存在且都满足的实例间也是存在差异的，它们对于推理条件的满足程度也是不尽相同的。由于不同应用中所关心的性能方面是不同的，因而这些推理结果在不同应用场所下存在不同的满足和适用程度。该类不确定性的解决目的在于表达不同应用需求中对不同属性考察和分析的侧重性，实现推理结果间的可比性和排序，这类不确定性的定量化度量方法如下所述。

在面向特定应用构建应用本体时，可对继承下来的属性初始权重 DWP 进行调整，给出属性应用权重（Application Weight of Property，AWP），表示在该应用场景中某个属性对描述所属概念（或实例）的重要程度，可通过为 hasProperty 设置 AWP 值，也可在面向该应用的推理规则中为判断条件或推理结果设置 AWP 值。在对该应用本体进行推理分析过程中，可基于该 AWP 的值来判断某个属性对推理分析过程的重要程度以及是否取舍，该 AWP 值可进行组合计算和传递，为推理结果集中各个解提供满足程度的定量化度量依据。

AWP 的组合计算规则为：$\mathrm{AWP}(p_1,p_2)=\min(\mathrm{AWP}(p_1),\mathrm{AWP}(p_2))$，其中

p_1和 p_2为参与推理的属性,推理结果的可能度与这些属性 AWP 值的最小值有关。

示例 3:传感器描述属性的侧重性

传感器作为基础设备在各信号处理领域中都有广泛的应用,作为工业性产品其属性也是多种多样的(例如:物理特性、光学特性、电气特性、产品信息等),但在遥感和地学领域中,所关心的是传感器的光学相关特性,而且不同应用场所下,对这些特性的考查也存在一定的侧重性。

可继承和采用上层本体中对传感器相关属性 DWP 直接作为 AWP,如图 6.12 所示,这种属性 AWP 的默认设置表明此应用中所关心的是传感器的性能属性及其与卫星间的负载关系,可应用于传感器按性能和按承载卫星的检索和推理等。

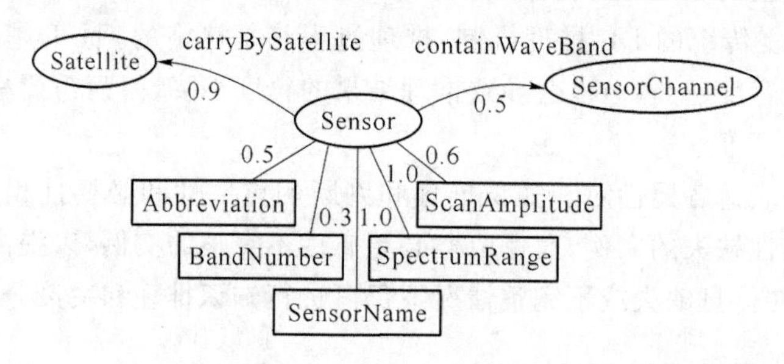

图 6.12 传感器描述属性 AWP 值的默认设置

在空间数据源检索应用中,如本章示例 1 所示,需要根据遥感应用所需使用遥感数据的波段和分辨率来推理可使用的传感器,进而检索到满足的数据源。则在该应用中,传感器与信号波段的 containWaveBand 关系、探测频谱范围 SpectrumRange、扫描幅宽 ScanAmplitude 则成为关键属性,在推理过程中基于这些属性来进行决策分析,所获得的推理结果具有较高的可能性,则在该应用本体中其属性权重的设置可修改为如图 6.13 所示的结果。

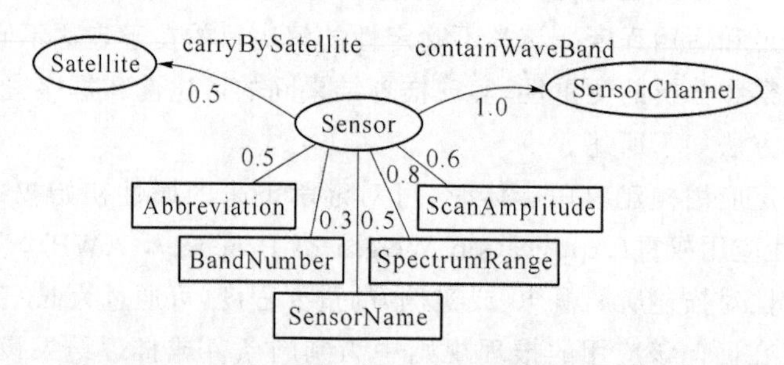

图 6.13 在数据源检索应用本体中传感器描述属性 AWP 值的设置

也可在相应的推理规则中,为相关的描述属性设置 AWP,来描述各属性判断条件对于推理总体的影响程度,如下所示。其中推理结果的可信度是由推理各条件 AWP 值的最小值决定,表明基于规则中这些属性进行推理后结果的可能度。

```
useSensorBand1:
{?app = ns:RSApplication, ?sensor = ns:Sensor, ?band = ?sensor.ns:con-
tainWaveBand}
IF (?app.ns:needSpectrumLower≤?band.ns:hasSpectrumLower) AND
    (?app.ns:needSpectrumUpper≥?band.ns:hasSpectrumUpper)
THEN (?app.ns:useSensorWaveBand = ?band)
CF = 0.95
```

```
useSensorBand2:
{?app = ns:RSApplication, ?sensor = ns:Sensor, ?band = ?sensor.ns:con-
tainWavcBand}
IF (?app.ns:needSpectrumLower≤?band.ns:SpectrumRange) AND
    (?app.ns:needSpectrumUpper≥?band.ns:SpectrumRange)
THEN (?app.ns:useSensorWaveBand = ?band)
CF = 0.95
```

在卫星探测能力的比对应用中，除卫星自身属性外(例如：轨道类型、运行高度、重访周期等)，还需要根据卫星所携带传感器的探测能力来加以判断，在该应用本体中，传感器与卫星的 carryBySatellite 关系、探测频谱范围 SpectrumRange、扫描幅宽 ScanAmplitude 则成为关键属性，在该应用本体中其属性权重的设置可修改为如图 6.14 所示的结果。

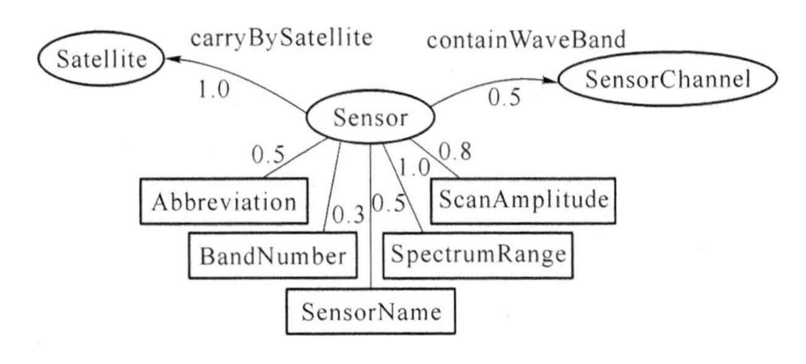

图 6.14　在卫星探测能力应用本体中传感器描述属性 AWP 值的设置

该方法中 AWP 的传递和计算采用了可能性逻辑的比较运算规则，具有计算复杂度低的优点。但其计算精度不高，在知识推导过程中可能会丢失或忽略部分信息。因而需要根据特定应用情况具体分析，给出适当的参量和比重调整，以达到适用的效果。

相关的推理规则中 AWP 的设置如下所示。

```
useSatellite1:
{?task = ns:ObservationTask, ?snr = ns:Sensor, ?sat = ns:Satellite, ?band
 = ?task.ns:needObservationBand}
IF (?snr.ns:carryBySatellite = ?sat) AND
useSensorBand2(?task,?snr,?task.ns:needObservationBand)
THEN (?app.ns:useSensorWaveBand = ?band)
CF = 0.9
useSatellite2:
{?task = ns:ObservationTask, ?snr = ns:Sensor, ?sat = ns:Satellite, ?band
 = ?task.ns:needObservationBand}
IF (?snr.ns:carryBySatellite = ?sat) AND
useSensorBand2(?task,?snr,?snr.ns:containWaveBand)
THEN (?app.ns:useSensorWaveBand = ?band)
CF = 0.9
```

该方法可表达各属性对于知识推理和判断的重要程度,根据各属性的 AWP 可分析推理结果的可能度,描述了不同应用中采用不同属性及其组合进行推理后获得判定结论的可信度,实现了推理结果间的可比性,以提高推理决策过程的灵活性,实现了推理过程中不确定性的定量化度量。

6.3.3 属性取值的多值性和语义关联的多解性

在本体中为概念的实例赋予属性值时,存在属性取值的多解情况,包括数据类型属性的多取值和对象属性的多关联,这两类不确定性具有相同的特点和解决方法。按照本体的描述机制(二值逻辑),同一属性的不同取值间是无差别的,在推理和决策过程中具有相同的语义强度。但在实际的领域知识描述中,不同的取值间是存在差别的,对于实例具有不同的关联程度和适用度,在推理过程中也存在不同的决策能力。因而,需要对属性取值的多值性和语义关联的多解性进行定量化的描述和度量,以实现知识更为精确化的描述,并可改善推理过程的准确性和灵活性。该类不确定性的解决目的在于为对各种属性取值的可能性进行度量,实现知识描述和推理过程中语义强度差别的定量化度量,这类不确定性的定量化度量方法如下所述。

在应用本体中,为概念实例的数据类型属性(data type property)和对象属性(object property)赋予属性值或设置关联对象时,为每一个属性取值设置属性取值可能度(Possibility of Property Value, PPV),表示该实例的属性取某个属性值的可能程度,并利用概率统计方法自动计算属性取值专属度(Necessity of Property Value, NPV),表示该属性取值对于该实例的依赖程度(反映了通过该属性值能够识别和关联该实例的程度)。PPV 和 NPV 值一方面可以为多解情况下各种取值情况提供可能性度量,另一方面可为知识检索和推理过程提供宽泛搜索和精确筛选的定量化度量依据。

示例 4:空间地点命名的多值性

在空间信息检索中,空间位置和坐标是重要的参考信息,而地点名称则可帮助用户尽快地定位到需要检索的空间地点和范围。然而由于地点命名的多样性,使得地点的定位和识别存在多解性,而且相同的名称对于不同地点的标识度和识别度也不尽相同。通常情况下,在特定应用中,不同的名称对于不同的地点具有不同的选取可能性,大多存在人们最为习惯的称呼,也存在最易识别的称呼,本例中将对空间信息检索的地名应用本体中国内城市名称的多样性进行描述。

如图 6.15 是该地名应用本体中,City 城市 name 属性的取值和 PPV 设置,可以看到在 City 的城市命名中存在 City 间重名、City 与 Province 重名、City 与 Human重名、City 与 Flower 重名、City 与 Mountain 重名等各种情况,每个实例对 name 属性的取值都具有不同的可能行,反映了各语义属性的强度,为知识检索和推理过程提供了优先级的依据,便于获取更满足实际情况的知识和信息。

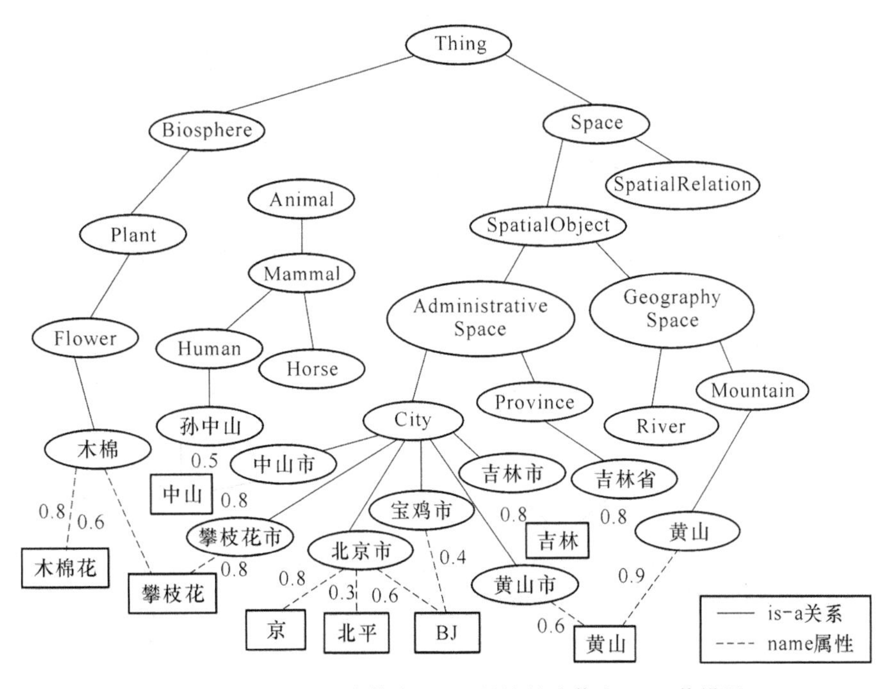

图 6.15　地名应用本体中 name 属性的取值和 PPV 值设置

基于图 6.15 所表达的知识空间中 PPV 值，可以根据统计方法计算出各属性取值的 NPV 值，如图 6.16 所示。从图 6.16 中 NPV 计算结果可以看出，在取值为“北平”时虽然其 PPV 值较低仅为 0.3，表示现阶段使用该名称的可能性较小，但其 NPV 值却为 1.0，代表使用“北平”来标示“北京市”在当前知识空间中是无歧义和唯一的，其专属度和识别度是很高的；而在两个取值为“吉林”的属性间，其 NPV 值是相同的，说明使用该名称对于“吉林省”和“吉林市”的识别度是相同的。

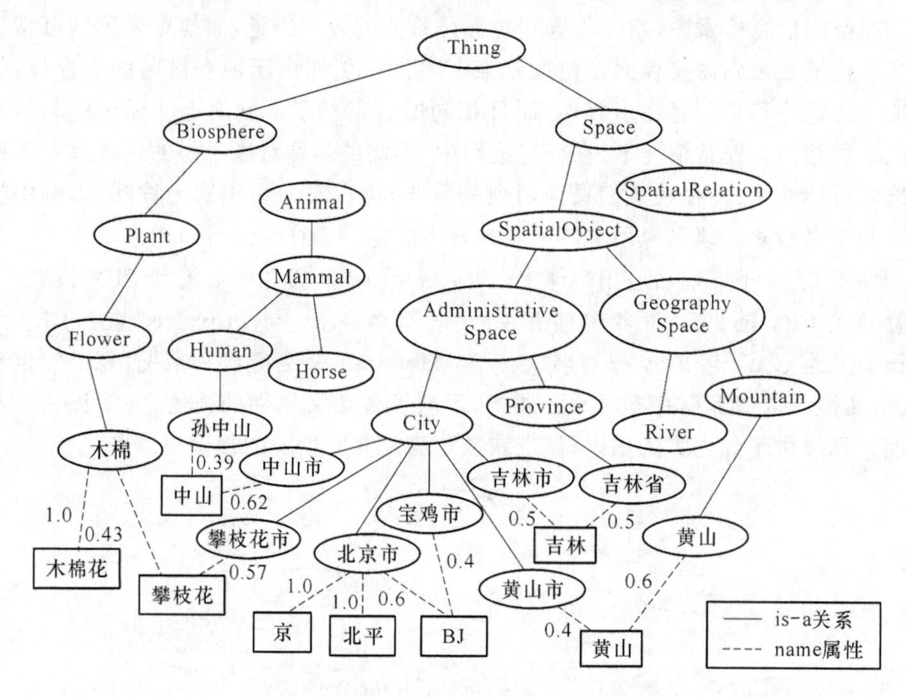

图 6.16　地名应用本体中 name 属性的取值和 NPV 值计算结果

从 PPV 和 NPV 取值的不同含义和差别可以看出，两者配合可以较好地描述从概念出发选取属性值的可能度和从属性值出发选择概念或实例的识别度这两种知识检索方法，为属性取值的多解性提供了较为全面的描述方法，并为知识检索和推理过程提供了精确搜索和筛选的定量化度量依据。

该方法中 NPV 的计算是依赖于知识空间规模的，知识空间规模越大、知识越丰富完善，所计算出的 NPV 值则越能发挥其作用。但是当知识达到一定规模后，NPV 的计算又将消耗较多的时间，而且每次有新的知识更新时，都需要重新计算相应的 NPV 值。因而，本方法适用于针对特定应用（知识具有一定完备性）规模不大的知识空间，并可选择若干关键属性作为重点分析对象，降低计算复杂度和时间，并可从一定程度上提高知识检索的精度。

示例 5:空间方位关系的多解性

在空间信息分析中,空间推理中的方位关系是其中之一,并在空间信息检索中起到重要的空间位置判断作用。在不同地物间空间方位的表达中,东、南、西、北、包含关系等都具有一定的模糊性和不确定性。

例如图 6.17 所示的空间方位图中,对于中心点 O,点 A 位于严格意义上 O 点的北部,B 点也可以粗略地认为在 O 点的北部,C 点准确的描述是位于 O 点的东北部,但从一定程度上也可以说 C 点位于 O 点的北部,甚至按照更宽泛的定义,纬度值大于 O 点的 D 点也可以说是位于 O 点的北部。因而从语义表达上,O 点与 A、B、C、D 点之间都存在 northOf 关系,但是这些 northOf 关系间确实存在一定的差别,在进行空间分析和推理中具有不同的满足程度,对于检索结果也具有不同的影响程度。

对于上面所述的情况,可以使用本部分提出的语义关联多解性的定量化度量方法来精确化表达,如图 6.18 所示。

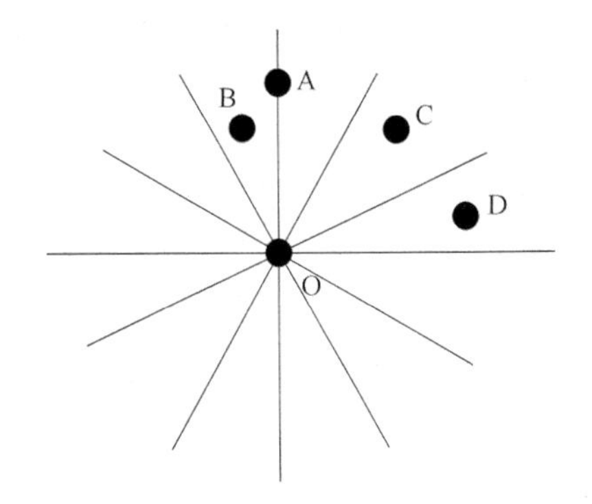

图 6.17　空间方位关系示意图

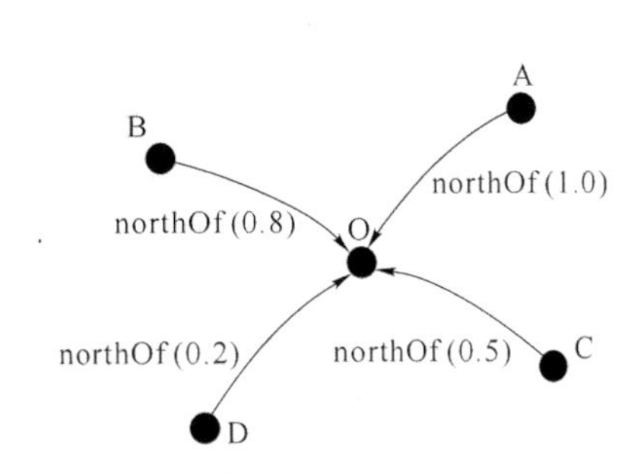

图 6.18　空间方位 northOf 语义关系图

完整的空间方位关系如图 6.19 所示。其中 northOf 与 southOf 为对称属性,eastOf 与 westOf 为对称属性,它们对应的 Poss 值也存在对称性,例如:A northOf O (1.0) 等同于 O southOf A (1.0)。因而图 6.19 中只描述了 northOf 和 eastOf 关系。(由于这种空间关系的对称性,NPV 在本例中的作用于等同于对称关系的 PPV,因而本例中不进行 NPV 的计算和分析)

从图 6.19 中对 northOf 和 eastOf 关系的描述相结合可以获知各地点间的空间方位关系,例如:从 A 点到 B 点存在 northOf 和 eastOf 语义关系可知 A 点位于 B 点的东北方,从 A 点到 D 点的 northOf 关系和 D 点到 A 点的 eastOf 关系可知 A 点位于 D 点的西北方。借助于 PPV 值可以进一步获知更细致的方位关系,从 A 点到 O 点的 PPV=1.0 可知,A 点位于 O 点的正北方;从 A 点到 B 点的 northOf 关系的 PPV=0.5 和 eastOf 关系的 PPV=0.7 可知,A 点位于 B 点的东北偏北方向;从 A 点到 D 点的 northOf 关系的 PPV=0.4 和 D 点到 A 点的 eastOf 关系的 PPV=0.6 可知,A 点位于 D 点的西北偏西方向。

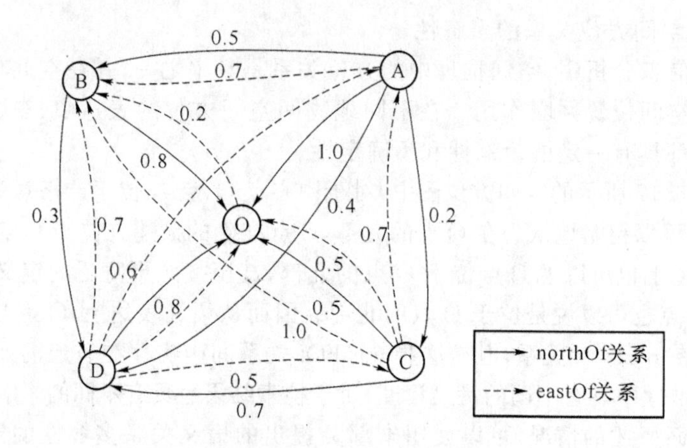

图 6.19　空间方位关系及其 PPV 值

对比于同样位于 D 点的西北方向的 A 点和 C 点，从 D 点到 A 点的 eastOf 关系的 PPV＝0.6 和 D 点到 C 点的 eastOf 关系的 PPV＝0.5 可知，A 点比 C 点位于更偏西的方位上；从 A 点到 D 点的 northOf 关系的 PPV＝0.4 和 C 点到 D 点的 northOf 关系的 PPV＝0.7 可知，C 点比 A 点位于更偏北的方位上。对语义关系强度的表达，将原有定性的语义描述转变为定量的语义表达，提高了语义描述的精度，为更精确和细致的推理提供了依据。

此外，在该种空间方位关系的 PPV 设置上，存在较强的规律性，既可以根据专家的经验给出，也可以根据各点的经纬度信息来自动判断和设置。其推理规则如下：

```
judgeDirection1:
{?area1 = ns:Area, ?area2 = ns:Area}
IF (?area1.ns:CenterLatitude≥?area2.ns:CenterLatitude)
THEN (?area1.ns:northOf = ?area2)
CF = ((?area1.ns:CenterLatitude - ?area2.ns:CenterLatitude)/((?area1.
    ns:CenterLongitude - ?area2.ns:CenterLongitude) + (?area1.ns:Cen-
    terLatitude - ?area2.ns:CenterLatitude)))
```

```
judgeDirection2:
{?area1 = ns:Area, ?area2 = ns:Area}
IF (?area1.ns:CenterLongtitude≥?area2.ns:CenterLongtitude)
THEN (?area1.ns:eastOf = ?area2)
CF = ((?area1.ns:CenterLongitude - ?area2.ns:CenterLongitude)/((?area1.
    ns:CenterLongitude - ?area2.ns:CenterLongitude) + (?area1.ns:Cen-
    terLatitude - ?area2.ns:CenterLatitude)))
```

该规则中根据两点的经纬度关系来判断其方位关系，根据两点的经纬度差间的比例关系（采用 LatDif/(LatDif＋LonDif)和 LonDif/(LatDif＋LonDif)计算公式）来计算和设置 northOf 和 eastOf 关系的 PPV 值。对于具有一定取值规律性、可依据于现有属性进行计算和判断的 PPV，通过推理规则给出其取值分布的规律。

该种方法中对 PPV 值的手工设置需要消耗一定的人力和时间，除了需要依靠专家经验具体问题具体分析（难以给出其规律性）的不确定性知识外，其余大部分知识还是存在一定规律性的。通过找寻 PPV 取值分布的规律性，可采用推理规则来自动地实现相应 PPV 的赋值，既减轻了手工设置 PPV 的工作强度，又降低了主观因素的干扰，并实现了知识规律的形式化表达。

6.3.4　概念间以及概念和实例间从属关系的部分性

在本体中概念间包含关系以及概念和实例间的从属关系是最语义知识表达的基础，上面针对语义属性的几类不确定性进行了分析并给出了定量化度量方法，然而在本体的基础 is-a 关系中也存在一定的不确定性，某些概念具有多父类并且继承了所有父类的属性，但是对于各父类的从属度是不尽相同的，有其偏重性，在进行其父类的回溯检索时，表现出不同的优先级。因而需要对这种从属关系的部分性进行定量化的度量，以实现本体中概念间基本关系更为精确化的描述，改善本体对知识不确定性的描述能力。该类不确定性的解决目的在于概念多父类情况下对各父类的从属程度进行定量化度量，实现概念间从属关系的精确化描述，这类不确定性的定量化度量方法如下所述。

在概念和实例存在多父类时，为 is-a 关系设置概念从属度（Degree of Class Subordination, DCS），表示该概念（或实例）对于各个父类的依赖和从属程度，反映从属关系的偏重性，可作为概念间层次关系检索和判断过程中优先级的参考。

示例 6：灾害现象的综合性

在自然现象 Phenomena 领域本体中，存在灾害现象的分类关系，如图 6.20 所示。

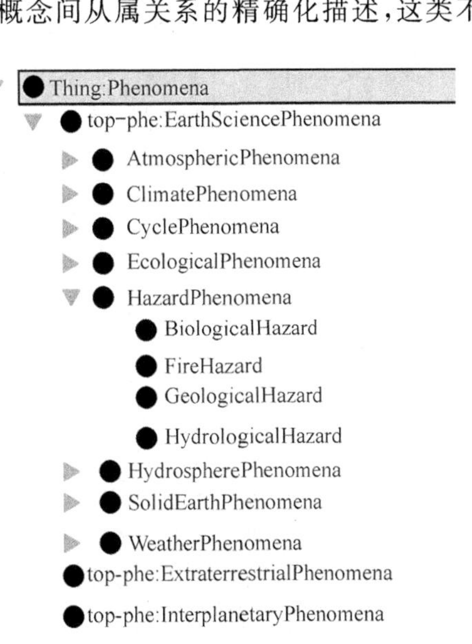

图 6.20　自然现象领域本体中概念的层次结构

在基于该领域本体构建的面向灾害分析的应用本体中，添加各种灾害实例,并描述其灾害属性,各种灾害实例的从属关系如图 6.21 所示。

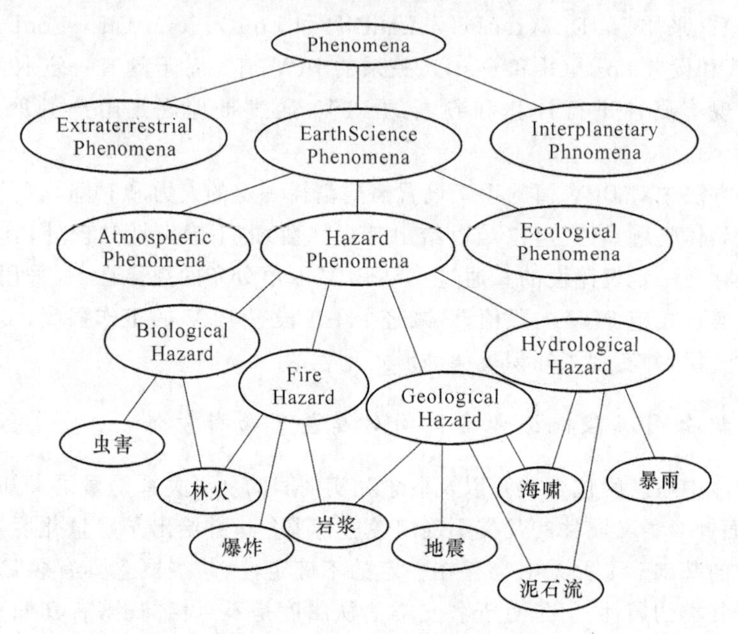

图 6.21　面向灾害分析的应用本体中各类灾害间关系

由于灾害具有一定的综合性,在多数情况下是由于多种因素综合作用而造成的,因而在灾害从属关系的划分上存在部分性。例如图 6.21 中,泥石流的成因是与水有直接关系,属于水文灾害,但是该类灾害又需要特定的地形才能发生,因而与地质灾害又具有一定的关系(存在主导和辅助成因的差别);再如岩浆灾害,其成因为地质条件,但通常伴随的是火灾,因而对于地质灾害和火灾都存在一定联系(存在成因和次生的差别)。在原有定性的语义描述中,概念与多父类的从属关系间是不存在差别的,在基于 is-a 关系进行概念检索过程中,该概念与各父类间从属关系的关联程度是相同的,体现不出所属关系的偏重性和概念检索的先后性。采用概念从属度 DCS 可较好地对概念间从属关系的不确定性进行定量化的表达,如图 6.22 所示。

在图 6.22 中,通过所标注的 DCS 值可以较清晰地了解到各灾害与所属类别间的关联和紧密程度,通过各父类 is-a 关系的 DCS 值间比较可以获知某个概念从属其各父类的程度及其关键归属。其余没有标注 DCS 值的 is-a 关系(只有唯一的父类概念),默认 DCS=1.0,表示该所属关系是确定和唯一的。

基于该概念从属度 DCS,在进行概念所属类别分析和检索时(即从某个概念出发向上检索其父概念,通过其父类和祖先了解该概念所属类别,或者通过最近共同祖先的搜索,判读两个概念间的关系),由于多父类所产生的多检索路径的情况,则

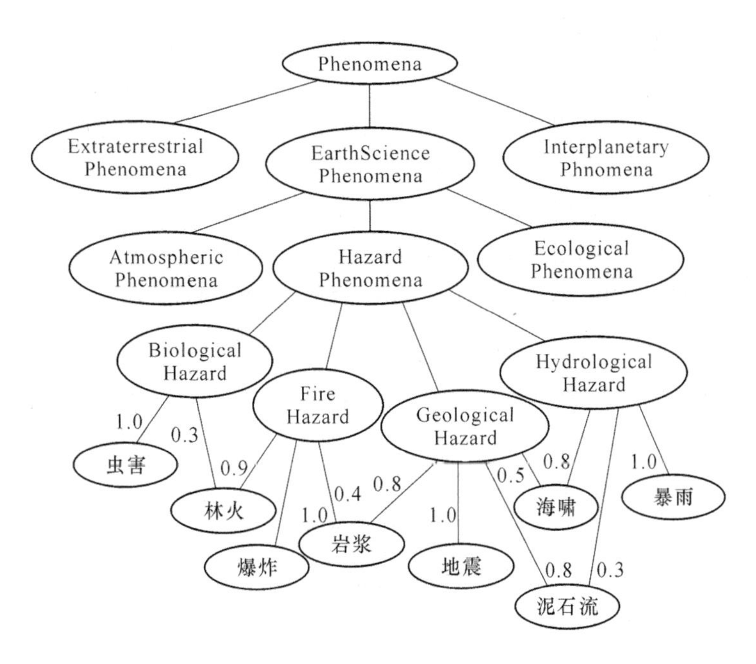

图 6.22　面向灾害分析的应用本体中各类灾害从属关系的 DCS 值设置

可参考 DCS 值的大小比较结果来优先检索和分析其关键所属父类，若没有满足的解，则再依次考虑检索和分析其他父类。这种对 is-a 从属关系的定量化度量，可以避免毫无重点的盲目遍历和知识检索，改善了知识推理和检索的精度和效率。

在本体中 is-a 是最基本的关系，若为所有的 is-a 关系都设置 DCS 值将是非常费时费力的工作，因而只需对不确定性从属关系（主要是综合概念和综合实例）进行 DCS 值的设置，表达出与各父类的从属关系强度，其余 is-a 关系都不用设置 DCS 值，默认取值为 1.0。该种方法可在不增加太多计算复杂度和工作量的前提下，尽量提高语义关系的描述精度，改善语义描述能力。

6.3.5　推理结果满足程度的可比性

原有本体中所表达的语义是定性的，相同含义的语义属性间不存在语义强度的差别，信息检索和知识推理过程遵循布尔逻辑，所获得的结果同样都可以满足需求，不存在任何语义差异和适用度的差别，使得这些结果间难以进一步对比和衡量，无法为用户提供具有一定优先级的排序结果。基于上面对各类不确定性知识的定量化描述方法，本体知识库中各类语义属性和关系都具有了语义强度的度量，这些语义定量化度量值的传递、组合和计算，使得信息检索和知识推理过程也具有了定量分析的能力，并可对分析和推理结果的满足程度进行定量化度量和排序。这类不确定性的定量化度量方法如下所述。

在基于以上对各种语义关系的强度进行定量化度量的基础上,通过对这些度量值的组合计算,可获得结果集中各个解满足程度的定量化度量值。此外,在正向搜索时基于 PPV 可搜索到满足一定可能度范围内的解(保全),之后在反向筛选时基于 NPV 可去除可能解中必然程度过低的解(保准)[34]。

示例 7:满足特定遥感应用需要的遥感数据的推理分析

基于遥感应用所需使用的特定波段和空间分辨率信息,可以依据领域知识和经验,找寻到满足的遥感数据,这种关联性知识如图 6.23 所示。

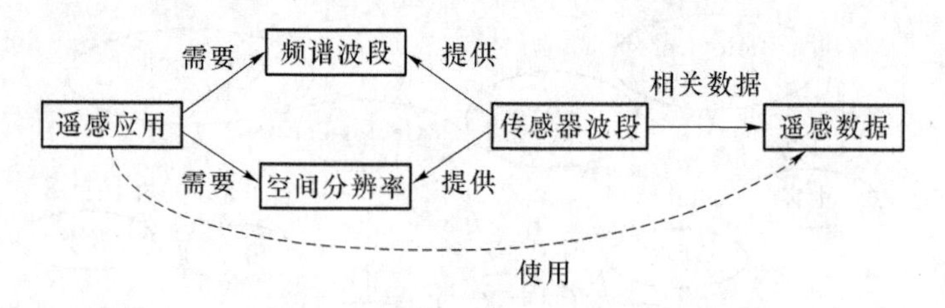

图 6.23　遥感应用与遥感数据间语义关系的推理示意图

相应的推理规则如下:

```
app2data:
{?app = ns:RSApplication, ?channel = ns:SensorWaveBand, ?data = ?channel.
ns:relatedDataProduct}
IF (?app.ns:needSpectrumBand = ?channel.ns:observeSpectrumBand) AND (?
   app.ns:neeSpatialResolution = ?channel.ns:hasSpatialResolution)
THEN (?app.ns:useRSData = ?data)
CF = 1.0
```

如本章示例 1 所示,不同的波段对于特定遥感应用具有不同的适用性,该适用度可以按照示例 1 中所示方法来定量化描述,这些语义强度的差别,在推理过程中能够组合和传递,并影响最终推理的结果,本示例中将以"水体中悬浮泥沙探测"遥感应用为例,来说明推理过程中不确定性的传递,以及推理结果按照满足程度的排序。

在遥感领域中,遥感图像的空间分辨率分为五个等级:一等为 0～5 m、二等为 5～10 m、三等为 10～100 m、四等为 100～500 m、五等为 500 m 以上。

适用于进行水中悬浮泥沙监测的传感器主要有以下几个:

(1) LandSat 陆地卫星上 TM(专题制图仪)传感器

该传感器观测通道中:1 波段为蓝色(光谱范围 0.45～0.52 μm)、2 波段为绿色(光谱范围 0.52～0.60 μm)、4 波段为近红外(光谱范围 0.76～0.90 μm),此三个波段的空间分辨率都为 30 m。

(2) Terra 卫星上 MODIS(中分辨率成像光谱仪)传感器

该传感器观测通道中:9 波段为蓝色(光谱范围 0.438～0.448 μm)、11 波段和 12 波段为绿色(光谱范围 0.526～536 μm 和 0.546～0.556 μm)、16 至 19 波段都为近红外(光谱范围 0.862～0.877 μm、0.89～0.92 μm、0.931～0.941 μm 和 0.915～0.965 μm),这些波段的空间分辨率都为 1 000 m。

(3) CBERS 中巴地球资源卫星上 CCD(电荷耦合器件)传感器

该传感器观测通道中:1 波段为蓝色(光谱范围 0.45～0.52 μm)、2 波段为绿色(光谱范围 0.52～0.59 μm),这两个波段的空间分辨率为 19.5 m;WFI(宽视场成像仪)传感器中:11 波段为近红外(光谱范围 0.77～0.89 μm),此波段的空间分辨率为 258 m。

该推理过程中涉及的相关概念和语义关系如图 6.24 所示,由于篇幅所限,该图中仅选择了若干典型的传感器波段作为代表来展示这些实例间的关系。

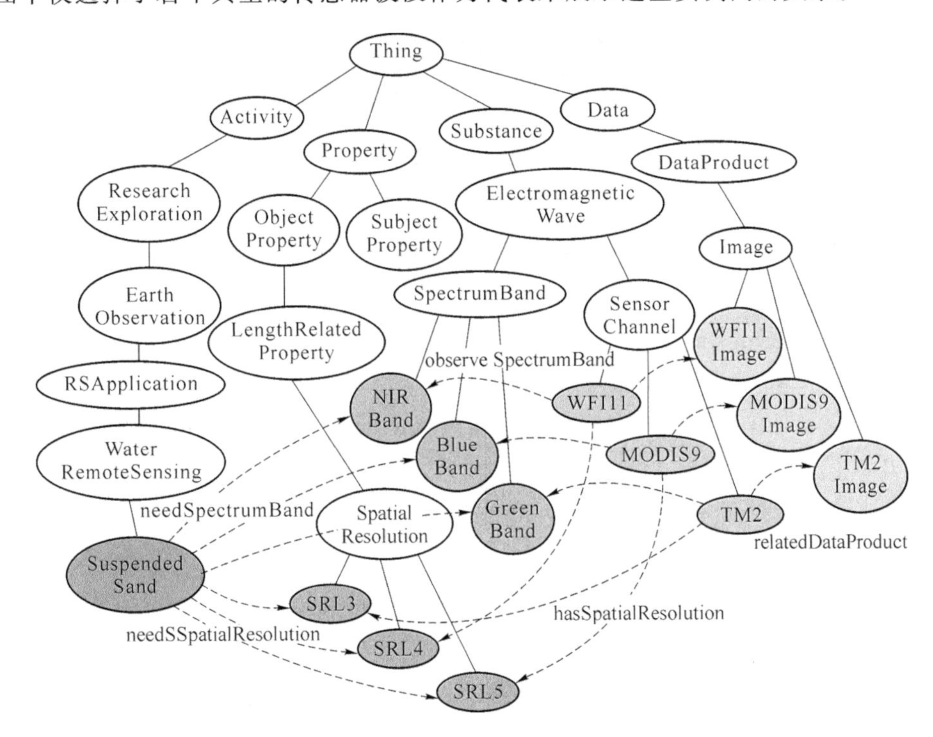

图 6.24　遥感应用实例与遥感数据实例间关系示意图

在这些语义关系中,needSpectrumBand 和 needSpatialResolution 语义关系存在不确定性,对应的 PPV 值分别为

SuspendedSand 到 NIRBand 的 needSpectrumBand 其 PPV=0.9

SuspendedSand 到 BlueBand 的 needSpectrumBand 其 PPV＝0.3

SuspendedSand 到 GreenBand 的 needSpectrumBand 其 PPV＝0.6

SuspendedSand 到 SRL3 的 needSpatialResolution 其 PPV＝0.6

SuspendedSand 到 SRL4 的 needSpatialResolution 其 PPV＝0.8

SuspendedSand 到 SRL5 的 needSpatialResolution 其 PPV＝0.3

其他语义关系都是确定的，它们的 PPV 都为 1.0。

按照上面的推理规则，在基于布尔逻辑进行定性推理时，获得的结果是进行 SuspendedSand 水中浮泥沙监测可以使用的遥感影像(useRSData)有：LandSat 上 TM 的 1 波段、2 波段和 4 波段图像，TERRA 上 MODIS 的 9 波段、11 波段、12 波段、16 至 19 波段的图像，CERBS 上 CCD 的 1 波段、2 波段和 WFI 的 11 波段。这些推理结果间是无差别的，虽然都可以满足该类遥感应用需求，但无法比较和判断优先级，使得推理结果从语义上而言是无差别的，不能体现出知识的灵活性。

而基于 PPV 进行定量化推理时，获得的结果是：

SuspendedSand 到 TM1Image 的 useRSData 的 PPV＝min(0.3,0.6,1.0,1.0,1.0)＝0.3

SuspendedSand 到 TM2Image 的 useRSData 的 PPV＝min(0.6,0.6,1.0,1.0, 1.0)＝0.6

SuspendedSand 到 TM4Image 的 useRSData 的 PPV＝min(0.9,0.6,1.0,1.0, 1.0)＝0.6

SuspendedSand 到 MODIS9Image 的 useRSData 的 PPV＝min(0.3,0.3,1.0,1.0,1.0)＝0.3

SuspendedSand 到 MODIS11Image 的 useRSData 的 PPV＝min(0.6,0.3,1.0,1.0,1.0)＝0.3

SuspendedSand 到 MODIS12Image 的 useRSData 的 PPV＝min(0.6,0.3,1.0,1.0,1.0)＝0.3

SuspendedSand 到 MODIS16Image 的 useRSData 的 PPV＝min(0.9,0.3,1.0,1.0,1.0)＝0.3

SuspendedSand 到 MODIS17Image 的 useRSData 的 PPV＝min(0.9,0.3,1.0,1.0,1.0)＝0.3

SuspendedSand 到 MODIS18Image 的 useRSData 的 PPV＝min(0.9,0.3,1.0,1.0,1.0) ＝0.3

SuspendedSand 到 MODIS19Image 的 useRSData 的 PPV＝min(0.9,0.3,1.0,1.0,1.0) ＝0.3

SuspendedSand 到 CCD1Image 的 useRSData 的 PPV＝min(0.3,0.6,1.0,1.0,1.0)＝0.3

SuspendedSand 到 CCD2Image 的 useRSData 的 PPV＝min(0.6,0.6,1.0,1.0,1.0)＝0.6

SuspendedSand 到 WFI11Image 的 useRSData 的 PPV＝min(0.9,0.8,1.0,1.0,1.0)＝0.8

该推理过程采用可能逻辑的最小取值规则，根据推理中所使用各条件的 PPV 值来比较和判断最终推理结果的 PPV 值，反映了各条件满足的最低程度。

从推理结果可以看出，最适合的遥感数据是 WFI11Image、其次是 TM2Image、TM4Image 和 CCD2Image，基于推理结果的 PPV 值，可粗略地获知各推理结果的可能度和可行性。从另一个角度，针对各遥感图像实例的 useRSData 语义关系的 PPV 值进行 NPV 的计算，可以获知各类遥感图像对于不同类别遥感应用的特征性和专用性。

基于可能性逻辑进行定量化语义表达，采用的是比较运算，虽然具有计算强度低、效率高等优点，但是其精确度比概率逻辑的条件概率运算要低，不确定性的组合和传递性要差。而且参与组合计算的条件越多，该方法的定量化度量精度也越低，因而该方法适用于推理规则中不确定性属性较少的情况，所提供的定量化语义度量是较为粗糙的；为获得更高精度的推理结果，可以在对 PPV 值首先进行归一化后再进行条件概率计算来获得，但是需要消耗更多的计算资源和时间，而且不适用于大规模的知识库。

本节基于可能性逻辑和概率统计相结合的语义定量化描述方法 SRQ-PP，对空间信息服务中常见的六类不确定性知识进行了本体化描述，这六类不确定性知识的定量化表达将为基于本体的不确定性知识描述提供重要的方法基础和定量化度量手段，为后继的相似性检索和非精确性推理提供度量依据。

6.4　空间信息本体中不确定性描述的综合实例展示和结果分析

本节选择空间信息服务领域中典型的案例，给出基于该方法的不确定性描述方法，说明知识推理和语义分析过程，并对结果进行分析。该综合实例为第 8 章所构造系统所实现的典型应用提供知识准备和方法基础。

示例 8：选择可满足具体灾害监测数据源的语义关系表达

在具体灾害和遥感数据源间建立联系，需要大致经过如图 6.25 所示的推理流程。

在该知识推理和语义分析过程中（以泥石流灾害的监测为例，来说明灾害和遥

图 6.25 具体灾害和可用数据源间关系推理示意图

感数据源间 useDataResource 关系的推理和分析过程)：

(1) 需要判断灾害类型，如本章示例 6 所示，灾害的从属关系存在部分性，需要借助于概念从属度 DCS 来判断“泥石流”的灾害类型：0.8 可能性属于“地质灾害”，0.3 可能性属于“水灾”，由于不同灾害类型选用不同的遥感应用类型，因而需要先分析“泥石流”作为“地质灾害”时可用的数据源，其次再分析“泥石流”作为“水灾”时可用的数据源。计算公式为 Poss(useDataResource) = 0.8×(地质灾害可用数据源的 Poss 值)或 Poss(useDataResource) = 0.3×(水灾可用数据源的 Poss 值)。

(2) 需要根据“遥感应用”关联的“useRSApp”语义关系找到适合的遥感应用类型。与“水灾”关联的遥感应用有：水体界线确定(用于确定受灾面积)、水深探测(用于确定水淹程度)、水中泥沙含量(用于确定灾害破坏程度)等，与“地质灾害”关联的遥感应用有：地物变化监测(用于确定受灾范围和强度)、构造运动分析(用于分析灾害特征和趋势)、岩石类型识别(用于确定地壳运动特点和类型)等。可以根据具体应用需要，对这些 useRSApp 关系设置属性应用权重 AWP，来表达特定应用中所关注和侧重的灾害信息。计算公式为：Poss(useDataResource) = 0.3×(0.8×(水体界线确定可用数据源的 Poss 值))或 Poss(useDataResource) = 0.3×(0.6×(水中泥沙含量监测可用数据源的 Poss 值))或 Poss(useDataResource) = 0.8×(0.9×(地物变化监测可用数据源的 Poss 值))。

(3) 需要判断进行各类遥感应用所需使用的遥感数据，如本章示例 7 所示，在此推理过程中需要使用 useRSData 属性取值可能度 PPV 来表达各结果的满足程度。例如水中泥沙含量监测可用的遥感数据按照可能度(推理和计算过程参见本章示例 7)排序依次有：WFI11Image、TM2Image、TM4Image、CCD2Image、TM1Image 等，计算公式为：Poss(useDataResource) = 0.3×(0.6×(0.8×(WFI11 数据可用数据源的 Poss 值)))或 Poss(useDataResource) = 0.3×(0.6×(0.6×(TM2 数据可用数据源的 Poss 值)))等。

(4) 需要获得可用的数据源，根据各数据源的遥感数据存放和提供情况，通过数据源间和遥感数据间的 provideRSData 关系(由 DataResource 指向 RSData 的语义关系)，可以检索到满足需要的数据源。由于各数据源对不同类型遥感数据的服务能力存在差异性，因而可以进一步对 provideRSData 语义关系的强度进行定量化度量，给出 PPV 值(可以由专家基于经验进行打分，也可以通过编写相应的推理规则来对数据服务能力进行自动评价和打分),并可通过该属性 NPV 值的计算,来判断各遥感数据与数据源的关联强度(可根据 NPV 值来对提供相同遥感数据的数据源进行排序和筛选)。

整个语义关联的推理过程如图 6.26 所示。按照以上过程,基于本章介绍的语义定量化方法,可以对推理结果的满足程度进行定量化度量,并为用户提供按照满足度排序的结果列表[34]。

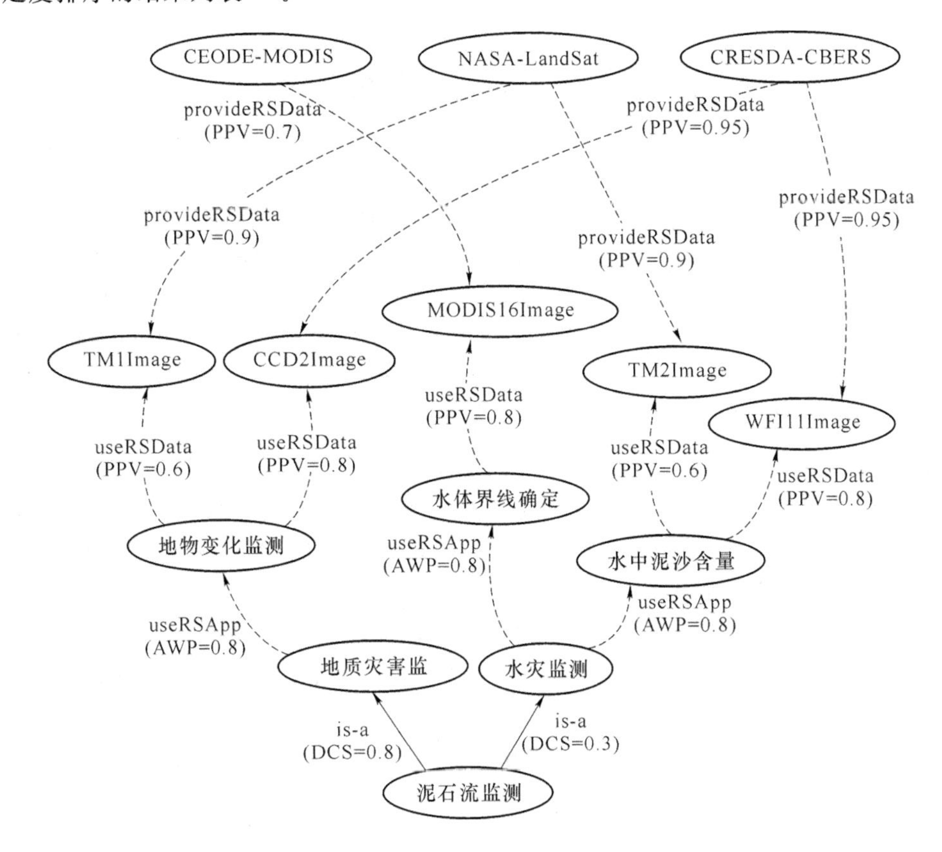

图 6.26　灾害和数据源间语义关联示意图

综合以上六类不确定性知识描述方法的说明和示例分析,可以总结出语义定量化度量方法 SRQ-PP 的优缺点如下所示。

优点:采用可能性逻辑来描述知识的各类不确定性,具有可能性度量取值灵活约束少、修改更新容易、运算强度低等优点;采用概率统计方法来自动计算必要性 Nec,具有度量过程的客观性、高效性、动态性等优点;可能性逻辑和概率统计方法的结合,为空间信息服务领域中各类不确定性提供了定量化描述机制,并可改善信息检索和知识推理过程的准确性和灵活性。

缺点:可能性逻辑对不确定性的描述主观因素影响较大,需结合概率统计方法来降低其度量过程的主观性;可能性逻辑中可能性度量的赋值过程需要较多的工作量,可对取值分布具有一定规律性的情况编写相应的推理规则来自动实现赋值;可能性逻辑中不确定性度量值的组合运算精度不高,适用于推理过程较为简单的应用;可能性逻辑和概率统计方法的结合方式适用于规模不大的知识库,但要求一定的知识完备性。

6.5 本章小结

本章在分析空间信息服务领域中不确定性的表现和解决的必要性基础上,研究了基于本体的不确定性知识描述方法,对各类描述逻辑扩展方法进行了对比分析;针对可能性逻辑和概率逻辑的各自优势和不足,提出了将两者结合对知识的不确定性进行定量化度量的思想,用于实现本体知识库中语义强度的定量化度量(从定性化语义描述提升为定量化语义描述);分析并给出了可能性逻辑和概率统计方法相结合的方式SRQ-PP,实现了可能性逻辑的经验性和概率统计的客观性的结合;针对空间信息服务中常见的六类不确定性,分别给出了定量化度量方法,通过示例说明了这些方法的使用过程,并通过应用综合实例展示了这些方法在信息检索和知识推理过程中的应用情况,验证了这些方法对于本体知识库中知识不确定性描述的满足性和必要性;最后对该种语义定量化描述方式的优缺点进行了总结。本章节中所提出的不确定性知识描述方法为用户需求和资源间的检索和匹配过程提供了语义定量化度量方法,可有效地提高知识推理的准确性和决策过程的灵活性,并为后继章节的本体相关性检索和不确定性推理提供度量基础和实施环境。

本章参考文献

[1] 史中文. 空间数据与空间分析不确定性原理[M]. 北京:科学出版社, 2005.

[2] 邬伦, 高振记, 史中文, 唐新明. 地理信息系统中的不确定性问题[M]. 北京:电子工业出版社, 2010.

[3] 范玉茹. 浅析GIS空间信息不确定性研究的若干问题[J]. 测绘与空间地理信息. 2008, 31(4): 21-27.

[4] Baadder F, Horrocks I, Sattler U. Description logics as ontology languages for the semantic web[C]. Lecture Notes in Artificial Intelligence, 2003, 228-248.

[5] R. Reiter. A logic for default reasoning[J]. Artificial Intelligence, 1980

(13)：81-132.

[6] Baader F, Hollunder B. Embedding defaults into terminological representation systems[J]. Journal of Automated Reasoning, 1995, 14(1): 149-180.

[7] Baader F, Hollunder B. How to prefer more specific defaults in terminological default logic[C]. Proceedings of 13th International Joint Conf Artificial Intelligence. San Francisco, CA: Morgan Kaufmann, 1998, 669-674.

[8] George Klir, Bo Yuan. Fuzzy Sets and Fuzzy Logic: Theory and Applications[M]. Prentice Hall PTR, 1995.

[9] Meghini C. , Sebastiani F. , Straccia, U.. Reasoning about the Form and Content for Multimedia objects[C]. Proceedings of AAAI 1997 Spring Symposium on Intelligent Integration and Use of Text, Image, Video and Audio, California, 1997, 89-94.

[10] Straccia, U.. Reasoning within Fuzzy Description Logics[J]. Journal of Artificial Intelligence Research, 2001(14), 137-166.

[11] Straccia, U.. Towards a Fuzzy Description Logic for the Semantic Web [C]. Proceedings on Fuzzy Logic and the Semantic Web Workshop, 2005, pp. 3-18.

[12] Yanhui Li, Baowen Xu. A Family of Extended Fuzzy Description Logics [C]. Proceeding of the 29th Annual International Computer Software and Applications Conference (COMPSAC05), 2005.

[13] 蒋运承，汤庸，王驹. 基于描述逻辑的模糊 ER 模型[J]. Journal of Software, 2006(17):20-30.

[14] 胡鹤，杜小勇. 一种基于区间模糊理论的描述逻辑系统[J]. 华中科技大学学报(自然科学版)，2005(第 33 卷增刊)：275-277.

[15] N. J. Nilsson. Probabilistic logic[J]. Artificial Intelligence, 1986, 28 (1): 71 - 87.

[16] Heinsohn J. Probabilistic description logics[C]. Association for Uncertainty in AI Proceedings UAI-94. San Francisco, Calif: Morgan Kaufmann Publishers, 1994, 311-318.

[17] Giugno R, Lukasiewicz T. P-SHOQ(D): A probabilisitic extension of SHOQ(D) for probabilistic ontologies in the semnatic web[R]. Institute for Information System, Technische Wien University. Tech Rep1: RR21843202206, 2002.

[18] L A Zadeh. Fuzzy Sets as a Basis of a Theory of Possibility[J]. Fuzzy Sets

and Systems, 1978(1): 3-28.

[19] Dubois D, Lang J, Prade H. Theorem-proving under uncertainty - A possibilistic theory-based approach[C]. Proceeding of 10th Intenational Joint Conference on Artifical Intelligence, Milano, Italy, 1987, 984-986.

[20] Hollunder B. An alternative proof method for possibilistic logic and its application to terminological logics[J]. Internatinal Journal of Approximate Reasoning, 1995, 12(2): 85-109.

[21] Dubois D, Mengin J, Prade H. Possibilistic uncertainty and fuzzy features in description logic: A preliminary discussion[R]. in: Capturing Intelligence: Fuzzy Logic and the Semantic Web. Elsevier, Amsterdam, 2006, 101-113.

[22] Guilin Qi. Extending Description Logics with Uncertainty Reasoning in Possibilistic Logic [C]. in: ECSQARU 2007, LNAI 4724, 2007, 828-839.

[23] Artale A, Franconi E, Milenko Mosurovic M, et al. The DLR(US) temporal description logic[C]. International Description Logics Workshop (DL2001), 2001, 96-105.

[24] Wolter F, Zakharyaschey M. Dynamic description logic[R]. In: Advances in Modal Logic. VCSLI Publications, 2000.

[25] ASPRS. ASPRS Accuracy Standard for Large-Scale Maps[J]. Photogrammetric Engineering and Remote Sensing, 1990, 56(7), 1068-1070.

[26] Gan E, Shi W Z. Development of error Metadata Management System with Application to HongKong 1:20000 Digital Data[C]. in: Shi W Z, Goodchild M F, Fisher P F. (eds). Porceedings of the International Symposium on Spatial Data Quality, 1999, 396-404.

[27] G. J. Klir and B. Yuan. Fuzzy sets and fuzzy logic theory and applications [M]. Prentice Hall Inc. , New Jersey, 1995.

[28] Philippe Besnard, Jerome Lang. Possibility and necessity functions over non-classical logics[C]. in Morgan Kaufmann (eds). Proceedings of the 10th Annual Conference on Uncertainty in Artificial Intelligence, San Francisco, CA, 1994, 69-76.

[29] K. David Jamison and Weldon A. Lodwick. The construction of consistent possibility and necessity measures[J]. Journal of Fuzzy Sets and Systems: Possibility Theory and Fuzzy Logic, 2002(132): 1-10.

[30] Eric Raufaste, Rui da Silva Neves, Claudette Marine. Testing the descriptive validity of possibility theory in human judgments of uncertainty[J]. Artificial Intelligence, 2003(148): 197-218.

[31] Didier Dubois. Possibility Theory and Statistical Reasoning[J]. Computational Statistic & Data Analysis, 2006(51): 47-69.

[32] Guilin Qi, Jeff Z. Pan, Qiu Ji. Extending description logics with uncertainty reasoning in possibilistic logic. in Mellouli K. (eds). ECSQARU 2007, Heidelberg: Springer, 2007, 828-839.

[33] Shengtao Sun. A Novel Semantic Quantitative Description Method based on Possibilistic Logic[J]. Journal of Intelligent & Fuzzy Systems, 2013, 25(4): 931 940.

[34] Shengtao Sun, Lizhe Wang, Rajiv Ranjan, Aizhi Wu. Semantic Analysis and Retrieval of Spatial Data based on the Uncertain Ontology Model in Digital Earth[J]. International Journal of Digitial Earth, 2015, 8(1): 1-14.

第7章　基于本体的关联性检索和不确定性推理技术

描述逻辑作为知识表示的形式化基础，具有很强的知识表示和推理能力。但是已有基于描述逻辑的本体推理过程大多仅能支持确定性信息的推理和分析，主要用于实现全局一致性检查和公理集蕴含的验证。描述逻辑通常只能处理含义明确的知识，在处理非单调的、不完备的知识时，却无能为力。因而需要在人工智能领域中寻求适用的具有启发式搜索和推理能力的算法，对原有的本体推理机制进行改善和扩展，为本体提供包容一定不确定因素的非精确推理能力。

对本体知识的不确定性进行定量化描述后，本体知识库中各类语义属性都附加了若干个定量化度量值，用于表达各类不确定性的程度，使得本体描述机制出现了从定性到定量的转变。原有基于描述逻辑的本体查询语言、推理机制都仅能支持定性的语义属性检索和推理，对于增加的定量化语义度量信息无法很好地支持和处理。本章的主要目的在于研究定量化语义信息的检索和推理机制，寻求适合的工具或算法，实现本体的相似性检索和非精确推理，为用户需求和空间信息资源间的语义化匹配提供方法支持。

本章在分析人工智能领域中具有启发式检索和推理能力的算法基础上，对比各算法的特点和适用情况，根据基于本体的信息检索和知识推理的要求和特点，选择适用的激活扩散算法来实现本体中定量化语义信息的相似性检索；并采用激活扩散算法和推理规则相结合的方式，实现语义信息扩散性检索过程中潜在语义关系的发现和推理，对该推理过程中的不确定性进行跟踪和度量，以获得对推理结果满足度的定量化评价，为后继的应用系统实施提供本体知识库信息检索和知识推理的技术支持。

7.1　基于本体的关联性检索技术

经过上一章对本体中语义关系的定量化度量后，本体中各结点间的关联存在不同类型的定量化度量指标，实现了知识描述从逻辑关联到定量化关联的转变。

本部分将在分析现有本体检索机制的基础上，针对不确定性语义关系描述方法 SRQ-PP，选择适用的算法对本体检索机制进行扩充和完善，以支持本体信息的关联性检索和不确定性分析。

7.1.1 原有本体检索机制和存在问题

OWL 语言基于 RDF 三元组形式来表达语义关系：<subject，predicator，object>，其中 subject 通常是概念 Class 或实例 Instance，object 可以是 RDF 中的结点 resource（表达对象间的关联）或 literal（表达属性取值），predicator 是谓词，用于描述语义关系的含义，也可说是 property。以 RDF 形式描述的本体知识可形象地看作将源结点 source（subject）和目标结点 destination（object）间用弧 property（predicator）来连接，众多这样的结点及其连接可组成一个图 Graph。在此图上进行的本体知识检索主要包含有三类：

- 基于检索关键字的结点匹配和定位，即根据某个查询字符串，在本体中检索所有匹配的结点。检索目标主要对应于本体中的概念和实例结点，实现从检索字符到本体概念空间的映射，匹配到的结点将为后继的语义分析和推理提供初始参考点。
- 基于参考结点的关联性信息检索和获取，即从匹配到的结点出发，根据与其相关的语义属性或语义链接，查找和获取相关的其他资源结点或属性值，实现检索需求在本体知识空间中的扩展和增值，以找寻到更多相关的信息。
- 按照类别对本体信息进行分类浏览和查看，即对本体中具有相同类别的结点进行遍历，获得本体信息结点的分类列表，通常情况下该列表以某种顺序结构来组织和展示，以便用户可以快速地浏览和发现所关心的信息。

传统的描述逻辑采用的是基于逻辑（logic-based）的精确化知识检索，不能处理相似性匹配和不确定性检索，针对该问题所进行的相关研究工作和解决方法主要有以下几类。

（1）检索需求和资源间的相似性匹配算法

该类方法提供一种在检索需求描述和信息资源描述间进行相关性匹配的方法，基本的思想是资源描述和查询条件间共有的词项（item）越多，则认为两者间相关性越高。但词汇的表达存在诸多的不确定性，一个相同的概念可采用多种不同的词项来表达，相同的词项也可能存在有多种含义。解决该类问题的检索模型和算法主要有以下几类。

- 向量空间模型

向量空间模型（Vector Space Model，VSM）通过向量的方式来计算相似度

(similarity),资源和查询都表示为词项(特征项)空间中的向量,进而可以使用传统的空间距离度量方法来计算这两个向量之间的相似度[1],例如内积法(Cosine 函数)、最近邻法(Max)、Euclidean 距离、Manhattan 距离等。该模型的关键问题在于如何构建向量来表示资源和查询中的词项,以及计算这些词项间相似度的算法。

为表达各个词项对于整个向量的重要程度,可引入词项权重来度量其特征性。确定权值的一种方法是由专家或者用户根据自己的经验与所掌握的领域知识来主观地赋予该权值,这种方法随意性较大,而且效率也较低,很难适用于大规模文本集的处理;另一种方法是运用统计学的知识,也就是用文本的统计信息(如词频、词之间的同现频率等)来自动计算各个词项的权重。

向量空间模型的不足之处是其假设表征文档的各个特征之间是相互独立的,而事实上这些词项间或多或少地存在着一定的联系,包括语法关系、语义关联、潜在联系等。Fumas 等提出的 XAQ 算法引入 LSI(Latent Semantic Index)思想进行数据归约,解决基于关键词检索中遇到的隐含语义问题,提高检索的精确度和效率[2]。LSI 方法是在空间中寻找一些正交的方向,使得在这些投影主轴上表示的数据方差最小,以期望在低维子空间中较好地表达高维数据。Castells 等则将本体引入到向量空间模型中,用来提供更为丰富、详细的概念知识。在本体的支持下,文档中语义相关的术语不再被孤立地看成关键词,而是彼此间有了一定的语义联系,这种考虑了术语间语义联系的方法能够较好地提高文档相似性判断的精确度。

• 概率检索模型

概率检索模型通过计算资源描述文档和查询关键词间的搭配概率来作为文档和查询间的相似度,这就将相关性排序问题转变为概率论应用问题。其基本思想是基于一个词项分别在相关文档和不相关文档中出现的频率来估计该词项的权重。概率模型必须设法解决两个基本问题:参数估计和独立性假设,精确地概率计算需要基于相关性估计(若缺少良好的训练数据集,通常很难精确地估计参数),并假设各词项间是独立的。

典型的概率模型有双复合泊松分布模型(Two Poisson Model)、贝叶斯推理网络模型(Bayesian Inference Network Model)和统计语言模型(Statistical Language Model)[3]。概率模型的优点在于具有良好的数学理论基础,可以通过学习的方法对检索中的查询和文档建立对应的模型。缺点在于对于语言中的长距离依赖无法处理,这主要因为概率模型在很大程度上使用了词汇的独立性假设。尽管可以使用多元模型进行估计,但是由于多元模型组合空间巨大,使得检索中的多元模型往往只用到二元模型。

• 基于图的检索方法

该类方法将资源描述文档和需求描述信息都转变到以结点和边来描述信息关

联性的图(Graph)空间中,将信息检索问题转变为图上的遍历、检索、匹配等操作,以形式化直观的网状结构来表达信息的关联性,并基于图论(Graph Theory)的理论基础来完成相关操作。

Markov 网络是一种较好的表示知识关联的图形表示方法,可以通过训练数据的练习来获得,并且它的无向性能更好地解释信息检索中知识间的关系,具有强大的学习功能和推导能力[4]。通过对文档集的学习,词与词之间的相关性、文档与文档之间的相关性被提取出来,从而构造出词子空间 Markov 网络以及文档子空间 Markov 网络,把从 Markov 网络中挖掘出来的文档团加进到检索模型中。

语义网络模型采用有向的弧连接不同实体,将语义知识采用通过不同关系相互连接的概念来表示,边可以根据其所表示关系的类型进行不同的标记[5]。该方法摒弃对构成查询词与文档的特征间的匹配,而是通过计算词间的语义距离来判断词语间的相关性。此外,可以对语义网络中的关联进行强度度量和权重设置,以表示多种多样的语义关系。但是语义网络在存储结构和复杂知识的表达上都存在有一定的局限性。

基于断言图(Assertional Graph,AG)的信息检索方法,将知识库和检索首先转变为相关的断言图 KAG 和 QAG,之后以 QAG 为模板在 KAG 中找寻匹配的子图[6]。该种方法将信息检索问题转化为子图发现(subgraph discovery)问题,借助于图论中相关算法来检索匹配的资源。该类信息检索方法基于严格的数学理论和计算方法,分析需求和资源间的匹配度,具有较高的计算精度和准确度,在确定性信息检索和推理中发挥了重要的作用。但该方法对于大规模本体知识库或 QAG 比较复杂的情况,算法的效率会受到很大的影响,此外,QAG 中所包含词汇语义的片面性和不完整性也会影响子图匹配结果的精确度。

(2) 基于启发式算法的信息检索

传统的信息检索和匹配算法具有坚实的理论基础,基于各类指标可实现严密的分析和推理。但是由于计算复杂性的限制,当参与计算的信息量规模较大时,很难在有限时间内寻求全局最优解。在信息检索算法具体实施过程中,针对不同应用场景中源和目标之间存在的一定联系,符合某些自然运行规律,可依据面向具体问题的经验给出适用的规则,并可通过训练和学习过程调整其参数,以实现具体问题解决中的启发式信息检索。

启发式算法是对于那些受自然的运行规律或者面向具体问题的经验、规律而启发出来的方法。该类算法从初始点(激活点)出发,基于规则和经验,向四周扩散和搜索所有相关联的结点,最终到达和获得目标结点[7]。启发式算法通常所获得的是局部最优解,其分析和推理过程的精度不高,但是可保证在有限时间内获得较满意的近似最优解,因而适用于检索精度要求不高、推理过程非精确的信息检索过程。比较成熟的启发式信息检索算法主要有以下几种。

• 推理网络

推理网络(Inference Network)使用证据推理来估计资源描述文档和检索描述的相关概率。推理网络的本质是获取关联关系,并利用这些关系来推理其他关联关系。推理网络引入中间变量来解决客观存在的指数级运算问题,这就将大量的计算需求转化为估计一个事件发生的概率,大大地降低了计算量。推理网络中可以通过度量子结点依赖父结点的程度,来计算所激活结点的可信度(confidence),并对查询结果进行相关性排序。

证据理论把证据的信任函数与概率的上下值相联系,提供了一种构造不确定推理模型的一般框架。证据理论既能处理随机性所导致的不确定性,又能处理模糊性所导致的不确定性,可依靠证据的积累不断地缩小假设集,能将"不知道"和"不确定"区分开来,该方法可以不需要先验概率和条件概率而进行证据推理。证据理论在区分不知道与不确定方面以及精确反映证据收集方面显示出很大的灵活性,在不确定性推理和数据融合中得到广泛的应用。

但是该种方法要求每个证据是相互独立的,该要求在实际应用中很难满足。在应用证据推理时,需要定义每个证据体对命题的基本概率赋值,这是一个与实际应用密切相关的问题,也是证据推理中的关键问题。该方法的计算复杂度则随推理步骤的增加而成指数增长,因而其知识检索和推理规模都受到一定的限制。

• 蚁群算法

蚁群算法(Ant Colony Algorithm,ACA)是20世纪90年代,意大利学者Dorigo、Maniezzo和Colorini等根据模拟自然界中蚂蚁搜索路径的行为提出了一种新型的模拟进化算法,该算法演化生物自进化机理,并被设计为应用于解决复杂优化问题。该算法充分利用了蚁群搜索食物过程与商旅问题(Traveling Salesman Problem,TSP)之间的相似性,通过蚂蚁搜索食物的过程(即通过个体之间的信息交流与相互协作,最终找到从蚁穴到食物源之间的最短路径)来求解TSP问题。蚁群算法目前已经成功地应用到电路设计、数字数据分析、文本挖掘以及网络数据包的路由等领域。

Lumer等改进了此算法,提出了蚁群聚类算法。将数据随机均匀散布在二维表格中,每个蚂蚁随机选择一个数据,根据该数据在局部邻域的相似性得到的概率,决定蚂蚁是否拾起、移动或放下该数据。经过有限次的迭代,表格内的数据按其相似性而聚集,最后得到聚类结果和聚类数目。蚁群聚类方法具有许多特性,如灵活性、健壮性、分布性和自组织性等,这些特性使其非常适合本质上是分布、动态的问题求解,在解决无监督的聚类问题上具有较好的效果。

刘强等根据词汇之间的语义相似度,利用蚁群聚类算法对词汇进行聚类,使得语义距离短的一组词汇聚成一类。再通过查询相关词汇在知网中的义原，可以直接得出部分概念之间的层次关系，最终将粗提取的本体交由知识工程师进行评估、修正，实现了本体构建的半自动化。

宗南苏等提出了语义推理系统的规则解析器中基于蚁群算法的规则选择算法，根据对输入信息的解析，在规则库中选择合适的语义推理规则，通过运用语义相似度和蚁群算法，解决了规则的智能化选择问题，为语义推理模块提供了检索算法支持。

虽然蚁群聚类算法可以取得较好的聚类结果，但需要设置大量参数，并且当数据集规模增加时，数据的二维空间增大，聚类速度会变慢，将会导致计算时间长、运行效率不高等问题。

- 模拟退火算法

模拟退火(Simulated Annealing，SA)算法是 Kirkpatrick 于 1983 年注意到组合优化与物理退火的相似性，并受 Metropolis 准则的启迪而提出的。模拟退火算法是一种启发式随机搜索算法，是一种随机类全局优化方法，具有并行性和渐进收敛性，且收敛于全局最优的全局优化算法。其基本思想是将固体加温至充分高温，再让其慢慢冷却；加温时，固体分子内部粒子随温度升高变为无序，内能 E 增大；而慢慢冷却时粒子渐趋于有序，在每个温度 T 都达到平衡态，最后在常温时达到基态，内能减为最小。SA 由某一高温开始，利用具有概率突跳特性的 Metropolis 抽样策略在解空间中进行随机搜索，伴随温度的不断下降，重复抽样过程，最终得到问题的全局最优解。其中利用随机状态转移函数并利用 Metropolis 准则允许接受差解，使搜索过程具有“爬山”能力，可跳出局部极值，实现全局优化。采用模拟退火的思想可将大规模语料库上的相似度计算问题，转化为在目标函数的解空间中搜索最优解的过程。

陆国丽等采用基于模拟退火思想的 K-means 算法进行文本聚类，解决了 K-means 算法的聚类结果在局部极小点收敛陷入局部最优的问题，有效地提高聚类精度。

杜伟夫等提出一个可扩展的词汇语义倾向计算框架，将词语语义倾向计算问题归结为优化问题。利用多种词语相似度计算方法构建词语无向图，以“最小切分”为目标的目标函数对该图进行划分，并利用模拟退火算法进行求解。

用马氏链证明，当初温足够高，温度下降足够慢时，SA 是收敛的。模拟退火算法是局部搜索算法的扩展，它不同于局部搜索之处是以一定的概率选择领域中的最优值状态。但由于其要求较高的初温、较慢的降温速率、较低的终止温度以及各温度下足够多的抽样，因而往往优化过程较长。

- 神经网络

神经网络(也称为人工神经网络 Artificial Neural Network，ANN)是模拟人脑工作机制的一种模型(代表连接主义)。神经网络采用分布式存储方法表示知识,通过训练学习将语言中的句法和语义知识隐含在ANN中的神经元和连接权值中,这同传统表示方法有着本质的区别。ANN对知识的处理采用的是并行处理的方式,不像传统方法那样对规则进行逐条地匹配和推理,它允许同时处理大量的信息。ANN通过完成复杂的非线性映射,这是一种自适应学习过程,使之表现出抽象思维的能力,在某种程度上与人类大脑的思维机制有共同之处。

神经网络是按照层次结构构建的,该网络接收到的数据是分阶段被激活的,在某个阶段该层的数据传递给下一层。该算法基于训练数据去学习,对应不同的训练数据修改链接的权重。Belew于1989年最早将神经网络应用于信息检索,提出了信息检索的层次方法。神经网络具有良好的自主学习能力、归纳推理能力、处理模糊和随机信息能力、容错能力,适合于求解难于找到好的求解规则的问题。

使用神经网络可以从与用户检索相关的资源和行为中提取感兴趣的、有用的模式和隐含信息,可以获取准确而全面的检索信息。例如目前应用较多的Hopfield网络,可根据用户输入的查询关键词,通过Hopfield神经网络自动生成一组查询扩展词,利用这组查询扩展词来扩大搜索范围,并对返回结果进行分析、过滤、排序,从中筛选用户所需的检索信息。

此外,针对信息检索过程中存在着大量的不确定性问题,神经网络应用概率理论来描述这些不确定性,采用动态相关反馈技术实现对用户检索需求的逐步了解。在用户进行信息检索时通过用户的即时反馈,确定用户兴趣模式,从而实现智能信息检索,使得检索结果最大限度地满足用户需要。在进行信息检索时,用户向系统提出检索要求,系统按照一定的算法获取检索对象的量化特征,然后根据选取的相似度函数给出满足预先设定阈值的检索结果。用户根据自己的需求对这些检索结果加以评价,并标记相关信息。用户给出的评价结果被反馈给系统并加入下一轮检索,用户再次对其加以标记。如此循环求精直到用户满意为止。从而使得用户对检索结果更加满意,同时也满足了用户的个性化检索需求。

但是神经网络模型的初始构建需要大量训练数据集合,花费较多的训练时间,而且该训练数据集合需要精心地挑选,其处理问题的范围和能力从很大程度上取决于该训练集合的有效性和典型性。

神经网络主要存在以下局限性:

① 难于精确分析神经网络的各项性能指标。神经网络是高度非线性的大型系统,其高度的复杂性使得不可能精确分析它的各项性能指标,这大大限制了神经网络的适用范围。

② 不宜用来求解必须得到正确答案的问题。神经网络的工作原理(自发的集体行为)注定不可能保证"答案"绝对正确。事实上,求解这类问题只能依靠精心设

计的算法和高精度的数字计算机来实现。

③ 不宜用来求解用数字计算机解决得很好的问题。求解一个问题的最佳途径是由人来寻找好的求解规则,并把它编成算法(程序)。只有在难于找到好的求解规则时,才选择此类次佳途径,让神经网络自动地寻找合理的求解规则。由此可见,神经网络只是对数字计算机的补充,而绝不可能取代它。

④ 体系结构的通用性差。目前已提出了多种神经网络体系结构,但每种体系结构只适用于一类或几类问题,很难提出简洁、通用的神经网络体系结构。

- 遗传算法

遗传算法(Genetic Algorithms,GA)最初是由美国的 Holland 于 1975 年在他的专著"自然界和人工系统的适应性"中提出的。遗传算法类似于自然进化过程,通过作用于染色体上的基因寻找好的染色体来求解问题。它将问题域中的可能解看作是群体的一个个体或染色体,并将每一个体编码成符号串形式,模拟达尔文的遗传选择和自然淘汰的生物进化过程,对群体反复进行基于遗传学的操作(选择、交叉和变异),根据预定的目标适应度函数对每个个体进行评价,依据适者生存,优胜劣汰的进化规则,淘汰低适应度的个体,选择高适应度的个体参加遗传操作。经过遗传操作后的个体集合形成下一代新的种群,然后对这个新种群进行下一轮进化,不断得到更优的群体,同时以全局并行搜索方式来搜索优化群体中的最优个体,求得满足要求的最优解。

遗传算法是一种在很多类型问题求解中非常有效的全局寻优的优化技术。它可以搜索空间的全局最优解而不必考虑局部解,除了目标函数外不必具备任何特定的知识,具有稳健性、隐含并行性和全局搜索等特点,因此很容易与其他技术结合,已被广泛应用到很多领域。

Gordon 于 1988 年最早将遗传算法应用到信息检索中,其关键问题是如何对文档进行较好的表示。最初的种群由文档集中每篇文档的多种表现形式组成,每种表现形式是反映用户最有可能选择的词或短语的向量,在标识出查询的固定集合后,就可以使用遗传算法来生成每篇文档的最佳表现形式。

Yang 和 Korfhage 在遗传算法中加入查询权重,在检索过程中仅选择那些适应度高于平均值的个体,使用赋予权重的适应度来进行繁殖,使得适应度比较高的个体最有可能进行繁殖,交叉变异则在一个查询向量和另一个查询向量之间通过交换某些部分来完成,这种处理一直继续直至检索到所有相关文档。

Kraft 等进行了采用遗传算法构建查询的研究。对于一个给定的查询请求,可通过单个查询词项集合进化得到最优查询。使用相似度来作为适应度,查询词的变异结果是查询词的带权重的布尔组合。

李向阳等针对自然语言深层处理的语义标注问题进行研究,利用遗传算法具有适应度函数定义灵活的特点，宜于适应语义标签数目众多、训练数据相对稀疏的情况。并通过语义层次的提升，在一定程度上提高了标注的精度，使遗传算法能较好地适应不同的训练数据量情况。

遗传算法的优点主要有：与问题领域无关切快速随机的搜索能力；搜索从群体出发，具有潜在的并行性，可以进行多个个体的同时比较；搜索使用评价函数启发，过程简单；使用概率机制进行迭代，具有随机性；具有可扩展性，容易与其他算法结合。

目前遗传算法存在的主要问题有：没有能够及时利用网络的反馈信息，故算法的搜索速度比较慢，想要得到比较精确的解需要较多的训练时间；算法对初始种群的选择有一定的依赖性；算法并行机制的潜在能力没有得到充分的利用。

• 激活扩散算法

1968 年美国心理学家奎尼安(R. Quillian)研究人类联想时提出语义网络(Semantic Network)的概念。1972 年美国人工智能专家西蒙斯(R. F. Simmons)和斯乐康(J. Slocum)首先将语义网络用于自然语言理解系统中。之后 Ullmann 和 Palmer 等结构语义学家开始对词义的聚合关系进行透彻分析，在词的同义、反义、上下位等词义聚合关系研究方面都取得了较大进展。1977 年美国人工智能学者亨德利克斯(G. Hendrix)提出分块语义网络的思想，把语义的逻辑表示与格语法结合起来。Lyons 在综合了以往研究成果的基础上，将词义关系归纳为同义关系、对立和对比关系、上下位关系、不相容关系、部分与整体关系 5 类。到 1985 年，许多认知心理学家和计算语言学家开始以“网”的形式来描述词语的意义。

Collies 等(1969)提出了分层网络模型和激活扩散模型。这两个模型分别把语义概念和词汇在大脑中的存储视为“结点”(node)，强调结点之间的连接及其连接而构成的网络、结点之间的相互激活及抑制[8]。设计一个什么样的释义模式才能满足词典使用者的需要一直都是词典编者的追求目标，如果在释义中引入符合读者群的认知语义结构，无疑将为词典释义增添新的活力。

① 分层网络模型

分层网络模型是 Collies 和 Quillian 于 1969 年对言语理解的计算机模型提出的一个语义记忆和表征模型。这个模型中的基本单元是概念，表示为结点。每个概念都具有各自不同的特征。覆盖性最强的概念处于模型的顶部，同等级别的概念处于该网络的同一层面上，在模型的底部则为具体的下层的概念。这样就构成了一个层次分明、由结点连接起来表示概念之间关系的分层网络。

分层网络模型具有如下特点：分层和连接是分层网络模型中的重要因素，上下层概念之间的关系可以用“包括”来表示；下层的概念可以用“是”表示与上层概念之间的关系。

② 激活扩散模型是 Collius 和 Quillian 于 1970 年提出的另一种语义表征的网络模型，但与层次网络模型不同，它放弃了概念的层次结构，而以语义联系或语义相似性将概念组织起来。概念之间的连线表示它们的联系，连线的长短表示联系的紧密程度，连线越短，表明两个概念有越多的共同特征。这样的语义记忆结构无疑不同于逻辑层次结构，但它本身并不排除概念的逻辑层次关系。

激活(Activation)直接涉及语义的认知问题。人们在以前获得的各种知识和信息是以网络形式存储在人的长期记忆系统中的，这种网络通过各种知识或信息之间的语义关系建立起来。当人们在回忆某一个概念时，这一概念就从长时记忆中被提取出来，进入一种活跃状态，认知心理学家称之为“激活”状态。概念进入激活状态的过程是“激活过程”，人们对于语义的激活状态和激活过程的研究是指导我们设置语言知识目标和其他目标的一个基础埋论。

激活扩散(Spread of Activation)概念首先出现在 Collins 和 Loftus 于 1975 年提出的一个语义记忆模型中，该模型认为人的记忆网络是根据概念之间的语义距离建构起来的。每一个包含特定概念的语词都是一个结点，结点之间的语义距离用连线的长度来表示(语义链接有权重)，由此构成激活扩散模型。当人们回忆某个概念时，激活过程会沿着网络扩散，首先扩散到与概念直接联系的较近的结点上，然后逐步向外延伸，随着扩散的延伸，激活状态趋于衰减。

认知心理学中还有一个概念也与语义认知有关，即词语联想(Word Association)。当我们想到一个词语时，我们的记忆就会同时激活与它相关的其他词，从而产生内部的心理连接，由此便构成一个网络。词语联想过程与 Collins 和 Loftus 提出来的激活扩散模型具有很大的相似性，反映了相同的认知思想。

激活扩散模型的加工过程是很有特色的。当一个概念被加工或受到刺激时，该概念结点就产生激活，该激活沿该结点的各个连结，同时向四周扩散，先扩散到与之直接相连的结点，再扩散到其他结点。前面提到概念间的连线按语义联系的紧密程度而有长短之分，现在连线则又有强弱之别。连线的不同强度依赖于其使用频率的高低，使用频率高的连线具有较高的强度。由于激活是沿不相同的连线扩散的，当不同来源的激活在某一个结点交叉，而该结点从不同来源得到的激活的总和达到活动阈限时，产生这种交叉的网络通路就受到评价。

激活扩散模型的信息提取机制是相当复杂的，它与层次网络模型不同。层次网络模型只包含搜索过程，而激活扩散模型则包含两种过程：除搜索过程以外，还有决策过程，这种决策过程也可看作是计算。同分层网络模型相比，该模型放弃了以概念的层次性特征来组织词汇知识的思路，而以语义的相似性将词汇连接起来。在此模型中，每个概念都是一个结点，因为结点之间的连接是通过概念之间的相似性程度建立的，所以结点之间连接更具合理性。激活扩散模型比分层网络模型更具有灵活性，能够解释各种词汇和概念研究中的试验效果，能够解释提取概念及其特征的多重路径。

Savoy 将激活扩散算法应用于贝叶斯网络中，利用该网络中各结点间链接的语义关系来搜索相关的资源。

Crestani 和 Lee 将激活扩散算法应用于 Web 信息检索中，根据用户指定的 Web 网页进行自动化搜索，找到所有与用户需求相关的网页，改善了网页搜索的效果。

Rocha 在传统关键词检索的基础上，结合了扩展激活算法，通过图遍历进一步扩展搜索与初始结果相关的更多实例信息，获得了较好的检索结果。

激活扩散算法很好地利用了语义关联的强度进行发散性的知识检索，可以最大限度地保证检索到尽可能多的相关解，同时又可保证这种发散性检索是有限度的，不是无限制的遍历，可获得了较好的检索效果[9]。

(3) 各类方法在本体中的应用

本体可为向量空间模型提供概念间层次包含关系，改善向量空间中词项匹配的准确度。但是向量空间模型假设词项间是独立的，不能反映本体中概念间的语义关系，因而在本体相似性检索中至今仍没有良好的应用案例和显著的成果。

概率检索模型存在参数估计和独立性假设两个关键问题，若没有良好的训练数据集，通常很难精确地估计参数，独立性假设也使得复杂的语义关系无法很好地表达和分析。此外，较高的计算强度、精确的计算过程也限制了该模型在本体相似性检索中的应用效果。

基于图的检索方法基于图论理论将各类信息检索和匹配过程转化为图间的各类操作，可在本体的语义关联中匹配和发现相关的结构化特征信息。但是本体所表达的知识不仅是表象的语义关联，更存在大量的语义标注和潜在关联，单纯依靠图论是很难解决的。此外，图论自身也存在计算强度大、执行效率低等局限性。

蚁群算法主要用于解决知识空间中知识聚类和知识检索导向问题，可对本体知识库中的概念、属性、规则等知识按照语义相似度进行聚类和分析，从而实现语义关系的发现和选择。目前主要用于本体构建过程中概念间相似度的计算和聚类。

模拟退火算法是一种启发式随机搜索算法，可实现本体中知识库中相似度的计算，可将解决问题的过程转化为在目标函数的解空间中搜索最优解的过程，解决了聚类结果在局部极小点收敛陷入局部最优的问题，有效地提高聚类精度。目前主要用于本体中概念相似度的度量。

神经网络具有良好的自学习和适应能力，但是构建和训练过程复杂、耗时，收敛和学习速度较慢，而且算法复杂度较高，影响了其执行效率。目前主要用于难以找寻规律性的计算和分析过程的自学习，是数据挖掘和知识发现的重要手段。

遗传算法是一种全局寻优的优化技术，它可以搜索空间的全局最优解而不必考虑局部解，具有稳健性、隐含并行性和全局搜索等特点。算法对初始种群的选择有一定的依赖性，而且具有与问题领域无关切快速随机的搜索能力，目前主要用于无任何领域知识和规则的情况下的随机选择全局最优。

激活扩散算法具有较好的概念间关联性的启发式搜索和分析能力，模拟了人脑的认知过程。但是语义关联的类型很多，应该按照特定的语境和场景，搜索特定语义类型的语义关联，而不应该将激活扩散到所有关联的概念上。因而需要为这些语义关联设定不同的语义类别，实现不同语义侧面的语义关联发现和推理。

(4) 存在的问题及其分析

- 概念的检索和匹配

根据检索语句中的名词进行本体概念的检索和定位是信息检索的初始步骤，也是重要的一步，该步的检索结果将对后继搜索过程产生重要的影响。现有的方法是将名词与本体中概念术语进行字符串的相似度匹配，获得所有相关的概念，来实现根据上下文从这些概念中判断和选择最符合用户意图的概念，解决概念异构问题，但是由于现阶段语义分解析和自然语言理解能力的局限性，很难从语义角度判断出确切的概念，而且该分析过程通常会花费大量的计算时间和资源。此外，由于概念和术语对应关系的多样性(一词多义、多词同义)，使得传统本体中概念描述方式很难表达两者间的关系，大多需要借助于辅助的语义属性和结构来分析两者关系。而且现有大多数本体在设计和构建时，忽视了概念和术语关系的描述，甚至将术语等同于概念，使得本体中知识的描述单元变为术语 Term，而不是概念 Concept，这样的方式虽然在构建本体时具有灵活性和便捷性，但是会造成后期概念和术语关系分析和检索时的难度。因此，如何改善本体中概念的描述机制，提高概念和术语间关系的描述精度是关键问题之一。

- 检索的导向性和效用范围

以匹配到的概念结点为初始集合，依据其相关的语义属性和关联，检索所有相关的其他知识结点，可实现知识的发散性检索和语义关联。然而在众多语义关系中，并不是所有的属性和链接都是用户所关心的，不同的应用场景和检索需求所需要进行的知识检索是具有一定方向性和侧重的。因而需要对以动宾短语形式命名的属性名标识进行粗略地判断和筛选，以选择出满足用户检索需求的语义属性，基于这些筛选后的语义属性进行知识检索既可以提高检索的效率，又可保证检索的准确性。虽有研究人员提出通过语义属性分类和用户交互反馈来解决该类问题，但是其语义分析精度和灵活性都难以满足要求，原因在于缺少对属性名称中动词的描述和理解。此外，由于存在语义联系的强弱差异，以及语义关联传递的效用性,要求知识检索过程应是可度量可对比的(语义关联强度的定量化度量),又要保证具有一定的效用范围(语义关联检索的有效范围)。虽然也有研究人员提出通过对语义路径跳数和使用频度的度量来解决语义检索的效用性,但是其对语义强度的描述和计算精度不高,原因在于缺少全面的语义强度度量和传递机制。因此,在本体知识的相似性检索过程中,如何提供语义关系的有导向型选择和语义关联效用范围的判断,提高本体中语义知识检索的准确性和有效性也是需要解决的关键问题之一。

• 检索策略

已有的语义检索多是基于无向的语义关联来进行的,存在双向对称性,缺少语义关系的有序性和方向性。本体所表示的语义是有向的,反映了施动和被动的关系,例如:Landsat5 卫星的负载为 TM、MSS 和 RBV 传感器,传感器被卫星所携带,则由卫星关联到传感器的语义强度和由传感器关联到卫星的语义强度是存在差异的(非对称的)。沿着语义关联方向进行知识的发散性检索可以搜索到所有相关的资源,提高检索的全面性,但是同时也引入了一部分关联性不大的知识结点,沿着这些结点继续向下会检索到更多不相关的信息,降低了检索的准确性。虽然可通过语义关联强度进行有选择的检索,但是其反映的仅仅是正向关联的强度(目标对源的充分性),而反向关联强度(目标对源的必要性)对于提高检索的准确度是非常有利的,可以帮助检索到对源结点识别性较高的目标结点,排除一些共性和通用结点的干扰,确切找到满足用户需求的信息。例如当用户想获知一些关于“乔布斯”的信息时,一些共性的信息(如:他是人类、CEO、美国人等)对其而言是正确无误的,但是缺乏特征性和专有性,而对于其识别性较高的信息(如:Apple 创始人、麦金塔计算机等)则是用户所更关心和需要的。因此,在知识的关联性检索过程中,如何根据用户对检索结果的全面性和准确性的不同需求,选择合适的检索策略来改善检索结果也是需要面临的问题之一。

本章后继的内容将针对以上本体检索过程中存在的三方面问题,寻求解决途径,选择适用的方法并给出解决方案。

7.1.2 本体中概念和术语间关系的精确化描述

本书中第 4 章所构建的层次化空间信息本体已初步形成了面向空间信息服务的本体总体结构,以概念从属关系为依据所构成的树形层次结构是该本体的基础结构。本部分将对其概念描述机制进行扩展,改善名词术语和本体概念间匹配关系的精度。此外,还引入层次标识(Hierarchical Identification,HID)来标注该层次结构本体中各级概念的层次位置,用于实现概念间层次关系的快速获取和判断,以改善概念间层次关系分析的效率。

(1) 本体中概念描述机制的扩展

在本体的概念从属(subsumption)层次结构中,同一概念的不同表达术语所处的层次位置存在不同,这也导致同一概念存在多父类的情况。这种多关联的网状结构虽可以保证概念从属关系的充分表达,但是会造成概念从属关系的多样性和歧义性,这种多父类的情况在顶层本体中尤其应该尽量避免。此外,若将同一概念对应的所有术语都作为独立的结点添加到本体中,在领域本体中将会充斥大量混淆层次的 same-as 关系存在,使得领域本体中网状的语义关联变得越来越庞大,并难于维护和使用。

因此,领域本体的组织和构建应该是以顶层概念为基础的扩展和细化,这一扩展过程应该是以概念为组织的单元,而不是以术语为单元。具体的构建过程可以采用归纳法,先收集领域中出现的术语和概念,之后对这些术语按照和概念的从属关系进行聚类,反复迭代最终获得所有术语所属的概念位置,并分析出这些领域概念与顶层概念间的从属关系;也可以采用扩展法,以顶层概念为基础,根据领域词典和领域术语分类手册来扩展领域相关的概念,并记录下每个概念所对应的各种术语(名称或习惯用语),扩展过程要尽量保证公认性和规范性,遵循特定行业的习惯和规范,并保证领域中出现的各类术语都能在领域本体中找到对应的概念位置。

OWL 语言作为目前本体描述的标准化语言,其局限性在于概念的描述信息较少,仅能依靠约束规则来描述概念的特征,使用 same-as、is-a、property-of 和 kind-of 原语来描述概念和实例间的语义关系。概念的基础信息只能依赖于类的名称和基础语义关系来识别,缺少概念的基础元信息,例如缺少与概念对应的术语词汇、概念所处层次位置、与其他知识系统中概念的映射关系等,这些信息对于全面理解概念的语义特性以及对概念进行检索识别都是非常必要的。

针对该类问题,本部分将在本体构建过程中引入了本体类元信息(Class Meta-Informaiton,CMI)的描述机制[10],采用特殊命名的实例(以“类名_CMI”来命名)来存储相对应类(概念)的元信息,以扩充本体中概念的描述信息,尤其是与其对应的术语信息。目前在该类元信息中存储的基础信息有:概念对应的中文术语(ChineseNames,可多值,用于匹配自然语言中的名词术语)、概念对应的英文术语(EnglishNames,可多值,用于匹配各类资源描述信息中的名词术语)、与领域相关的 ISO 标准中对应的术语名称(ISONames,可多值,用于与 ISO 标准中特定名称相对应,通常该名称是标准化的)、与其他领域知识库中相应的术语名称(OtherNames,可多值,用于建立该本体知识库与其他知识库间概念的映射关系)。

例如:数据服务(Data Service)的子类 Web 服务(Web Service),存在一个名称为 WebService_CMI 的实例,其属性值有:ChineseNames=“Web 服务,网络化服务,网络服务”;EnglishName=“Web Service, Web Services, WS”;ISONames=

“Web Service”; OtherNames=“WSDL, WebService”。描述片段示例如图 7.1 所示[11]。

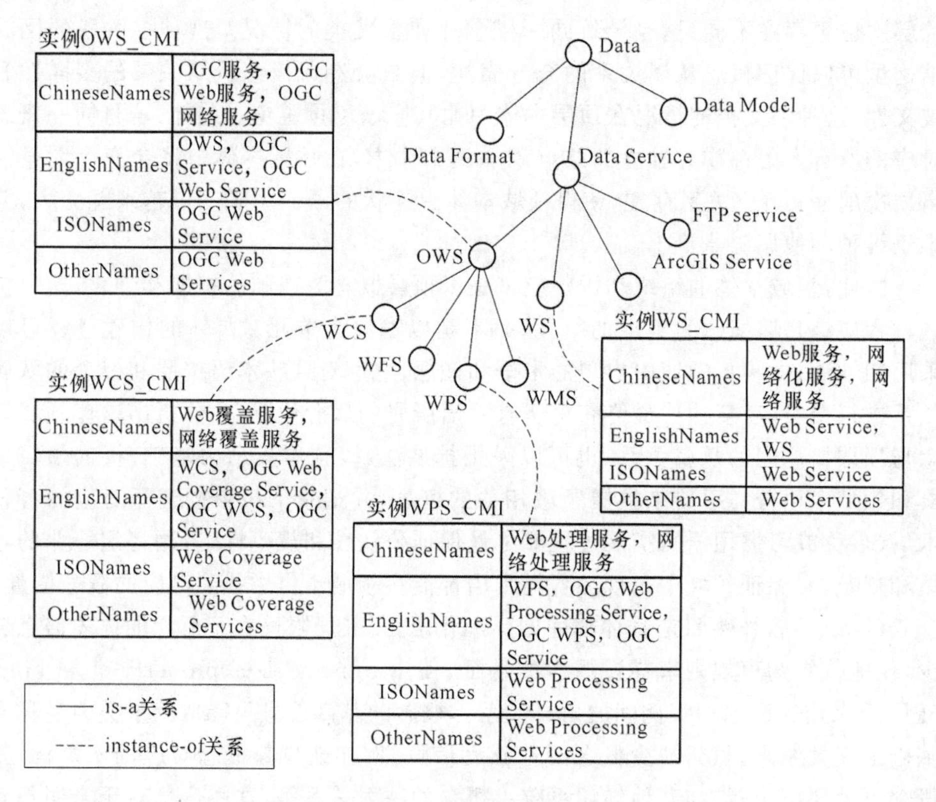

图 7.1　层次空间信息本体中类元信息描述片段

从图 7.1 可以看到，WCS、WPS、WFS 等都是 OWS 的子类，它们都各自具有自己专用的名称，同时也具有与父类相同的称谓 OGC Service。这些名词术语都是依赖于对应的概念而表达的，这些术语可在用户自然语句、本体概念、资源描述间建立联系[11]。

采用该种方式，与每个概念所对应的名词术语描述信息将得到极大地丰富，并且这些名称可以作为不同本体知识库间概念匹配和联系的重要依据，从一定程度上避免了单纯依靠概念名或概念层次结构来进行本体匹配的问题。此外，基于这些术语的多解性(一个概念可对应多个术语)和同名性(多个概念可使用相同的术语名称)，可反映出概念和术语间的各种对应关系：专用名称(某个术语只出现在某个概念的 CMI 中，该术语可以用于唯一识别该概念)、共享名称(某个术语多次出现在某个概念和其兄弟的 CMI 中，则该名称也可以出现在它们父类的 CMI 中，用于泛指该类事物)、同名名称(归属于不同类别的多个概念使用相同的术语，此时存在名称异构)。通过这些名称可以检索到对应的概念,并可根据名称的类别来判断术语与概念间的对应关系,该种方式在维护本体整体树形层次结构的基础上,极大地扩展了对术语的描述,并且这些术语的不同用途为概念检索、资源匹配、概念映射等提供了重要的依据。

但是与概念对应的各术语之间也是存在一定差异的,它们与概念关联的密切程度存在不同。通常,专用名称关联度较高,而共享名称关联度较低,不同概念对同名名称的不同关联程度反映了该名称对各概念的标识和识别程度。因而为了进一步精确地描述概念和术语间的关系,本部分引用了第 6 章中介绍的语义强度定量化度量方法,对 CMI 中包含的 ChineseNames、EnglishNames、ISONames、OtherNames 等语义属性采用 PPV 和 NPV 来进行度量(详细介绍见 6.3.3 节内容和说明),PPV 反映了概念使用某个术语名称的可能度(Possibility),NPV 则反映了术语名称可识别某个概念的必然度(Necessity)。特殊情况下,对于专用名称其 NPV 值为 1.0,反映了唯一识别性;对于同名名称可根据所关联的各 NPV 值,来判断对相应概念的不同识别和依赖程度;对于共享名称则随着共享个体数目的增加,各 NPV 值呈下降趋势,反映了该名称的滥用程度(当一个名称被过分滥用时,该名称则失去了标识性,例如:"事物"这个名称可以用于描述众多实体,该名称过于泛化而很难定位到具体的概念)。

CMI 中语义属性经过定量化描述后示例如图 7.2 所示[11]。从该图中以概念 WPS 为例可以看出,其 CMI 对应的实例 WPS_CMI 所关联的 EnglishNames 属性值中,在当前知识空间中,术语名称 Web Processing Service 为专用名称,虽然其对应的 PPV=0.8(表示描述该类服务时使用 Web Processing Service 的可能度),但其 NPV=1.0(表示该名称是专用的,通过 Web Processing Service 名称匹配到该概念是必然的,确信度为 1.0)。

对于术语名称 WPS,则与概念 WPSsoftware 存在同名,根据这两个概念使用该同名名称的可能度值(分别为 0.6 和 0.9),可计算出这两个属性取值的 NPV 值分别为 0.6/(0.6+0.9)=0.4 和 0.9/(0.6+0.9)=0.6,分别反映了通过 WPS 名称匹配到这两个概念的确信度,该值可作为概念匹配的优先级参考,并可随着后继的检索和推理过程进行组合计算和传递,体现了关联和满足程度的差异性。

而对于术语名称 OGC Service,它被概念 OWS 和其子概念所共用,是共享名称,根据各属性取值对应的 PPV 值(分别为 0.7、0.4、0.4、0.4、0.4)可计算出对应的 NPV 值分别为 0.304、0.174、0.174、0.174、0.174。

通过对 CMI 中语义属性的定量化度量,可实现概念和术语间关系的精确化表达,根据主观经验对概念使用各相关术语名称的可能性 PPV 值进行描述后,可基于概率统计方法在当前知识空间中统计出术语名称对相关概念的标识性 NPV 值,

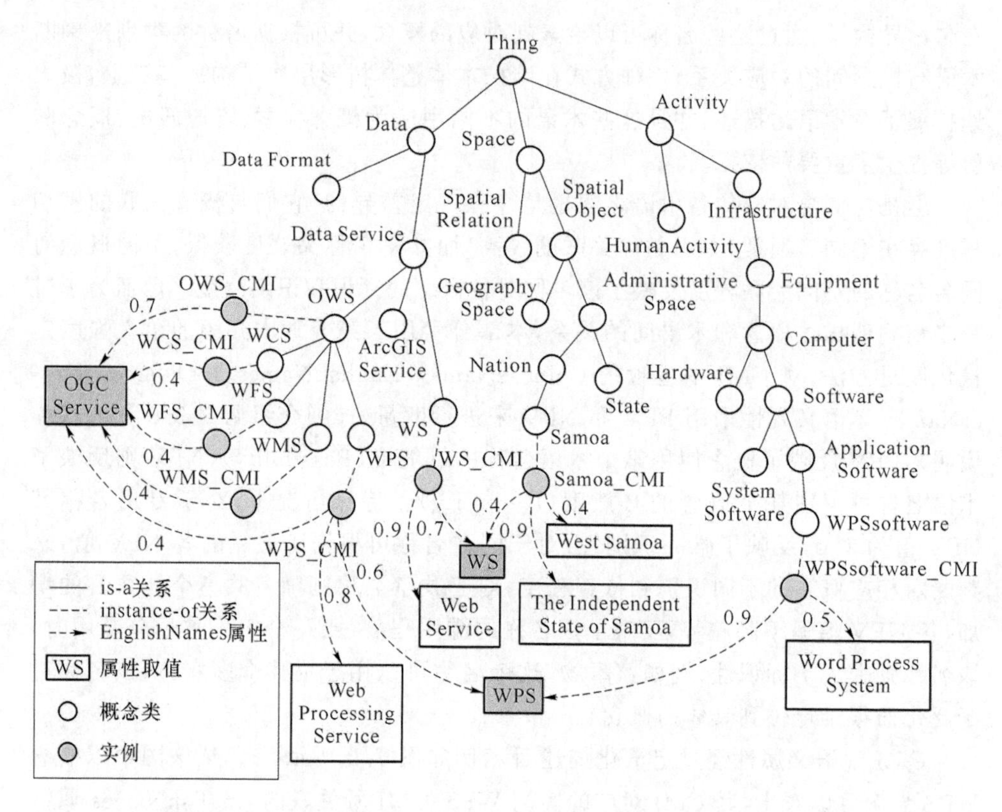

图 7.2 层次空间信息本体中 CMI 属性取值的可能性度量示意图

该值反映了根据某个名词术语能够匹配相应概念的必然度。

从示例的计算结果可以看出，该种概念和术语关系的定量化度量方法，对于区别专有名称和统称(共享名称)是比较适用的，可根据 NPV 值的大小来判断后继检索的优先级，并且该值可以作为后继检索的满足度初始值，反映了对检索条件的不同满足程度；而对于共享名称，随着共享概念的增多，NPV 值较低，降低了各概念的识别性，会影响后继的检索效果(会对概念匹配度造成误判，此种情况下需考虑将抽象度更高、涵盖性更强的父概念作为后继检索的优先候选，并将其子概念的 NPV 值都累加到父概念的 NPV 值上)。因而针对不同类型的术语名称，需要区分对待，采取不同的检索策略和预处理，以保证该方法的有效性和灵活性。

(2) 本体中概念层次位置的描述和概念间层次关系的快速判断

在本体中概念间的层次化包含关系是最基础的关系，构成了知识的主体框架，随着知识规模的增大和概念数目的增加，概念间的层次结构将在深度和广度上都不断地扩展，在如此扩展性很强的结构中，对各结点的层次位置进行描述和索引，并对任意两个结点间的层次关系进行判断，成为了本体信息检索的重要问题之一。

在原有的本体描述OWL语言中，缺乏对各概念层次信息的描述，概念间层次关系的分析只能根据is-a关系逐层逐级地分析，特别是在不规则的网状本体结构中更是一项耗时的操作，受图论自身问题复杂性的影响，难以得到很大改观。通过在本体逐层的构建过程中，为各概念结点添加层次位置标识(Hireracchicial Identification，HID)[10]，采取层析关系索引机制来扩展OWL中概念层次信息的描述，基于该HID信息对任意两个概念间的层次关系做出快速判断，从一定程度上可提高本体中概念层次信息检索的效率。

该HID是针对每个概念而设定的，因而可将HID信息记录在上面所介绍的类元信息CMI中，该值在整个本体知识库中要保持唯一性。为保证该HID标识的可读性和易维护性，同样采取了层次化编码结构，如图7.3所示。HID中所包含的信息有：概念级别标识(1位字符，根据概念的定义位置，取值为T、D和A，分别代表顶层本体、领域本体和应用本体)、层次编号(继承父类的层次号)、层内编号(2位，用于标识同一父类下各孩子结点的编号)。层次编号中头两位用于表示概念的分类号，分类号代表顶层概念的基础分类的编号，该分类号便于快速了解某概念所属的基础类别。

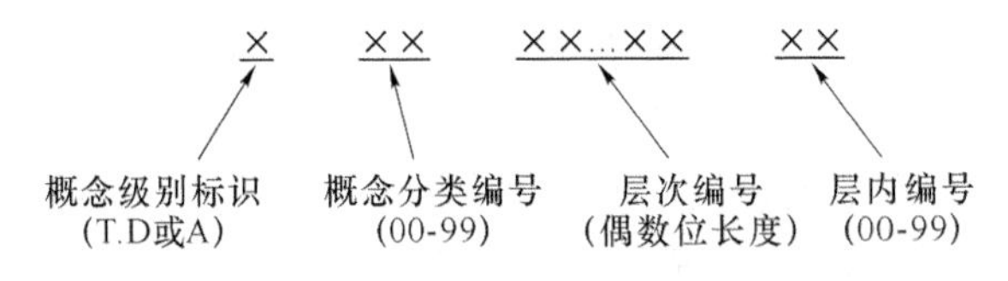

图7.3　类层次标识(HID)的层次化编码结构

本章所构建的层次化空间信息本体遵循SWEET本体和GCMD目录对地学领域概念的分类结构，将概念分为12大类，根类Thing具有12个子类(Activity、Biosphere、Data、EarthRealm、Numerics、Phenomena、Process、Property、Space、Substance、Time和Unit)，这些基础子类的层次标识依次为T01、T02、…、T12，基于这些基础根类再向下添加子类时，子类的HID则是首先根据概念定义的位置来确定首字母(T、D或A)后，再在其父类HID后添加两位层内编号即可。依据该规则可以依次向下逐层地添加新的概念并设置对应的类元信息。

对于任意一个概念，从其类元信息中的HID中就可以快速地了解其层次和所处类别信息，而不需要依赖is-a关系向上逐层地去查找其祖先来了解其所处的层次和分类信息，可避免遍历和逐层检索的计算复杂性。例如：某个概念的HID的标识为D03020402，从首字母D可以获知该概念间的定义位置处于领域级本体，从接下来的两位数字03可以获知该概念属于第03号大类(Data数据资料信息类)，最右侧的两位数字02代表该概念在其父类的孩子中编号是02，HID中间其余的四位0204则是其父类的层次号，根据HID的长度也可以快速地知道该类所处的层次(HID的字符串长度减1后除2)为:(9－1)/2＝4,去除最右侧的两位数字得到D030204则是其父概念的HID标识(首字母可能为D或T)。

判断本体中任意两个概念间层次关系是本体检索的重要操作,借助于该HID标识可以快速地判断两个概念间的关系。例如:两个概念的HID分别为D03020402和D03020416(HID等长的情况),根据首个字母可以获知这两个概念都是在领域本体中定义的,再根据其次两位都是03可以获知这两个概念都属于03大类(代表是相同类型的概念,具有相同的祖先,至少具有相同的顶层基础根类),再获取各自的父类层次号都是0204,则可以判定这两个概念具有相同的直接父类;若父类的层次号不同,则可依次从层次号右侧每次同时去除2位编号后再次比较,若相同则可以表示这两个概念在该层具有相同的该层次号的祖先,而且这个层次的数值越大(层次位置越靠近下层),表示这两个概念距离共同祖先越近,这两个概念的相似性就越大,最差的情况是具有层次为1的共同祖先(是该分类中的顶层基础概念结点)。

对于HID长度不同但分类号相同的两个概念,则可以判断这两个概念所处的层次位置不同,理论上来说层次数值越大的类对应概念的抽象度越低越具体。为了判断它们共同祖先的位置,则可以将较长的HID截取到相同长度(该操作的含义是首先找到层次较深的概念与另一个概念具有相同层次的祖先概念后,再按照等长情况对HID自右向左逐级判断)后,再按照上面介绍的方法来依次判断;也可以抛开HID中层次信息的逐级描述特点,按照传统的字符串匹配方法,不需进行预先的长度匹配,直接自左向右每次匹配2位字符(不含HID首字母),分析从左至右的最长匹配字符串,该字符串即为两者共同祖先的层次标识。

例如:两个概念的HID分别为A030204和A03020302,从长度上的差异(分别为(7－1)/2＝3和(9－1)/2＝4)可判断这两个概念间相差一个层次,可以先进行长度匹配,两个HID变为A030204和A030203,再自右向左每次去除2位字符后判断HID是否匹配,可以判断出这两个概念最近的共同祖先HID为A0302;也可以直接自左向右每次匹配2位字符(不含HID首字母),分析出最长匹配字符串为A0302,可获得相同的分析结果。

对于属于不同类别的两个概念间层次关系判断,例如两个概念的HID分别为A0302040205和D04030402,从对应的类别号03和04可以获知这两个概念属于不同类型,理论上它们只能具有顶层根类Thing这个共同祖先。但是由于在构建领域本体和应用本体过程中,虽然我们主张尽量避免但还是允许出现多父类的情况,因而这两个概念还是可能存在除了Thing以外其他共同祖先的情况。在出现多父类的情况下,规定此时子类HID可以取多值,分别对应于多父类的HID,在判断两个概念共同祖先时,选取具有相同类型号的HID按照前面的方法来进行判断。任意两个概念基于 HID 进行层次关系的判断流程如图 7.4 所示。

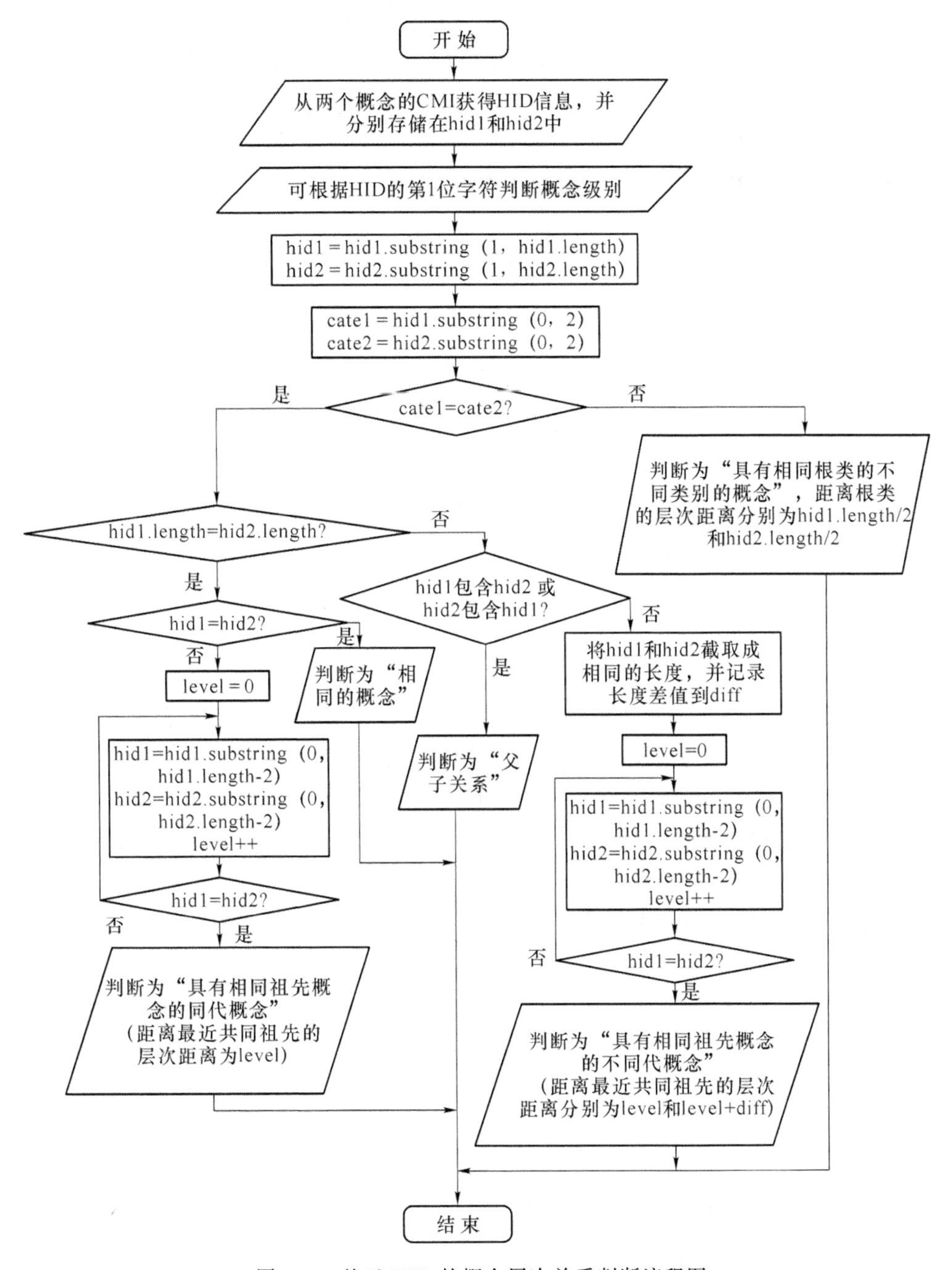

图 7.4　基于 HID 的概念层次关系判断流程图

在语义关系网中，为判断两个概念间层次关系，通常需要寻找两者最近的共同祖先，基于图论方法完成该类操作的时间复杂度是$O(n^2)$（其中n为结点的数目），而基于本章提出的HID完成同样操作的时间复杂度是$O(k\times n)$（其中k为HID的长度），图7.5对这两类操作所花费的时间通过模拟实验进行了对比[10]。从结果可以看出，基于HID的概念间层次关系判断算法具有一定的优势，而且随着语义关系网规模的扩大，仍能保持较快的计算速度。

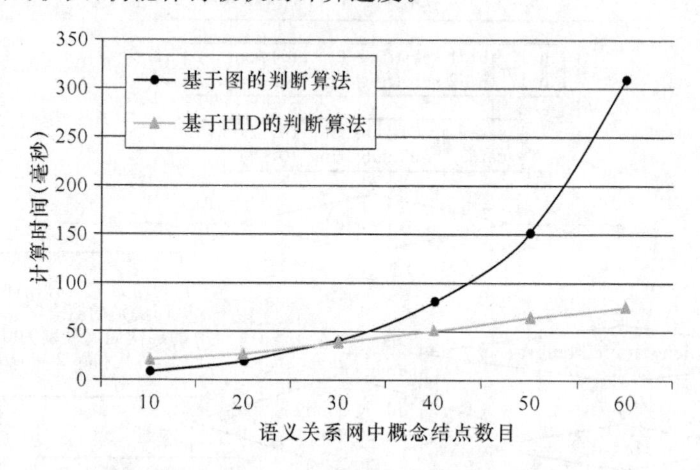

图7.5　结点间层次关系判断算法执行时间对比图

该HID可在网状的本体概念空间中起到索引的作用，以简单但有含义的层次化字符串来描述概念的层次信息，为概念层次位置的便捷获取和层次关系的快速判断提供重要的依据。但是该HID作为附加信息添加到CMI中，需要在创建本体和添加新概念时，根据其父类的HID来构造并设置，并且需要花费一定的维护开销。

本体中概念的检索是最基本的操作，而其中概念和术语间的关系，以及概念和概念间的关系都是重要的基础和依据。本章采用类元信息CMI来记录对应概念的基础信息，可在保持本体总体的层次结构基础上，极大地扩充领域词汇，便于概念的检索、识别；通过概念层次标识HID，可以便捷、高效地提供概念层次位置和层次关系的获知和判定。

7.1.3　基于激活扩散算法的本体关联性检索

在完成上一节所述的概念检索和匹配操作后，本节所研究的是基于这些初始概念结点所进行的关联性信息检索，包括关联概念、实例、语义属性等检索，这些检索是基于本体中各结点间的语义链接来实现的，这些链接的有无、强弱、拓扑差异等都可反映结点间不同的相关性。本节将使用激活扩散算法基于SRQ-

PP 度量机制来实现该类检索，并通过对比实验来验证该种相关性检索方法的有效性。

（1）激活扩散算法原理

激活扩散算法模拟了人脑的关联性思维过程，在网状的知识空间中，从已知或初始结点（激活点）出发，沿结点间关联链接向四周扩散，搜索所有相关的结点。在该网状知识空间中，结点可以代表现实世界中的事物或特征，通常具有相应的名字，结点间的链接反映它们之间在现实世界的某种关联，该链接通常是具有名字、方向和（或）权重。该种知识结构与语义网络（Semantic Network）非常相似，但是比语义网络又更具有一般性和通用性，也可表示为一般的联想网络（Associative Network）。激活扩散算法的工作流程如图 7.6 所示。

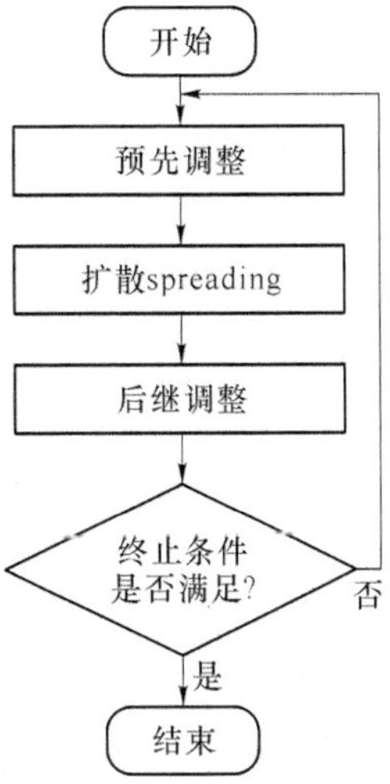

图 7.6　激活扩散算法工作流程图

SA 模型和其他模型的重要区别在于组成激活过程的动作序列，该激活过程由三个部分组成：预先调整（pre-adjustment）、扩散（spreading）、后继调整（post-adjustment）。在可选的预先调整和后继调整阶段，可以通过施加判断条件（约束 Constraint）对后继激活的结点数目进行调整，以保证扩散的规模和算法的效率。扩散过程中各结点的激活判断可采用最基础的方法，如下公式所示[12]：

$$I_j = \sum_i O_k \omega_{ij} \tag{7-1}$$

其中，I_j是结点 j 的输入总值，O_k($k=0$ 到 i)是与结点 j 关联的各结点的输出值，ω_{ij}是结点 i 和结点 j 间链接的权重值，该权重值可采取多种逻辑取值，可实现 SA 模型的不同应用效果。

各结点是否被激活取决于该结点总输入值是否达到预设的门限值（Threshold），在满足的情况下，该激活—扩散过程将一直持续，满足终止条件时停止，最终将获得与初始结点存在某种关联的所有（或部分）结点集合。

从以上的工作原理可以看出，单纯的 SA 算法存在以下几个弊端[12]：

- 若不施加有效的预先调整和后继调整，该激活—扩散过程将几乎遍历到网络中所有的结点；
- 该算法没能利用链接的名称含义（即链接的语义）来辅助该激活—扩散过程的扩散导向和针对性；
- 该种信息检索方式很难直接进行知识推理，无法对潜在隐含的关联路径进行分析和利用。

(2) 激活扩算法在信息检索中的应用

Preece 于 1981 年最早将激活扩散算法应用于信息检索领域中，实现了相联检索(associative retrieval)，并认为可将信息检索传统方法中文档集合转变为易于实施激活扩散算法的网状结构，这种将数据结构和处理技术分离的方法成为了对概念模型信息检索应用的首次尝试。近期关于激活扩散算法的应用主要有如下工作。

Paul 等实现了一个成功的案例系统 GRANT[13]，该系统采用激活扩散约束(Constrained Spreading Activation)算法实现了用户需求和相关代理间的智能化匹配，提高了专家系统对用户问题的解答能力。

Crestani 对激活扩散算法在信息检索领域中的应用进行了较为全面的总结和分析[14]，概括了激活扩散算法的约束方法：距离约束(distance constraint)采用结点间链接的最大跳数来约束扩散的范围，度量精度不高；扇出约束(fan-out constraint)根据结点的连接度判断其语义宽泛程度(broad semantic meaning)来限制扩散的规模，没有考虑各 connection 间的差别；路径约束(path constraint)对特殊类别的链接进行优先处理来实现扩散的针对性，只适用于特殊应用条件；激活约束(activation constraint)通过为各级结点设定门限函数来实现不同结点的激活限制，需要花费较大的计算开销。此外，还提出可采用用户交互反馈机制(spreading activation with feedback)来引导扩散的方向和范围，为激活扩算法的广泛应用提供了重要的经验和参考。

Cristiano Rocha 等提出了将语义网络和关联网络相结合的方式，综合运用链接标签的语义(label semantic)和链接权重(weight mapping)的数值来实现激活扩散算法的改进，并通过对 Web 页面的检索实验验证了该方法的有效性。杨学兵等也于 2009 年进行了相似的工作，并利用 Department of Informatics at PUC-Rio 的网站进行测试，获得了较好的结果。

以上这些工作都说明了激活扩散算法在信息检索中的应用效果和有效性，但是这些工作大多针对抽象的语义网络或关联网络来进行，对于本体的信息检索研究和应用还是较少的，Cristiano Rocha 虽然提及了激活扩散在本体中的作用，但并没有给出具体的方法和深入研究，仍是在语义网络中进行了相关实验；Akrivi Katifori 等曾提出本体为激活扩散模型的应用提供了良好的基础，分析了本体和人脑的相似之处，但只是简单分析了在个人信息管理(Personal Information Management，PIM)中基于本体的激活扩散算法应用，缺乏对本体和激活扩散算法相结合的全面研究。将激活扩散算法应用于本体的知识检索，除了以上研究人员所考虑并解决的问题外，还存在两个特殊问题需要解决[15]：

• 本体中语义关系是多样的，既存在概念间层次从属关系和概念间语义关系，又存在概念和实例间的从属关系，以及各实例间的语义关联，这些不同类型的语义关联在激活扩散过程中是具有差异的，体现出不同检索目的和导向性。

- 本体中的信息检索是在网状的知识空间中进行的，基于已存在并显式说明的语义链接搜寻相关的知识结点。但本体所表达的知识不仅于此，还提供了对潜在语义关联发现的推理规则。这些隐含的语义关联反映出了更深层次的语义关系，但却是激活扩散算法所不能仅通过显式的语义链接就可直接发现和使用的，这些潜在语义关联的发现和扩散需要依赖于推理规则才能够实现。

以上两个特殊需求是本体模型和激活扩散算法相结合所需要解决的重点问题，这些问题的解决可使得两者能更加有效的结合和互补，既可提高本体中信息检索和推理的适应性和灵活性，又为激活扩散模型的应用提供了良好的的基础运行环境。

本小节将基于本书第 6 章所提出的 SRQ-PP 语义度量方法，在各类定量化语义关系基础上，研究基于激活扩散算法的本体信息相关性检索，解决上面所提的第一个问题，实现语义关系定量化描述的本体中在一定效用范围内关联信息的导向性检索，提高本体信息检索的有效性。

本章 7.2 节将针对上面所提出的第二个问题，研究激活扩散算法和本体推理规则的结合机制，实现以推理规则为辅助的扩展性激活扩散算法，基于推理所发现的潜在语义关系来检索到更多相关的资源结点，提高激活扩散算法的搜索能力。

(3) 基于 SRQ-PP 的激活扩散算法

在 SRQ-PP 语义关系定量化度量方法中，针对本体中存在的各类不确定性关系，给出了四类度量指标：属性缺省权重(Default Weight of Property，DWP)用于度量属性缺失的包容度；属性应用权重(Application Weight of Property，AWP)用于度量属性有无对应用的重要程度；属性取值权重(Possibility of Property Value，PPV)用于度量属性不同取值的可能程度；概念从属度(Degree of Class Subordination，DCS)用于度量概念间包含关系的从属度。这四类指标反映了本体中的语义关系的不同类型，可为本体知识空间中结点的扩散提供导向性作用，保证了信息检索的方向和目的性。同时，各类度量的取值为本体知识空间中结点的激活提供定量化度量数值，保证了信息检索的范围和效率。

从本体中概念出发(以概念为激活点)沿语义关联进行知识检索时，可利用的语义信息主要包含有如图 7.7 所示的各类语义属性(以 OWL 语言中对语义关系的描述机制为例)。从初始概念出发，沿着各类语义关联进行扩散，可以检索到的知识结点有：概念、实例、数据类型、属性值，所经过的路径既有标准的关系原语 is-a、property-of、instance-of 关联于 concept、property 和 instance，又有大量以自然语句短语命名的自定义语义属性，特别是概念间的关联属性和实例间的语义链接，它们对于复杂的语义关系表达尤为重要。沿着不同类型的路径可关联的结点是存在很大差异的，反映了不同的检索意图和目的，这也正是本体区分于语义网络的重要所在。因而在本体的语义关系网中进行激活扩散时，其面临的问题是更为复杂的，若不能很好地控制扩散过程的导向性，将使得最终检索到的资源五花八门难以满足用户的需要。

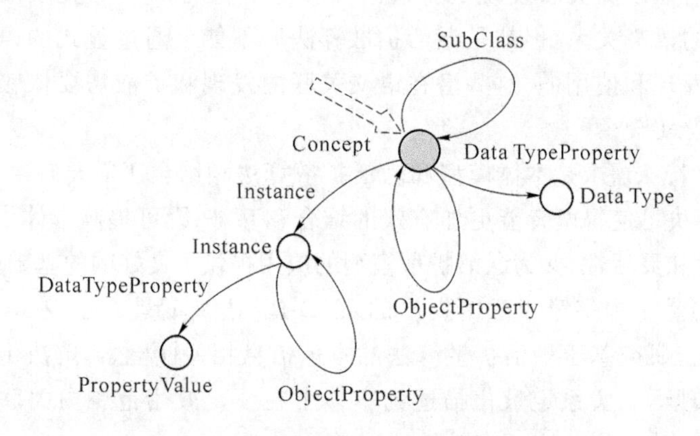

图 7.7　本体中基于概念的关联扩散示意图

因此，将激活扩散算法应用于本体知识的检索，除了需要获知各路径的权重值外，还需要能识别出各路径的类型，但由于本体中存在大量的自定义语义属性，其命名规则难以统一，不易通过名称的语义理解来识别。而这些类别的识别恰恰可以通过 SRQ-PP 方法中不同的语义关系度量指标来区分，具有 DWP 值和 AWP 值的路径所关联的是属性相关结点(关联的概念或数据类型)，具有 PPV 值的路径所关联的是属性值(关联的实例或属性取值)，具有 DCS 值的路径所关联的是子概念或实例结点(从某种意义上来说实例可以看作是特殊的子概念，它没有子类但具有具体的属性取值，是概念空间向真实世界的过渡层)。

基于以上的分析，可以粗略地将本体知识空间中的检索扩散过程分为三大类：概念(含实例)从属关系的扩散、概念间语义关联的扩散、实例间语义链接的扩散，这三类扩散可分别应用于激活扩散整个检索过程中的不同阶段。具体来说：概念从属关系的扩展可应用于激活扩散检索的初期，用于扩充初始概念(含实例)集合 C，保证初始概念集合的全面性和涵盖性；之后可应用概念间语义关联的扩展，用于获得所有与初始概念集合关联的其他概念，作为相关性检索的辅助初始概念集合 C'；实例间语义关系的扩展则可应用于激活扩散检索的后期，用于检索最终的资源结点或信息结点。

这种激活扩散的分段式方法，可保证各阶段扩散的针对性和导向性，避免漫无目的的扩散。此外，还可通过各阶段对结点激活条件的限制，尽早排除关联性不强的中间结点，提高后继扩散的效率。该种基于 SRQ-PP 的分段式激活扩散算法[16]

总体流程如图 7.8 所示。

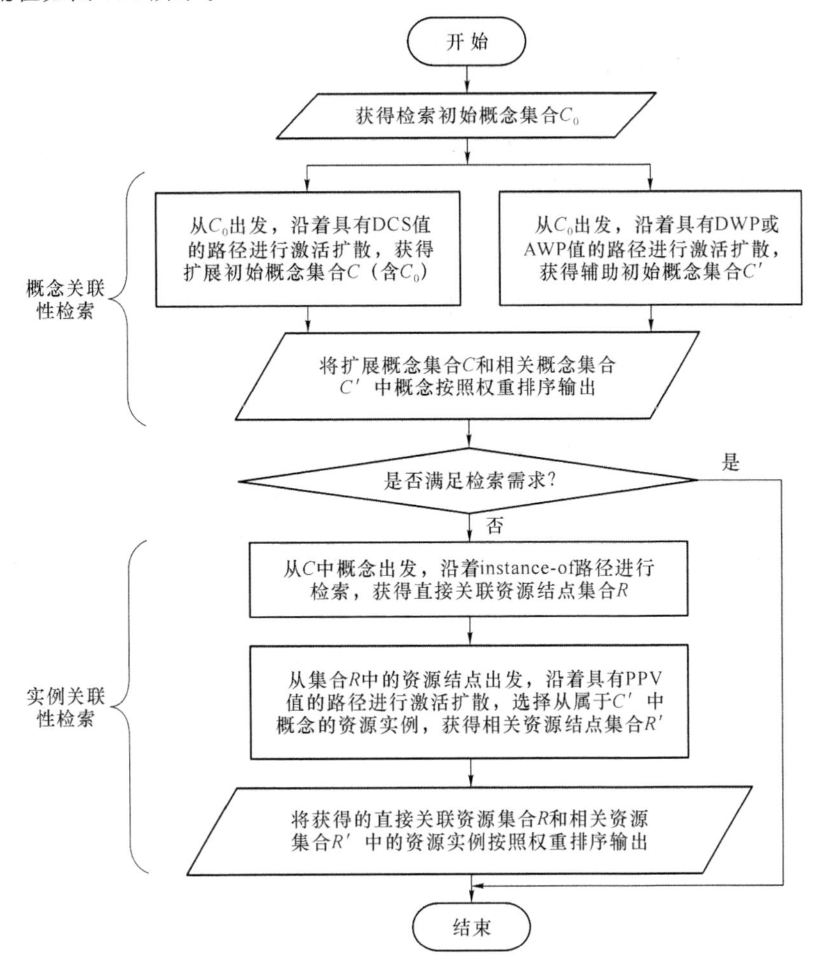

图 7.8　基于 SRQ-PP 的分段式激活扩散算法总体流程图

图 7.8 展示的是一个完整的基于 SRQ-PP 的分段式激活扩散算法流程，其中前半部分完成基于初始概念的相关性概念检索(包括对所属子概念和相关概念的检索)，后半部分完成与这些相关性概念关联的实例检索(包括对资源结点和属性取值的检索)。

本体中语义关联为 SA 算法的扩散提供了路径，SRQ-PP 对语义关系的定量化度量则为 SA 算法的激活提供了数值判断依据；SRQ-PP 中各度量指标所反映的语义关系类型为 SA 算法的扩散提供了路径选择的导向依据，SRQ-PP 的语义关系度量值为 SA 算法的扩散范围提供了限定依据。图 7.8 展示了从初始结点出发扩散的总体过程，各步骤中由于扩散的目的不同，因而其激活值计算规则和结点激活条件也存在一定的差异，下面分别予以说明。

· 初始阶段

从用户检索需求所获得的初始概念集合中各概念的初始权重可根据概念匹配度赋予初值(激活值 Active Value,范围 0 至 1 区间,表示概念与用户需求的匹配程度),默认取值为 AV=1.0,其余概念结点初始值为 0。

在此阶段,可以设置初始概念集 C_0 的匹配度阈值 T_{c_0},该阈值调高时可用于排除关联性较弱的概念,提高检索的精度;调低时可扩大概念的涵盖面,提高检索的全面性。

· 子概念扩展阶段

该步骤根据本体中概念间层次化从属关系,向下获取所有关联的子概念,与初始概念直接关联的 is-a 路径的权重初始取 SRQ-PP 方法提供的 DCS 值,向下扩散中各结点的激活值采用如下计算规则(基于可能性逻辑):

$$AV_c = \max\left(AV_c,\ Poss\left(\bigcap_i \min(AV_{pi}, DCS_{pic})\right)\right) \tag{7-2}$$

其中 $i=1$ 至 n,n 为当前结点 c 所属的的父结点(AV 值大于 0)个数,AV_{pi} 为第 i 个上级父结点的激活值,DCS_{pic} 为上一级第 i 个父亲结点 p_i 到当前结点 c 的 is-a 路径(有向)的 DCS 值,AV_c 为当前结点的激活值,Poss(∩)运算符代表 max 操作(可参见 6.1.2 节中对于可能性逻辑的介绍)。该阶段结点激活条件的计算示例如图 7.9 所示[16]。

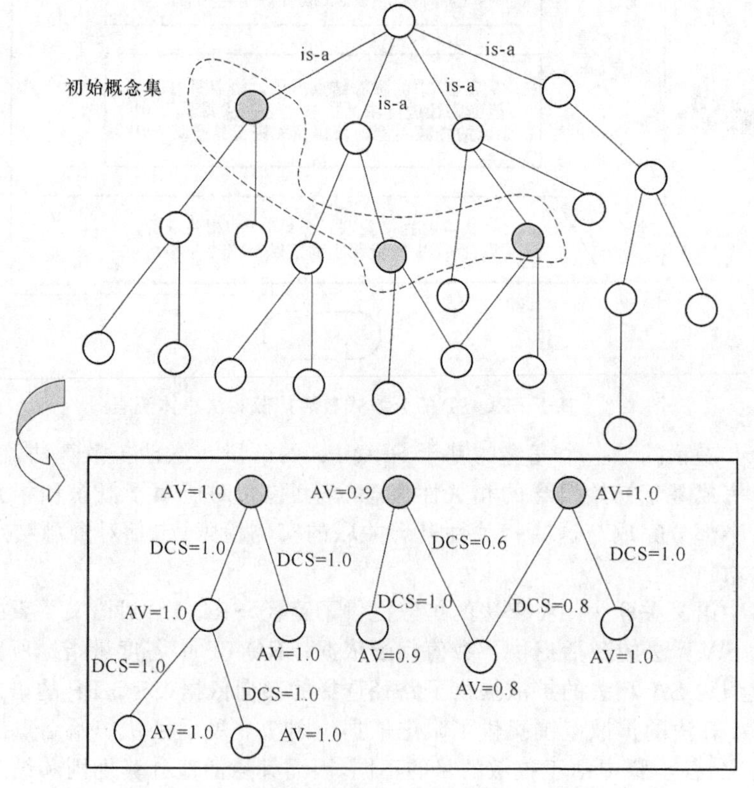

图 7.9 子概念扩散阶段中结点激活值的计算示例

由于该阶段中，只利用结点间的从属关系来扩展，该 is-a 关系是本体中的基础关系，各结点间的关系是比较密切的(关联性都较强)，因而该阶段不限定结点激活阈值(AV>0 即可激活)。但当本体中概念间从属关系层次较多时，为了保证后继检索的效率，可以对子概念的扩展最大层次数目(即最大经过的 is-a 路径跳数)进行限定。

- 关联概念扩展阶段

该阶段将根据初始概念集中各概念与集合外其他概念间的语义关联(利用 OWL 中的 Object Property 对象属性)来实现激活扩散，发现和搜索与这些初始概念相关的其他概念。概念间关联路径的权重取 SRQ-PP 方法提供的相应对象属性的 AWP 值或 DWP 值(当存在 AWP 值时优先取 AWP 值，若 AWP 值不存在或为 0，则取 DWP 值)，扩散过程中各扩散结点的激活值采用如下计算规则(基于可能性逻辑)：

$$AV_d = \max\left(AV_d,\ \mathrm{Poss}\left(\bigcap_i \bigcap_j (\min(AV_{si},\ AWP_{sidj}))\right)\right) \tag{7-3}$$

其中 $i=1$ 至 n，$j=1$ 至 m，n 为与该扩散结点 d 存在语义关联的初始结点个数，j 为初始结点 s_i 与扩散结点 d 间存在的对象属性(有向)个数，AV_{si} 为第 i 个关联的初始结点 s_i 的 AV 值，AWP_{sidj} 为第 j 条初始结点 s_i 到扩散结点 d 的对象属性(有向)的 AWP 值，AV_d 为该扩散结点的激活值，Poss($\cap$)运算符代表 max 操作。

但不同于结点间的 is-a 关系(自顶向下的层次关系)，结点间的语义关联(表现为横向的语义联系)存在回路环和一对一多关联等情况。对于一对一多关联的情况，可根据上面的计算规则从多关联中选取最大的激活值作为结点的 AV 值；对于回路环，由于会存在激活值新旧更新的问题，因而规定每扩散一步(从初始结点沿着对象属性扩散一个路径，获得直接关联的结点集合)，都要保证该步扩散后各激活结点(AV 值大于 0)的激活值处于稳态(初始结点间存在关联环时，需要根据扩散后激活值重新计算各结点的激活值，直至这些激活值不再发生变化为止)。此外，为了为后继的概念间相应实例的相关性检索提供参考，需要记录下每次扩散时所经过路径的。

例如图 7.10 所示的案例，其中结点 1、2、3 为初始结点，初始 AV 值分别为 1.0、0.7、0.9，和这些初始结点存在直接语义关联的结点有结点 4、5、6，各对象属性的 AWP 值如图 7.10 所示。以结点 1、2、3 为初始结点经过一次激活扩散后，各结点的激活值 AV 变化如图 7.11 所示。

从结果可以看出，初始结点 2 的 AV 值发生变化，则该次计算中基于原有结点 2 初始值 0.7 所获得的其他结点激活值存在过时(新旧值更新)问题，因而需要再次计算，结果如图 7.12 所示。经过如此反复的步骤，直至初始结点的 AV 值不再发生变化(各结点的激活值 AV 稳定)为止，才算完成该步激活扩散过程。后继的

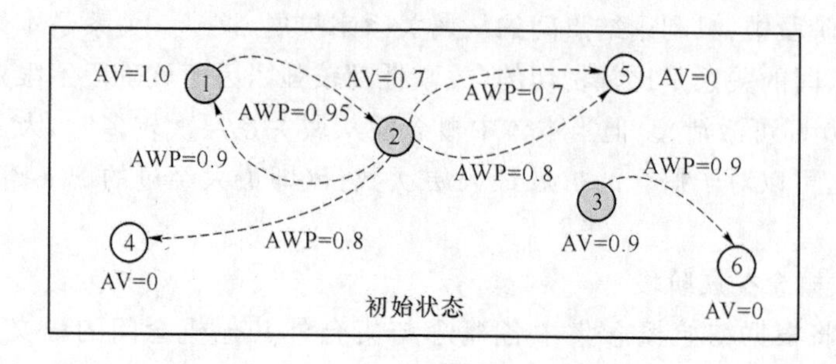

图 7.10　结点间语义关联初始状态

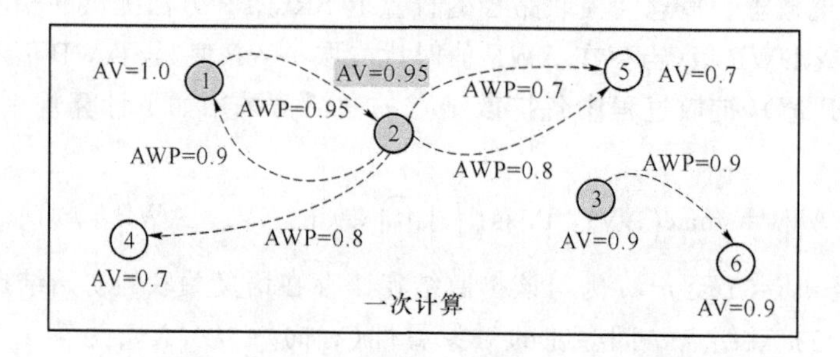

图 7.11　经过一次计算后的各结点激活值状态

激活扩散以上一步所获得的扩散结点为初始结点（激活值 AV 值为初始值），依据语义关联属性按照相同的规则，依次进行各步激活扩散过程。

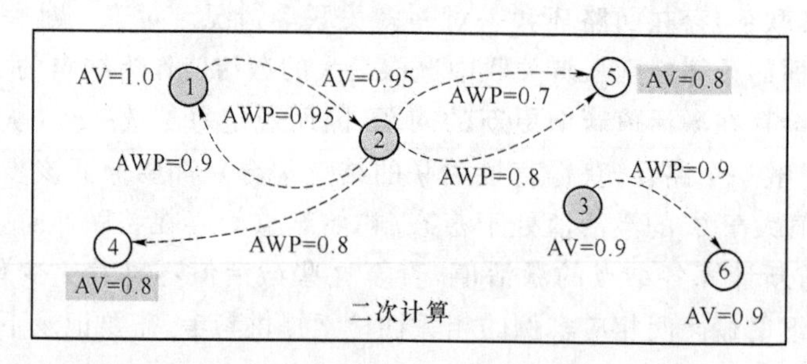

图 7.12　经过二次计算并达到稳态的各结点激活值

在本体中，各概念间的关联属性是灵活多样的，并可根据不同的应用需求发生一定的变化和调整，因而通过语义关联来发现相关的概念只可作为相关性检索的辅助和参考，为了提高算法的执行效率和结果的有效性，排除弱关联结点，可采用以下几种约束方案。

方案 1（激活约束）：对每步激活扩散中结点的激活值设置阈值 $T_{c'}$，当每步激活扩散完成时，判断各扩散点的激活值是否达到该阈值 $T_{c'}$ 来决定是否激活该扩散点，激活扩散过程会持续向下进行直至某步扩散中没有能够激活新的结点为止。

方案2(距离约束):对激活扩散的实施次数 $N_{c'}$ 进行限制,对每步激活扩散中结点的激活值不加限定,从初始结点出发最多经过 $N_{c'}$ 步激活扩散(若在达到 $N_{c'}$ 之前某步激活扩散中不再激活新的结点则提前结束)后,获得扩散的所有新结点集合 C'。

上面两类约束都是比较粗糙的。激活约束方法较为简单,但只能限定每步的激活条件,无法对整个相关性检索过程进行控制,在关联性较紧密的语义网络中会出现激活扩散难以终止的情况;距离约束效率较高,能使得激活扩散在执行有限次数后终止,但忽略了强弱关联的差异性。强关联需要通过较多的扩散次数发现更多可能相关的结点,而弱关联则需要降低扩散次数,尽快排除相关性较弱的结点,将激活扩散过程导向于相关性较强的扩散方向,以便发现更多相关的资源。基于以上思想设计了一种导向约束的方法 SA-GC(Spreading Activation with Guiding Constrain 带有导向约束的激活扩散算法)如下所述。

方案3(导向约束):设置最大扩散次数 N_{max} 约束,从初始结点开始为每个激活的结点增加一个 N_c 计数器,用于标识该结点还可继续向下扩散的次数。初始结点的 N_c 值等于 N_{max},每步激活扩散时,扩散点的 N_c 值是其对应初始点中最大 N_c 值减1。计算各扩散结点激活值的平均值 $AV_{average}$,对于激活值小于 $AV_{average}$ 的结点将减少其 N_c 次数1次,当 N_c 值为0的结点将不再向下扩展新的结点。采用这种激活扩散的导向约束机制,可保证激活扩散过程能在有限的步骤中结束,并尽快排除激活扩散中弱关联的结点,将扩散的主要精力导向于相关性较强的结点,提高了算法执行的效率。该算法的执行过程可通过图7.13所示的案例来展示(设置最大扩散次数为4)。

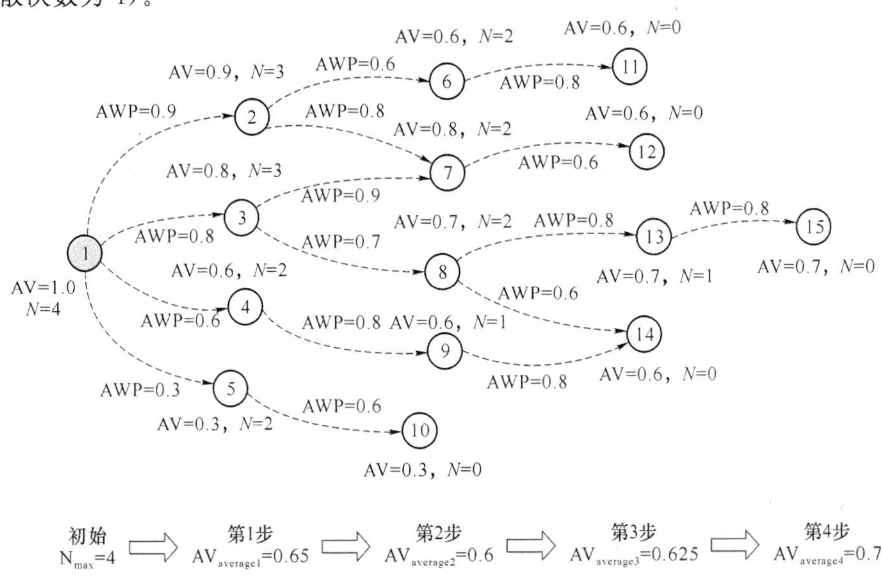

图7.13　SA-GC算法的案例执行示意图

其中，第 1 步扩散由初始结点 1 获得相关联的 4 个结点，平均激活值 $AV_{average1}=(0.9+0.8+0.6+0.3)/4=0.65$，由于 $AV_4<0.65$ 和 $AV_5<0.65$，结点 4 和 5 相应的 N_c 值减 1，此步骤中结点 2 和 3 成为主导方向；第 2 步扩散以结点 2、3、4、5 为初始结点向下扩散，获得相关联的 5 个结点，平均激活值 $AV_{average2}=(0.6+0.8+0.7+0.6+0.3)/5=0.6$，此步骤中结点 10 的 N_c 值减 1 后变为 0，表示该结点将不能再向下扩展新的结点；后继的第 3 和 4 步执行结果如图 7.13 所示。最终获得的概念结点扩展集合 C' 共包含 14 个结点，并且每个结点都具有一个 AV 值用于度量该结点与初始结点相关性的可能程度。

经过模拟实验对比以上三类扩散约束方法，在相同的本体知识空间中进行激活扩散，采取不同的约束方法，所获得的检索结果对比如图 7.14 所示[16]。

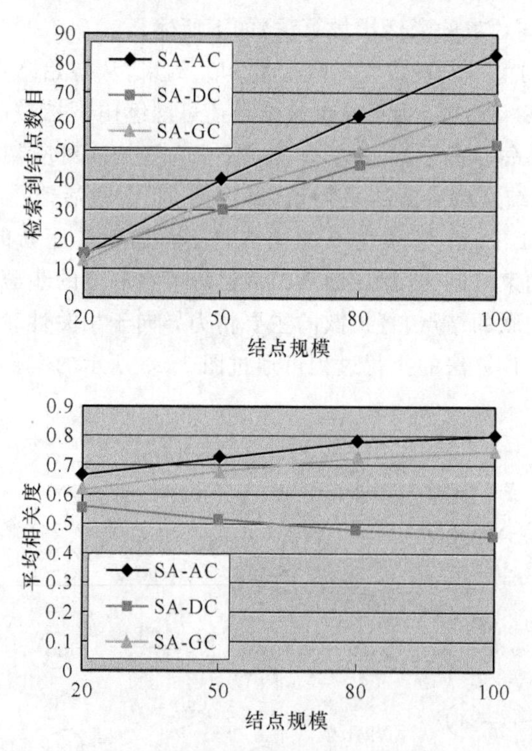

图 7.14 三类激活扩散约束的模拟实验结果对比图

从结果对比可以看出，SA-AC 激活约束在检索到的结点数目以及这些结点与初始结点的相关性平均值这两个指标上都具有一定的优势，尤其在本体知识空间中结点规模增大时表现尤为明显。但是 SA-AC 所消耗的时间是最长的，通过近于穷尽的方式找寻所有关联的满足激活阈值的结点，因而其执行效率很低。SA-DC 距离约束在限定扩散距离后，所能检索到的结点数目以及相关性平均值都较差，尤其是在结点规模增加时表现尤为明显，虽然基于该类约束的激活扩散算法执行效率较高，但是结果却难以满足要求；而本章所提出的 SA-GC 导向约束，在不过多降低执行效率的情况下，相比 SA-DC 提高了检索结点的总数目，其检索结果比较接近于 SA-AC 的结果，通过导向性约束又保证了检索到结点与初始结点的相关性，排除了弱关联的结点，在执行效率和结果满意度两个方面获得了一定的均衡。但是其最大扩散次数约束的设置需要根据实际情况来调整，以适应不同的概念知识空间。

- 关联资源检索阶段

上面两个阶段完成了初始概念集合的子概念扩展和相关性扩展，分别获得了扩展概念集 C 和辅助概念集 C'，并且集合中的各概念都具有其 AV 值，标识着与初始概念的相关度，可将这些概念按照 AV 值的大小进行排序后，向用户反馈相关性概念的检索结果。

若用户还需要进一步获知这些概念相关的资源结点，则需要进行资源实例的相关性检索。该类检索的目的是获得扩展概念集合 C 和辅助概念集合 C' 中概念所关联的实例结点，该阶段的初始结点是扩展概念集合 C 中各概念对应的所有实例结点 R，初始值取其所属概念结点的 AV 值，扩散路径是具有 PPV 度量标识的语义链接属性，各路径的权重取 SRQ-PP 方法提供的 PPV 值，目标结点是辅助概念集合 C' 中概念对应的实例 R'。但与 R 中实例存在语义关联的实例结点并不仅是局限于 R'，因而需要对激活扩散过程进行扩散结点的从属限定，只有是 C' 集合中概念的实例结点才能被激活。在资源实例结点间也存在一对一多关联的情况，扩散过程中各结点的激活值采用如下计算规则（基于可能性逻辑）：

$$\mathrm{AV_d} = \max\Big(\mathrm{AV_d},\ \mathrm{Poss}\Big(\bigcap_i \bigcap_j (\min(\mathrm{AV_{si}},\ \mathrm{PPV_{sidj}}))\Big)\Big) \tag{7-4}$$

其中 $i=1$ 至 n，$j=1$ 至 m，n 为与该扩散结点 d 存在语义关联的初始结点个数，j 为初始结点 s_i 与扩散结点 d 间存在的对象属性（有向）个数，$\mathrm{AV_{si}}$ 为第 i 个关联的初始结点 s_i 的 AV 值，$\mathrm{PPV_{sidj}}$ 为第 j 条初始结点 s_i 到扩散结点 d 的语义关联（有向）的 PPV 值，AVd 为该扩散结点的激活值，Poss（$\bigcap$）运算符代表 max 操作。基于激活扩散算法的资源实例相关性检索案例如图 7.15 所示[16]。

从图 7.15 中示例可以看出，与扩展概念集合 C 相关的直接关联资源集合 R 包括有 r_1 至 r_9 资源实例，这些实例作为关联资源检索阶段的初始结点，通过它们关联的对象属性进行扩散。由于辅助概念集 C' 中所有概念与初始概念集 C_0 中概念都存在直接或间接的语义关联（相关概念扩展阶段的结果），在本体中父结点的属性会向其子孙结点传递和继承，因而作为 C_0 子概念的集合 C 中所有概念也存在与 C' 中概念的直接或间接语义关联。因此，在该激活扩散过程中，采用结点从属约束，只有从属于 C' 中概念的实例结点才能被激活，该激活扩散过程将持续进行直至不再扩展到新的实例结点为止。

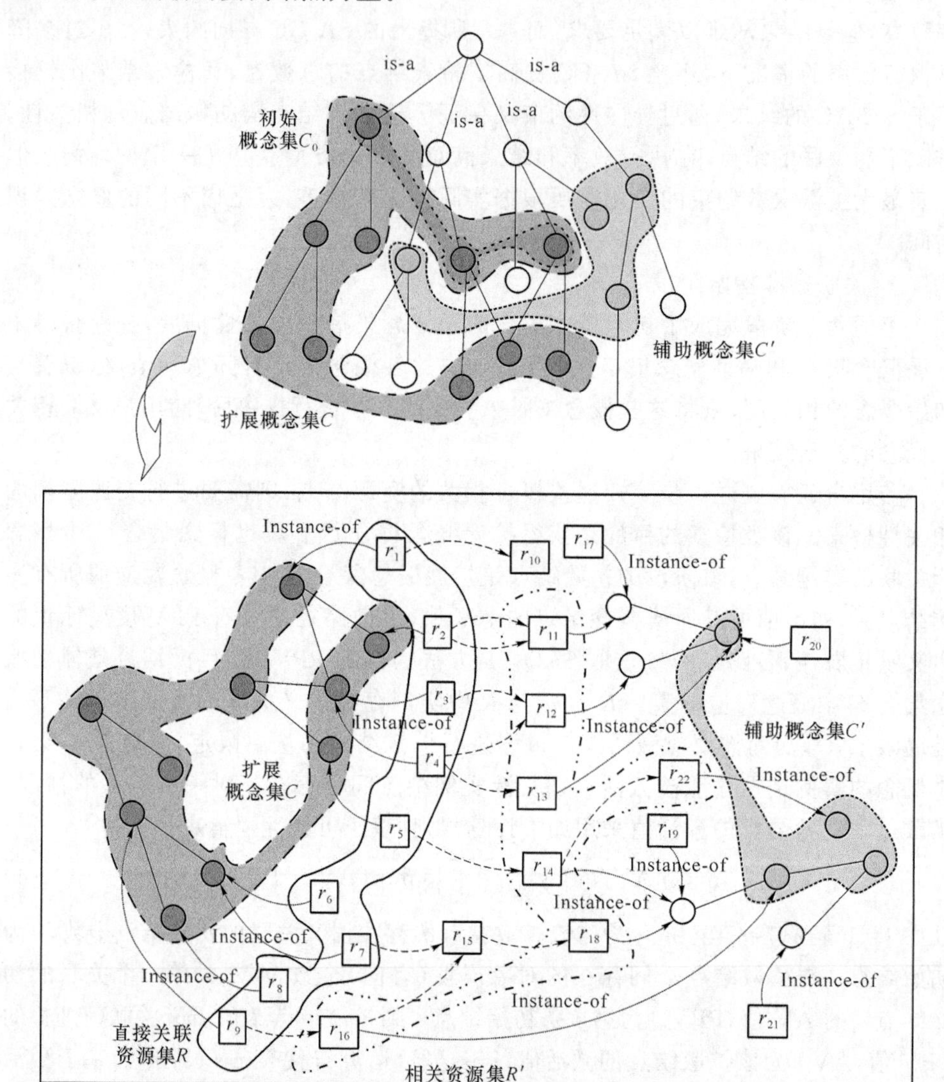

图 7.15　资源实例相关性检索案例示意图

图 7.15 中所示的案例中，经过若干步激活扩散后最终获得的相关资源集合 R'中包括的实例结点有$\{r_{11}、r_{12}、r_{13}、r_{14}、r_{16}、r_{18}、r_{22}\}$，从结果可以看出并不是所有 C'中概念的实例结点都包含于R'，只有与扩展概念集合 C 中实例结点存在直接或间接语义联系的C'中概念实例结点才能被激活，从而保证了检索结果与初始结点间的相关性。通过施加结点从属约束，在激活扩散过程中，避免了漫无目的的扩散，将检索方向导向到限定的结点范围内，提高了激活扩散的执行效率。

本体作为一种知识表达方式，以概念空间来组织知识，本体中语义关系存在一定的层次性和多样性。其语义属性多种多样，既包括基础的关系原语，也有大量自定义的语义关联，但是这些各样的语义关系却具有潜在的联系，它们都是以概念间层次化的从属关系为基础来组织的，存在概念相关属性和实例相关属性两大类关联信息。因而，本节针对本体中知识的组织特点，设计了一种层次化分段式激活扩散机制，将基于激活扩散的本体相关性检索过程分为子概念扩展检索、相关概念扩展检索、直接关联资源检索、相关资源检索等阶段，并在每个阶段中针对检索的目的和信息的特点，采取了不同的激活值计算方法和扩散约束方式。通过案例分析和初步的模拟实验说明了这些方法的有效性，实现了较为灵活高效的基于激活扩散算法的本体相关性检索，为定量化语义度量后本体中信息的相关性检索提供了基础方法和工具。

7.1.4　基于 SRQ-PP 的激活扩散算法检索策略

激活扩散算法沿本体中语义链接方向的路径进行扩散和结点激活，由于该激活扩散过程的发散性，使得扩散极易到达到语义网络中的大众结点(node with very high connectivity)上。大众结点代表了一类通用性资源或状态，它与其他结点具有广泛的联系，一旦该结点被激活，从该结点出发的后继扩散将可能激活数量庞大的各类相关联结点，使得后继激活扩散的结点规模变大，降低了算法的执行效率。而且新引入的与大众结点存在联系的各类结点大多数可能与初始结点的关联性却不大，使得最终检索结果的相关性降低。

对于该类问题的解决，Crestani 和 Schumacher 等都提出了对应的 fan-out 约束[15]，在扩散过程中对于具有高连接度的结点进行排除，以避免后继过为泛化的扩散。但是该类方法忽视了这些链接的差别，只根据结点的链接数目来判断，具有一定的片面性，而且分析的精度不高。

另有研究人员提出可根据语义关联强度的权重的来进行有选择性的扩散[17]，但是其反映的仅仅是正向关联的强度(目标对源的充分性)，而反向关联强度(目标对源的必要性)对于提高检索的准确度是非常有利的，可以帮助检索到对源结点识别性较高的目标结点，排除一些共性和通用结点的干扰，确切找到满足用户需求的信息。因而，在知识的发散式检索过程中，需要根据用户对检索结果的全面性和准确性的不同需求，来选择合适的检索策略，改善检索结果。

本书中所采用的语义定量化度量方法是基于可能性逻辑的，具有 Poss 和 Nec 两类度量指标。Poss 反映了从源结点关联到目标结点的可能性，Nec 则反映了从目标结点反过来关联源结点的可能性，从一定程度上反映了目标结点对源结点的识别性和特征性。激活扩散过程期望所扩散的结点与源结点存在很大的关联性和针对性，而不是泛化的大众型结点。因而可借助于可能性逻辑中的 Nec 指标来度量扩散结点和初始结点间的反向关联度，以保证整个激活扩散过程的针对性和特征性,提高检索结果与初始结点的相关程度。本部分将基于 SRQ-PP 方法中 Poss 和 Nec 两类度量,在采用激活扩散算法进行本体相关性检索过程中,采取正向发散式检索(保全)和反向特征性筛选(去除共性,突出特征性信息)相结合的策略,来进一步改善基于激活扩散的本体相关性信息检索效果。

如第 6 章中所述,NPV 是根据使用某结点作为目标并所有具有相同属性名的属性链接的 PPV 值通过统计方法获得的,反映了某条属性链接所关联的目标结点对于源结点的特征性。NPV 值越高,目标结点对源结点的方向识别和关联能力越强,目标结点被链接的数目越多,则其对各个源结点的专用性就越差。特殊情况下,若某个目标结点在具有相同的属性名的链接中只被一个源结点使用,则该目标结点对于该源结点是唯一专用的(具有特征标识性),通过该目标结点可以反向唯一关联到该源结点,即当检索到该目标结点时,自然就会相应地关联到该源结点。激活扩散算法所期望的是扩散到与目标结点关联性强的特征结点上,而不是泛化的大众结点,因而该 NPV 值非常有助于在激活扩散过程中,根据某个扩散点的反向特征性,用于辅助判断该点是否被激活。

本部分将以基于 SRQ-PP 的关联资源检索为例,来说明如何在基于实例间的语义关联进行相关资源的检索中实施该正向扩散和反向筛选的检索策略[16]。

首先,按照原有策略完成正向的激活扩散过程,记录有效的扩散路径和对应的激活点信息。以资源结点集合 R_0 为初始结点集,以实例结点与其他实例结点间的语义属性关联为扩散路径,该路径的权重值取对应属性关系的 PPV 值,从初始结点出发,沿所关联的路径进行激活扩散,结果如图 7.16 所示。

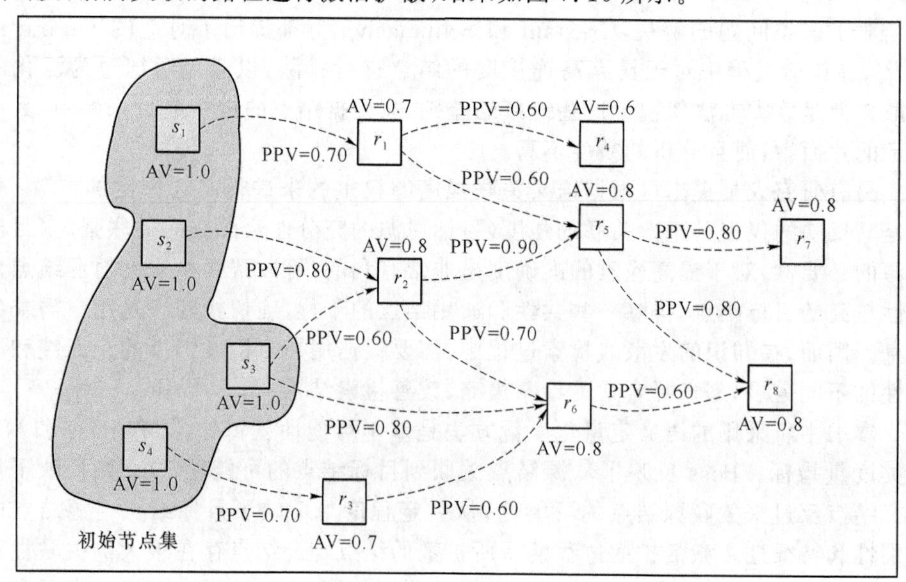

图 7.16 基于资源实例间语义关联的激活扩散案例

其次，从初始结点出发，沿着结点间关联路径方向再次考查各结点与初始结点间的相关度，计算并比较激活结点与初始点关联的入弧的 NPV 平均值 $NPV_{avg\text{-}spread}$：

$$NPV_{avg\text{-}spread} = \text{average}\ (NPV_1,\ NPV_2,\ \cdots,\ NPV_m) \tag{7-5}$$

（m 为该结点与初始结点关联的入弧数目）与该结点所有入弧的 NPV 平均值 $NPV_{avg\text{-}all}$：

$$NPV_{avg\text{-}all} = \text{average}\ (NPV_1,\ NPV_2,\ \cdots,\ NPV_n) \tag{7-6}$$

其中 n 为该结点关联的所有入弧的数目。

根据公式(7-5)和公式(7-6)的结果，可计算出反向特征度(Revese Characteristic Degree，RCD)：

$$RCD = NPV_{avg\text{-}spread}/NPV_{avg\text{-}all} \tag{7-7}$$

若 $NPV_{avg\text{-}spread}$ 大于 $NPV_{avg\text{-}all}$，则说明经过这些扩散路径到达该结点在特征性上是占优势，即通过这些路径扩散到的该目标结点与源结点具有较高的相关性，则可以判断该结点的激活是正确的；若相反，则说明经过这些扩散路径达到该结点过程的特征性不强，这些路径并不是发现该扩散结点的最佳途径(该结点可能是大众结点或非特征性结点)。若对于关联性要求较高则可去除该扩散点，或对其激活值 AV 进行降级处理，并修改后继扩散结点的激活值，以消除激活扩散中特征性不明显甚至是噪声的干扰，保证检索结果与初始结点间的相关性。

例如图 7.17 中所示的若干结点关联的入弧及其 NPV 值展示，在图 7.16 中激活扩散后的结果集中，在考查结点 r_6 的反向特征度时，可发现虽然从 s_3、r_2、r_3 到 r_6 路径的 PPV 值都较高，但是相应的 NPV 值却不高，原因在于到达 r_6 的其他路径的 PPV 值也都较高，计算该结点的 RCD ＝ ((0.4＋0.4＋0.6)/3)/((0.4＋0.4＋0.6＋0.6＋0.5＋0.5)/6)＝0.467/0.50＝0.934，结果小于并很接近于 1；对于结点 r_5 其 RCD ＝ ((0.7＋0.8)/2)/((0.7＋0.8＋0.6＋0.6)/4) ＝0.75/0.675 ＝ 1.1，大于 1。

若 RCD 值大于 1 时，则该值越大说明通过这些路径关联该结点的特征性越明显，目标结点与源结点的关联性越强，该结点可以被激活；若 RCD 值远小于 1，则说明该目标结点与源结点的关联性很弱，该结点作为弱关联结点应该被排除；若 RCD 值接近于 1，则说明与该结点关联路径的特征性都非常接近，各个路径的特征性就不非常明显，该结点很可能是大众结点，具有与其他结点普遍较均衡的关联，若激活该类结点则很可能会使后继的扩散进入到与初始结点关联性不强的区域中，该结点作为泛化结点应该谨慎处理，若进一步考查其出弧的数目较多，则进行排除；否则，可通过降低其激活值级别来继续考查该结点是否被激活。

该种检索策略可以在用户对检索结果的相关性要求较高时，基于结点反向特

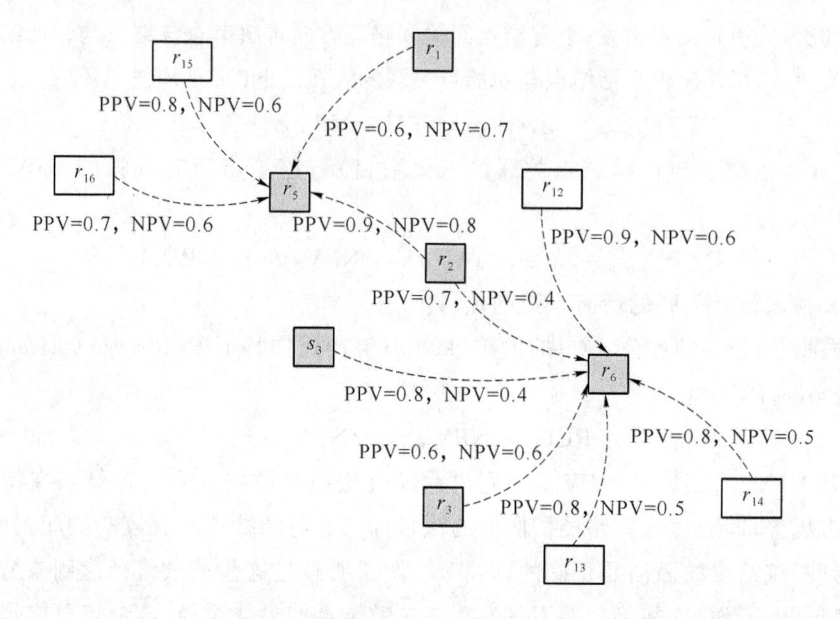

图 7.17　案例中部分资源实例间语义关联的 PPV 和 NPV 取值

征度来进一步判断和筛选各激活结点，从全局视角基于统计特性来反向考查它们与初始结点的关联性，并排除关联性很弱的结点，可有效提高检索结果的相关度。但是该方法需要反向遍历所有与结点关联的语义链接，会带来不小的额外开销，因而在本体规模较大的应用情况下，不适于在整个激活扩散过程中使用该方法，可针对特定案例进行分析，对于大众结点的排查是较为适用的。

本体中信息的检索是本体管理和使用的基础操作，可借助于 RDF 解析器和 SPAQL 查询语句等工具来实现。但是大多数是对确定性语义和信息的检索，当在本体中引入不确定性描述机制后，原有的基于布尔逻辑的定性化语义转变为定量化语义强度度量，使得原有的本体查询机制和检索工具不再非常适用。因而需要在网状的本体知识空间结构中，寻求实现本体信息相关性检索的方法，为本体的管理和推理提供操作基础。

本节在分析本体中信息检索的基本类型和特点的基础上，针对本体描述语言 OWL 对概念词汇信息描述的局限性，提出了类元信息 CMI 的方法，用于实现本体中概念和术语间对应关系的描述，为检索词到概念间的检索和匹配提供了重要参考；针对本体中语义关系的定量化度量机制，采用了具有启发式搜索能力的激活扩散算法，结合本体知识组织的特点，提出了分段式激活扩散执行过程，保证了激活扩散检索的针对性和关联性，为定量化语义度量后本体中信息的相关性检索提供了基础方法和工具；针对激活扩散算法单方向检索的弊端，提出了正向发散式检索和反向特征性筛选的检索策略，利用可能性逻辑中 Nec 指标来对正向激活扩散的结果进行反向的路径特征性考查，排除非特征性扩散所激活的结点，提高检索结果与初始结点间的相关性，并可实现大众结点的发现和处理，进一步改善了激活扩散算法的检索结果。

以上所做研究工作，都是采用激活扩散算法基于本体中已存在（显式说明）的语义关系进行的相关性信息检索。但大多数情况下，反映检索需求的初始结点和最终的资源结点间并不存在直接关系或显式链接，此种情况需要借助于本体的推理能力，发现隐含和潜在的关系，实现检索需求和所需资源间的关联和匹配。下一节将针对该类问题，重点探讨基于激活扩散算法的本体推理方法。

7.2　基于本体的非精确推理技术

本体知识中，除了明确定义通过显式表达的语义属性和关系以外，在各概念以及实例结点间还存在大量的潜在隐含的语义关系，这些语义信息是很难仅依靠检索手段来发现和使用的，这些潜在语义关系需要基于已有的语义信息和推理规则经过推理过程而获得。本节将重点研究如何在基于激活扩散算法的本体相似性检索过程中，通过推理规则的引入，来实现该检索过程中潜在语义关系的发现和使用。

7.2.1　已有本体推理机制和存在问题

推理是指依据一定的规则从已有的事实推出结论的过程。基于知识的推理则强调知识的选择和运用，完成问题求解。推理机（Inference Engine）常见于专家系统，它是对知识进行解释的程序，根据知识的语义按一定策略找到知识进行解释执行。

本体中主要包含两类推理：

第一类 CBox 推理采用严谨的数学公式来表达常规基础知识，具有良好的数学理论基础，保证了本体中基础知识的正确性，该类推理在本体早期的发展阶段中已经得到大多数研究人员尤其是数学领域专家的深入研究和论证，为本体的发展打下了良好的理论基础（本类推理在本书不是研究重点因而不过多讨论和涉及）；

第二类 ABox 推理则是面向特定领域的应用类推理，从已有的语义关系和属性出发，分析和发现潜在的语义信息，目的在于为用户提供更为丰富和实用的语义推理机制。但在该类推理过程中难免会存在一定量的不确定性因素，传统用于实现 CBox 推理的精确化推理机则显得力不从心。因而需要寻求具有启发式能力的非精确推理方法，既能包容不确定性信息，又能启发式地发现潜在的语义关系，为用户提供直接信息检索所无法获得的更多隐含信息和资源，在用户需求和所需资源间建立关联。

现阶段本体推理方法主要有以下三种类型。

• 基于描述逻辑 DL 的推理方法

这类推理都是基于传统 DL 的描述信息，采用 Tableaux 算法设计并实现本体推理机，同时也引入了许多 Tableaux 算法的优化技术，从而提高了其推理效率，该类推理是最基础也是最传统的方法，具有良好的推理性能和严密性，主要用于本体中知识的一致性检查和公理验证[17]。典型代表有 Pellet、Racer 和 FaCT＋＋等。

• 基于规则的推理方法

本体推理作为一类应用，可以映射到规则推理引擎上进行推理。目前已经存在较多可实现 OWL 到规则 rule 的转化工具，以及基于规则方法实现的本体推理机系统，该类推理大多面向具体的应用编制推理规则，并基于这些规则完成潜在语义的发现[18]。典型代表有 Jess 和 Jena 等。

• 基于逻辑编程的推理方法

该类推理基于演绎数据库(Deductive Database)技术来实现，使用关系模型(描述事实)和 Datalog 模型(描述规则)来描述世界，具有严格、系统的数理逻辑理论基础和较强的推理能力，主要用于解决大规模知识存储和逻辑推理问题，具有较高的数据检索和分析效率[19]。典型的系统项目有 F-OWL 和德国卡尔斯鲁厄大学的 KAON2 等。

以上这些方法大都是基于经典数学和布尔逻辑的定性分析方法，具有很高的精度和严密性，在对本体中知识的正确性和一致性检查等方面具有优势。但在面向应用的语义关系推理分析中，各类不确定性因素是难以避免的(如:初始条件的不充分性、推理条件的不完整性、推理过程的不精确性、推理结果的可信度等)。这些本体描述和推理过程中的不确定性使得传统本体推理机制不再适用，需要寻求能够包容、度量、处理不确定性的推理机制。目前用来实现不确定性推理(也称为近似推理)的主要方法有:

• 基于概率理论的不确定推理

以贝叶斯网络(Beyes Network)为代表，它是一种用来表示变量间连接概率的图形模式，是概率论和图论相结合的产物。结点之间依赖关系使用条件概率表(Conditional Probability Table, CPT)来表示，反映了局部的条件概率分布。其推理过程就是概率推理，根据已知条件进行条件概率计算，遵循严格的概率计算规则，具有较高的推理精度[20]。通过推理可获得某些原因下某个结果发生的概率，或在已知结果的情况下获知造成该结果的原因。目前，贝叶斯网络(也称置信网络)已被广泛地应用于分类、句类、诊断分析、因果关系分析、不确定性知识表达等方面。

• 基于模糊逻辑的不确定性推理

模糊性反映的是作为认知主体的人脑对客观事物认知关系的思维特征，是人类在认识客观事物的活动中产生的，它表征的不是客观事物的固有属性，而是人类在认识客观世界的过程中形成的模糊概念和模糊现象[21]。模糊推理是指根据模糊输入和模糊规则，按照确定的推理方法进行推理，获得模糊输出量。其本质是将一个给定输入空间通过模糊逻辑的方法映射到另一个特定的输出空间的计算过程。目前模糊逻辑和推理已在模糊控制、故障检测、决策支持等方面得到应用。

• 基于粗糙集理论的不确定性推理

粗糙集理论是基于不可分辨的思想和知识简化的方法，从数据中推导出逻辑规则作为知识系统模型。其主要思想是在保持分类能力不变的前提下，通过知识约简，导出概念的分类规则[22]。它能有效地分析和处理不精确、不一致、不完整等各种不完备信息，并从中发现隐含的知识，揭示潜在的规律。目前基于粗糙集理论解决的主要问题有：发现属性间依赖关系、冗余数据的简化、发现最重要的属性、生成调度与决策规则、根据规则进行推理等。

在以上三类不确定推理方法中，概率推理以概率值来度量不确定性，模糊推理以隶属度来度量不确定性，粗糙推理以集合上下限来度量不确定性，在描述不确定性方面具有各自的优势和适用情况。本书所采用的可能性逻辑是模糊理论中一类用于描述事件发生可能性的不确定性度量方法，其所描述的不确定性不同于概率逻辑和粗糙集理论，在此类不确定性的处理上激活扩散算法具有一定的适用性，但激活扩散算法本身并不能直接支持语义推理。

在基于激活扩散算法的推理研究中，Liu 等于 2004 年开发实现了一个基于激活扩散模型的通用推理工具 ConceptNet。ConceptNet 中包含有一个大规模的语义网络和激活扩散推理机(spreading activation inference engine)，用于提供该语义网络中概念间各类关系的检索和分析[23]。但该推理机只是利用激活扩散算法的发散式检索能力来搜寻满足各类关联的概念结点(广义上讲，具有某类约束的激活扩散过程也可称之为推理过程，因为在激活扩散过程中施加了一定的指导性约束，使得检索结果朝着用户期望的方向侧重，可以看做是在知识的导引下实现了信息的检索)，虽然在词汇信息的自动提取操作中给出了一些简单的词汇间关联公理(Relaxation phase)用于指导 ConceptNet 的构建，但并没有解决潜在语义关系的发现和推理问题；Espinosa 等于 2005 年也基于激活扩散模型开发实现了一个时间关系推理机 EventNet，基于事件概率利用激活扩散算法在各类常规事件(Commonsense Events)中发现它们之间的时间关系，用于事件发生因果关系的分析[24]，同样只是利用已有的关联进行各种形式的扩散，没有明确地给出关系推理的方法。

本部分采用将推理规则和激活扩散算法相结合的方法，在激活扩散过程中根据推理规则的前提条件来指导潜在语义关系的发现，为扩散过程提供更多可用的关联路径，以便能够激活和发现更多的相关结点。

7.2.2 基于激活扩散算法的本体推理方法

将本体引入到信息检索中，目的在于通过本体提供的语义知识和推理能力，提供相关性检索和隐含关系发掘，以便能够发现更多相关的资源。在基于语义关系的本体推理中，推理规则的目的在于描述各类语义关系间的潜在关联，单纯的激活扩散算法是无法发现这些潜在规律的，需要借助于推理规则所描述的规律性来发现并利用这些隐含的关系。同时，激活扩散模型的路径扩散和检索能力，为本体的不确定性推理提供了语义关系分析能力，并通过路径权重和激活值的计算，可实现语义强度约束下的语义关系推理。

本书中所使用的推理规则表达为“IF 条件 1 and 条件 2 and 条件 3 THEN 结果”的形式，按照有向语义链接间关系可将语义关系推理分为以下几种主要类型。

- 单向传递型：从源结点 s 出发经过若干条（$n \geqslant 1$）满足推理条件路径（有向弧）到达目标结点 d，则依据推理规则从 s 到 d 存在新的链接路径，如图 7.18中 a 所示（其中有向实线代表已经存在的并满足推理条件的路径，有向虚线代表通过推理发现的新路径），例如空间关系 north-of 的传递规则。
- 自反关联型：从源结点 s 出发存在满足推理条件的路径（$n=1$）到达目标结点 d，则依据推理规则存在由 d 到 s 的新链接路径，如图 7.18 中 b 所示，例如空间关系 north-of 和 south-of 的对称规则。
- 有向环型：从源结点 s 出发经过若干条推理条件路径后都到达目标结点 d，则依据推理规则从 d 到 s 存在新的链接路径，如图 7.18 中 c 所示，例如空间关系 near-by 的循环规则。

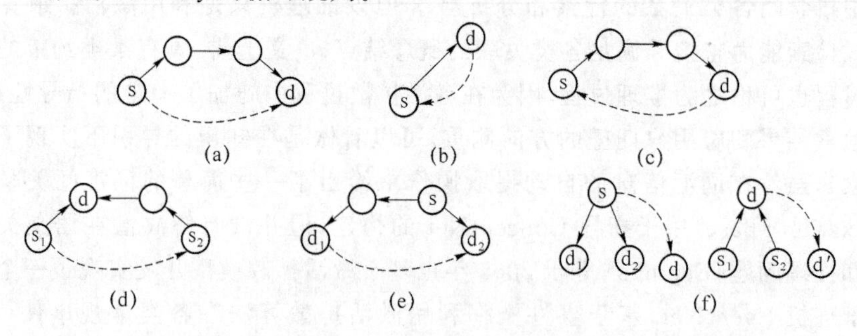

图 7.18 语义关系推理的主要类别示意图

- 同目标源关联型：从不同的源结点 s_1 和 s_2 出发沿着不同的满足推理条件的路径（$n \geqslant 1$）到达相同的目标结点 d，则依据推理规则两个源结点 s_1 和 s_2 间存在新的链接路径，如图 7.18 中 d 所示，例如需要某类数据的用户与提供该类数据的设备间存在的匹配规则；

- 同源目标关联型：从相同的源结点 s 出发沿着不同的满足推理条件的路径（$n\geqslant1$）达到不同的目标结点 d_1 和 d_2，则依据推理规则在两个目标结点 d_1 和 d_2 间存在新的链接路径，如图 7.18 中 e 所示，例如数据源提供者和使用者间的供需规则。
- 新结点关联型：当与某个结点关联的若干条路径（$n\geqslant1$）都被满足时，依据推理规则从该结点会向其他结点存在新的关联路径，如图 7.18 中 f 所示，例如依据数据源的规模和服务模式来判断该数据服务等级的决策规则。

从上面对语义关系的分类可以看出，推理过程中关系的方向性是非常重要的，而且路径的方向性直接影响着激活扩散算法的扩散过程。再来从激活扩散算法角度分析以上各类语义关系推理情况：类型 a 推理并没有改变扩散的方向，但可能会缩短扩散路径，并将影响激活的权重，该类推理规则提高了激活扩散的速度但会影响其扩散的范围；类型 b 和 c 推理都产生了与扩散方向相反的回路，会导致扩散的回归和循环，若不施加约束将使得扩散过程无穷尽地自环，该类推理规则对于激活扩散没有帮助反而会降低执行效率；类型 d 和 e 推理提供了同源或同目标结点间隐含语义关系的发现，丰富了扩散的路径，但并没有引入新的扩散结点；类型 f 推理根据已扩散的路径能够发现潜在新的扩散结点，增加了扩散的范围，有助于发现更多相关的结点。

通过以上的分析可知，激活扩散算法为各类语义关系推理规则的执行提供了语义关联的检索和扩展能力，可根据本体描述的背景知识和语义信息，以初始条件为起点，基于 SRQ-PP 所提供的定量化语义关系度量值，逐步扩展和构建相关的激活扩散网络，并将最终检索到的结点集合按照其激活值大小排序后返回给用户。基于激活扩散算法的本体不确定推理机结构如图 7.19 所示。

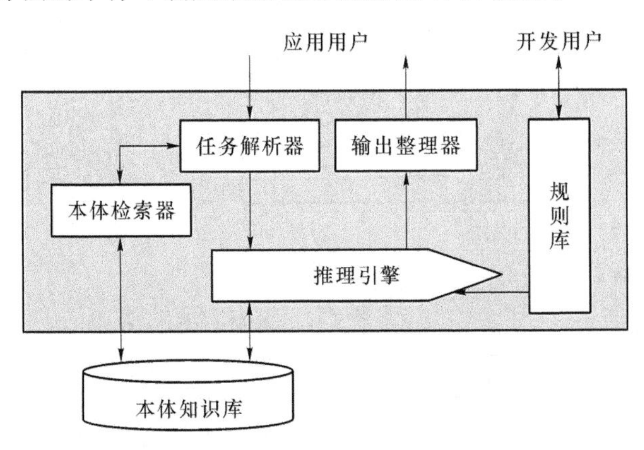

图 7.19　基于激活扩散算法的本体不确定推理机结构图

其中任务解析器负责将用户提交的任务进行解析，借助于本体检索器提供的本体信息，获得包含初始结点 N_0 和初始语义属性 R_0 的推理任务初始集。该推理任务初始集作为激活扩散算法的初始状态，从这些初始结点 N_0 出发，沿着初始语义属性 R_0，基于推理规则和本体知识库中语义知识，通过带有路径约束的激活扩散过程来构建语义关联网，获得所有关联的结点，最终将这些结点按照其激活值的大小排序后返回给用户。

基于激活扩散算法的推理引擎工作流程图如图 7.20 所示。在图 7.20 中右侧部分展示了一个与流程对应的实例，其中虚线是推理发现的新路径，灰色圆点为推理新添加的结点，从结果可以看到，在激活扩散网中，通过推理规则获得了潜在的语义关联，并发现了新的相关结点，推理结果比激活扩散算法获得了更多的关联结点，并丰富了语义关系，使得各结点激活值的计算更为全面和综合，为结果的最终排序提供了重要的依据。

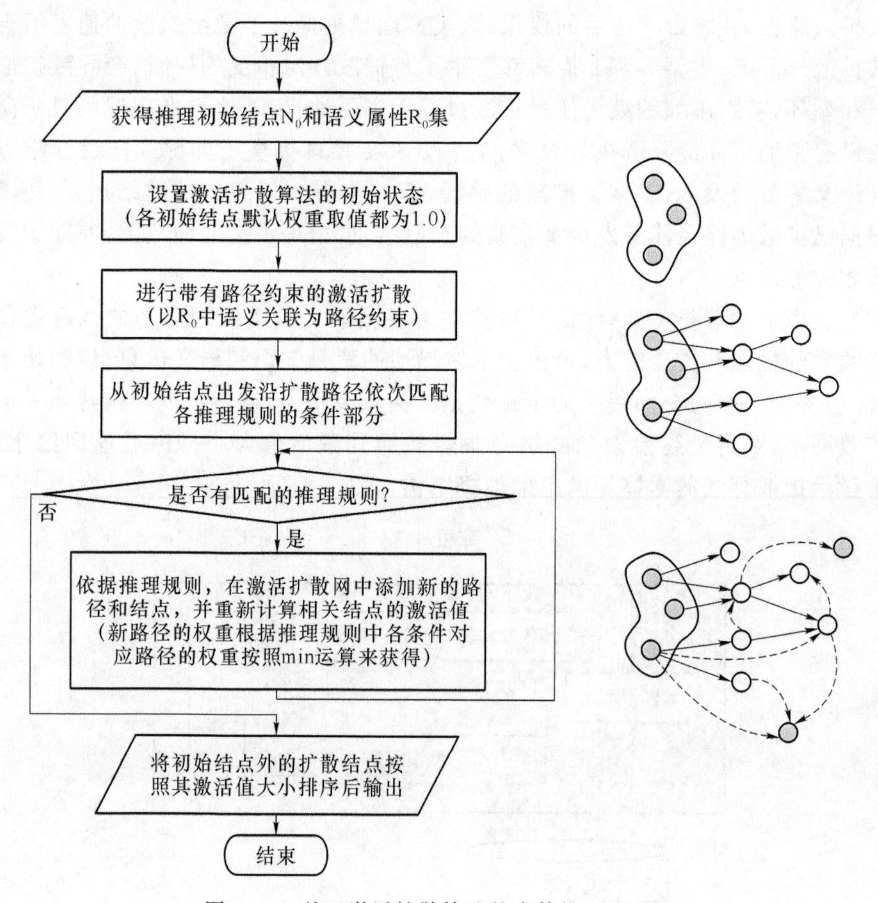

图 7.20　基于激活扩散算法的本体推理流程图

在该推理过程中，需要面临多种不确定性，即前文提到的：初始条件不充分性、推理条件不完整性、推理过程的不精确性、推理结果的可信度。下面将进一步说明基于 SRQ-PP 语义度量方法和激活扩散算法如何来解决这些推理中不确定性问题的方法。

(1) 初始条件的不充分性

在很多情况下，用户推理任务所给出的推理初始条件是很有限的，面临结点少、语义关联有限的情况，基于这些有限的信息很难向下推理。而不确定推理需要解决的问题之一就在于能够对初始集进行扩展，引入与初始条件密切相关的辅助信息和资源，帮助推理机扩宽条件覆盖面，以便能够发现和获取更多相关的资源。因而可在初始条件非常有限无法满足任何推理规则的情况下，通过含有 DCS 标识路径的子概念扩散，扩展初始结点集合，原有初始结点 N_0 默认权重都为 1.0，扩展的初始结点 N_0' 权重则根据 DCS 值按照 6.1.3 节中公式(6-1)计算得到；若还不能满足推理规则要求，则可按照 6.1.3 节中提出的分段式激活扩散方法，依次采取相关概念扩展、直接关联实例扩展、相关实例扩展，直至能够至少满足一个推理规则的启动条件为止。根据满足的推理规则在初始集基础上，添加推理获得的新路径和关联结点，并继续向下依据推理规则构建语义关系网直至没有新路径或结点加入为止，根据初始结点的权重和各路径的权值计算各扩散结点的激活值，最终将初始集以外的扩散结点按照激活值大小排序后返回给用户。

(2) 推理条件的不完整性

在推理过程中，大多数情况下推理初始条件是很有限的，若将推理条件给得比较宽泛无限制，对于推理条件明确的推理规则而言则难以抉择。根据常识我们知道，在推理过程中完全满足推理条件的情况是不多见的，大多数情况是部分满足，存在某些条件的缺失，而这些条件对应的语义属性对于该推理而言是次要甚至是可以忽视的，不会对最终推理结果造成太大的影响。在解决该类推理不确定性问题时，可以借助于本书中提出的 SRQ-PP 语义度量方法中的 DWP 和 AWP 两个指标来实现。DWP 反映的是某个语义属性对于关联结点的重要程度，AWP 反应的是在特定应用中语义属性的重要程度，用于识别与某结点关联的众多语义属性中的关键属性：关键属性对于推理是非常必要不可缺少的，直接影响着关联结点是否有效；而对于非关键属性，其 DWP 或 AWP 值越小，则表明其满足度要求越低。因此，在推理条件中若大多数条件都满足的情况下，个别 DWP 或 AWP 值很低的属性取值不满足或缺失时，不会影响该推理的中间结果，使得推理可以正常继续向下进行，从而改善了本体推理过程的包容性；但若是任意关键属性取值不满足或缺失，则不能使用该推理规则。

(3) 推理过程的不精确性

在推理过程中,除了上面提到的推理条件存在缺失外,还存在推理条件的满足程度问题,通过不同的路径可能会到达相同的结点或获得相同的结果,但其推理条件的满足度是存在差异的,是具有不同精确程度的推理过程,因而需要对这些推理过程的精确度进行度量。基于 SRQ-PP 语义度量方法提供的定量化指标 AWP、PPV、DCS 可以对各类路径的权重进行度量,表示各路径所对应语义关系的强度。基于推理规则所发现的新路径,其权重值是将规则中各条件对应路径的权重值按照 min 运算来获得,反映了基于这些带权路径来发现新路径的可能程度。这些路径所具有的满足度值将会在激活扩散和推理过程中向后继路径和结点传递,这些定量化的数值为推理过程的不精确性提供了度量和判定依据,将直接或间接影响后继的激活扩散和推理过程,并未最终结果满足程度的度量提供重要参考。

(4) 推理结果的可信度

在经过初始条件不充分、推理条件不完整、推理过程不精确后,所获得的推理结果需要对其所经历推理过程的不确定性和可信度进行度量,以考查推理结果对初始结点的满足程度。在激活扩散和推理过程中,基于 SRQ-PP 方法所提供的各类语义关系度量指标,无论何种操作都有语义强度的定量化度量数值,并且这些数值在扩散和推理中都进行了组合计算和传递,反映了每步操作的可信度,最终结点的激活值可以粗略的反映该结点与初始结点间的关联程度。因而基于 SRQ-PP 语义度量方法提供的语义强度数值,通过激活扩散推理过程的路径权重计算方法,可对整个信息检索和推理过程的各类不确定性进行定量化的度量,保证了推理过程的定量化和推理结果的可比性。

本节在分析本体中语义关系推理的类别和特点基础上,针对本体不确定推理所需要解决的关键问题,将推理规则的潜在语义关系描述机制和激活扩散算法的语义关系检索能力相结合,设计了一种基于激活扩散算法的本体不确定性推理机制,并对该推理过程中存在的四类不确定性问题分别给出了相应的解决方法,实现了推理过程的定量化度量和判定,提高了本体推理过程的包容性、近似性和灵活性。

7.3 本章小结

本章在分析各类相似性检索和不确定推理方法的基础上,选用了激活扩散算法来实现语义强度定量化度量后本体知识的相关性检索和不确定性推理。针对本体相关性检索的特点,从概念的检索和匹配、检索的导向性和效用范围、检索策略三个方面分别展开研究。提出了类元信息 CMI 描述机制,扩展了本体中概念元信息的描述能力，实现概念和术语间对应关系的描述，为检索词到概念间的匹配提供了重要参考。针对本体知识组织的层次化特点，提出分段式激活扩散算法，实现了本体信息的相关性检索，保证了激活扩散检索的针对性和关联性。针对激活扩散算法单方向检索的弊端，提出了正向发散式检索和反向特征性筛选的检索策略，实现了非特征性、大众结点的排除，提高了检索结果与初始结点的相关性。此外，本章分析推理过程中的不确定性，提出了基于激活扩散算法的本体不确定性推理机制，解决了推理过程的不充分性、推理条件的不完整性、推理过程的不精确性等关键问题，实现了推理过程的定量化度量、近似性判定和不确定性包容。本章中所提出的本体相关性检索和不确定性推理方法，为本体知识库的使用和管理提供了基础操作，提高了本体信息检索和推理的灵活性，为后继的空间数据服务检索系统实施，提供了信息检索和知识推理的有效手段。

本章参考文献

[1] 蒋凯，武港山. 基于 Web 的信息检索技术综述[J]. 计算机工程，2005，31(24)：7-9.

[2] Castells P，Femandez M，Vallet D. An adaptation of the vectorspace model for ontology-based information retrieval[J]. IEEE Transactions on Knowledge and Data Engineering，2007，19(2)：261-272.

[3] Senng-Hoon Na，Hwee Tou Ng. A 2-poisson model for probabilistic coreference of named entities for improved text retrieval[C]. Proceedings of the 32nd international ACM SIGIR conference on Research and development in information retrieval，2009，275-282.

[4] Lixin Gan，Shengqian Wang，Mingwen Wang，Zhihua Xie，Lin Zhang，Zhenghua Shu. Query Expansion based on Concept Clique for Markov Network Information Retrieval Model[C]. The Fifth International Conference on Fuzzy Systems and Knowledge Discovery，2008，29-33.

[5] Roy Lachica，Dino Karabeg，Sasha Rudan. Quality，Relevance and Importance in Information Retrieval with Fuzzy Semantic Networks [C]. International Conference on Topic Maps Research and Applications（TMRA），Germany Leipzig. 2008，77-93.

[6] Lin Peiguan，Liu Hong，Fan Xiaozhong，Wang Tao. New method for query answering in sematinc web[J]. Journal of Southeast University (English Edition)，2006，22(3)：319-323.

[7] David A. Grossman，Ophir Frieder 著，张华平，等译. 信息检索算法与启发式方法(第 2 版)[M]. 北京：人民邮电出版社，2010.

[8] Collins A，Quillian M. Retrieval Times from Semantics Memory[J]. In Journal of Verbal Meaning and Verbal Behavior，1969(8)：240-247.

[9] Rocha C. A hybrid approach for searching in the semantic web[C]. in Feldman S I，Uretsky M，Najork Marc，et al. (eds). Proceedings of the 13th international conference on WWW. New York：ACM，2004，374-383.

[10] Shengtao Sun，Dingsheng Liu，Guoqing Li. The Research on Hierarchical Construction Method of Domain Ontology. International Conference on Semantic，Knowledge and Grid，203-210，2010.

[11] Shengtao Sun，Dingsheng Liu，Guoqing Li，Wenyang Yu. The Semantic Retrieval of Spatial Data Service based on Ontology in SIG[C]. ISPRS Joint Workshop on Geospatial Data Infrastructure：from data acquisition and updating to smarter services，62-67，2011.

[12] Cristiano Rocha，Daniel Schwabe，Marcus Poggi de Aragao. A hybrid approach for searching in the semantic web[C]. Proceedings of the 13th international conference on World Wide Web，New York，2004.

[13] 杨学兵，孙航. 一种基于本体的混合检索方法[J]. 计算机技术与发展，2009，19(1)：125-130.

[14] Kinga Schumacher，Michael Sintek，Leo Sauermann. Combining Fact and Document Retrieval with Spreading Activation for Semantic Desktop Search[C]. Proceedings of the 5th European semantic web conference on The semantic web：research and applications (ESWC'08)，Lecture Notes in Computer Science，2008(5021)，569-583.

[15] Michael R. Berthold，Ulrik Brandes，Tobias Kotter，Martin Mader，Uwe Nagel，Kilian Thiel. Pure spreading activation is pointless[C]. Proceeding of the 18th ACM conference on Information and knowledge management，New York：ACM，2009.

[16] Shengtao Sun，Jibing Gong，Jijun He，Siwei Peng. A spreading activation algorithm of spatial big data retrieval based on the spatial ontology model [J]. Cluster Computing，2015，18(2)：563-575.

[17] Baader F，Sattler U. An Overview of Tableau Algorithms for Description Logics[J]. Studia Logica，2001(69)：5-40.

[18] Thomas Eiter，Giovambattista Ianni，Thomas Krennwallner，Axel

Polleres. Rules and Ontologies for the Semantic Web[R]. Reasoning Web, Springer-Verlag Berlin, Heidelberg, 2008.

[19] Boris Motik. KAON2 - Scalable Reasoning over Ontologies with Large Data Sets[N]. The Future Web, ERCIM NEWS, 2008(72).

[20] 杨喜权，曹雪亚，国峋娜，周建园. 基于贝叶斯网络的本体不确定性推理[J]. 计算机应用，2008，28(5)：1170-1172.

[21] 肖伟跃. 模糊规则中的不确定性推理研究[J]. 应用科学学报，2002，20(1)：94-98.

[22] 程玉胜. 基于粗糙集理论的知识不确定性度量与规则获取方法研究[D]. 合肥：合肥工业大学，2008.

[23] H. Liu, P. Singh. ConceptNet - A Practical Commonsense Reasoning Tool-Kit[J]. BT Technology Journal, 2004, 22(4): 211-226.

[24] J. Espinosa, H. Lieberman. EventNet: Inferring Temporal Relations between Commonsense Events[C]. International Conference on Artificial Intelligence, Mexican, 2005(3789), 61-69.

第8章 基于自然语言的空间数据服务语义化查询系统

本章将综合利用本书前面所提出的技术和方法,设计和实现以自然语言为检索输入方式的空间数据服务查询原型系统。本章将给出空间信息服务领域中各类型数据服务的语义化描述方法,编写从用户检索需求到数据服务描述间的匹配规则,通过本体相关性检索和不确定推理,检索和发现所有满足用户需求的空间数据服务。并通过本原型系统的运行效果,对本书中所提出的各项技术和方法进行综合性验证。

8.1 空间数据服务检索系统的发展现状

空间数据服务是空间信息汇聚和对外服务的形式,空间数据服务的发现和使用是空间信息检索的基础,因而在分布式网络环境下实现对各类空间数据服务的高效查询和准确发现具有重要的应用价值。对比和分析现有空间数据服务和空间信息检索系统,可发现存在的问题主要有:

- 检索方式的专业性

大多数系统往往采用基于关键词的组合检索方式,对于这些检索条件的理解和综合使用,需要用户具有一定的领域背景知识才能很好地完成,对于日益增多的非专业检索用户而言则困难重重,难以确切表达自己的检索需求并获得满意的结果。本书中所提出的基于句类分析的自然检索语句解析方法为用户提供了基于自然语言的信息检索方式,可基于领域知识对用户检索需求进行解析,自动获知用户的检索意图,为用户提供便捷、灵活的检索方式。

- 检索流程的不确定性

现有大多数基于关键字的匹配方法难以适应日益复杂的信息检索需求,而基于领域知识的信息检索过程虽具有一定的智能性和灵活性,但需要面临检索过程中需求的不确定性、知识的不确定性、检索流程的不确定性等问题。这些不确定性因素是否能很好地表达和处理,将对信息检索的结果具有重要的影响。本书中所提出的基于可能性逻辑和概率统计的语义关系度量方法 SRQ-PP,可对该空间信息检索流程中各类不确定性因素进行语义定量化描述，为信息检索过程中各类不确定性因素的理解和处理提供基础解决手段。

- 检索过程的非精确性

由于在检索过程中存在以上的各类不确定性，很难在检索需求和资源描述间建立精确化的映射和匹配关系，使得该检索过程中很难继续采用确定性的精确化检索算法。因而需要基于以上不确定性度量机制，采取适用的启发式信息检索算法，来实户检索需求和资源描述间的非精确化匹配，并对其匹配程度进行定量化的度量。本书所提出的基于激活扩散算法的本体相关性检索和不确定性推理算法，为该近似性信息检索过程提供了关联性搜索和非精确推理能力，可有效提高信息检索的广度和精度。

在数据信息量庞大的空间信息检索中，便捷、准确、高效地检索到用户真正需要的资源和信息是非常必要和重要的。本章主要研究如何综合运用以上研究成果，将基于本体的不确定性知识描述机制和非精确推理技术应用于空间数据服务查询中，力图提高空间信息检索过程的智能化程度。

8.2　基于本体的空间数据服务语义化查询系统总体设计

通常，信息检索系统大多都包括有三个基础模块：用户需求解析模块、服务资源描述模块、检索和推理模块，总体结构框图如图 8.1 所示。

- 用户需求解析模块对用户输入的以特定格式描述的检索需求进行解析，转换成系统内部可识别的描述形式。
- 资源描述模块从资源元信息文档中获取资源的描述信息，并转换成系统内部可处理的描述形式。
- 检索和推理模块通过信息检索或推理手段，在需求描述信息和资源描述信息间建立匹配关系，向用户返回满足检索需求的信息列表。

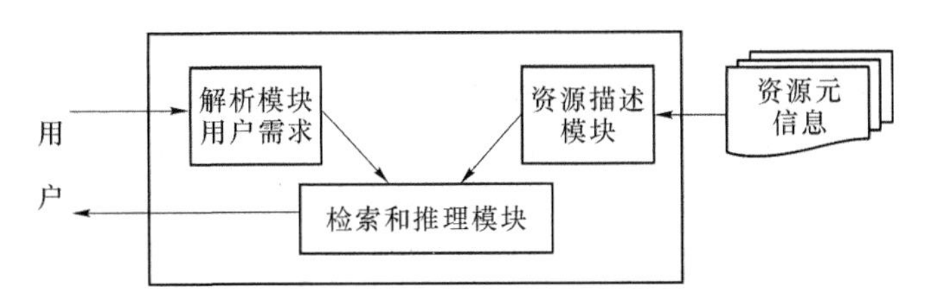

图 8.1　信息检索系统总体结构框图

从信息检索系统的总体结构框图可以看出，检索和推理模块是整个系统的核心，其检索和推理能力决定了该系统检索效果的好坏。此外，用户需求解析模块的解析能力对用户检索界面的操作方式产生直接影响，资源描述模块的信息抽取能力决定了资源描述信息的结构和特征。基于本体的空间信息自然语言检索系统对应的总体结构图如图 8.2 所示。

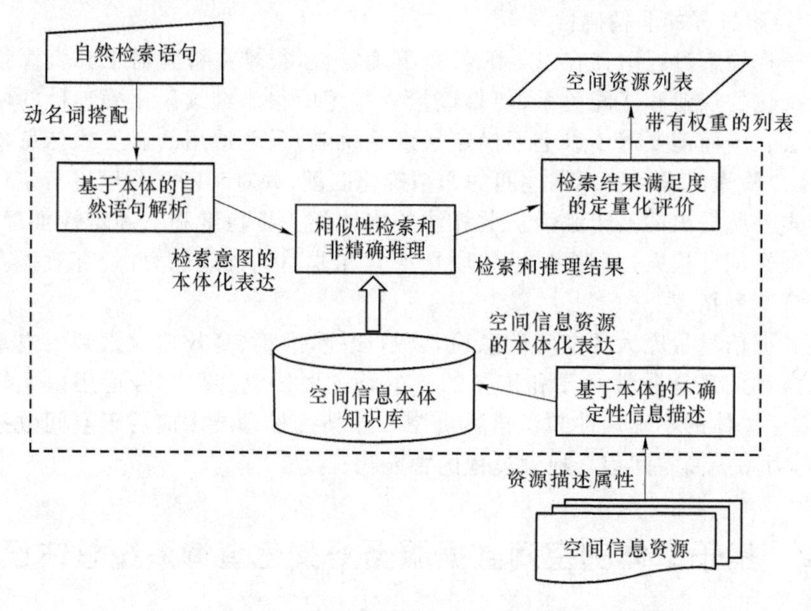

图 8.2　基于本体的空间信息服务自然语言检索系统总体结构图

用户需求解析模块能够理解以自然语句形式描述的用户检索需求，为检索和推理模块提供以语义本体形式描述的用户检索意图；资源描述模块能够解读各种类型的空间信息资源描述元信息，为检索和推理模块提供以语义本体形式描述的资源描述信息；检索和推理模块能够通过本体相似性检索和非精确推理技术，在资源描述和用户需求间建立语义关联和匹配关系，并将最终检索结果按照匹配和满足程度来排序后返回给用户。

本书中第 4 章构建的空间信息本体为该系统提供了本体知识库；第 5 章提出的基于句类分析的自然语句解析方法，为该系统提供了用户检索语句的解析能力和用户检索意图的本体化描述机制；第 6 章提出的本体不确定性描述机制，为该系统提供了不确定性领域知识的表达和各类空间信息资源的描述方法；第 7 章提出的本体相关性检索和不确定性推理方法，为该系统提供了用户需求和资源描述间相似性检索和匹配的手段。因而，本书中所研究的各项成果为本系统的实现提供了有效的方法和技术保障。更为详细的系统总体流程如图 8.3 所示。

该系统以自然语句作为检索输入，以带有权值的空间数据服务列表为输出，基于语义化检索和推理方法，在用户需求和服务描述之间建立语义匹配关系，可改善空间数据服务检索的便捷性和灵活性，从一定程度上提高了空间信息服务的精确度和智能化程度。该系统的具体实现技术细节将在本章后继内容中进行说明。

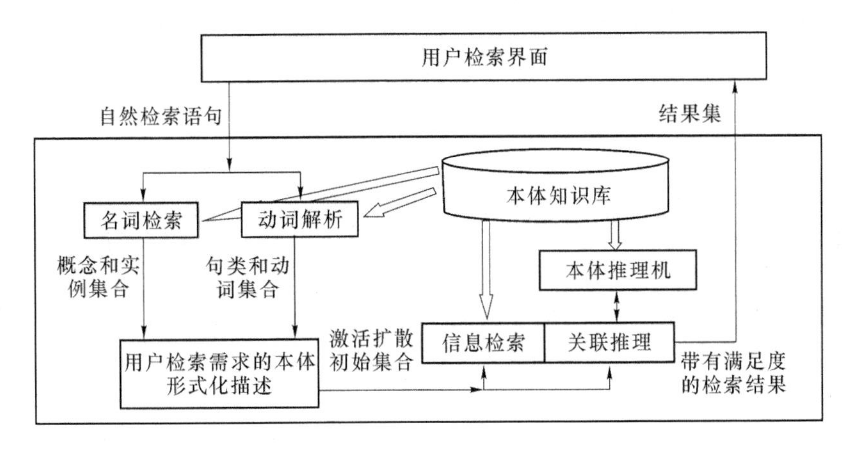

图 8.3　基于本体的空间信息服务自然语言检索系统总体流程图

8.3　基于本体的空间数据服务语义化查询系统关键技术说明

上一节给出了该系统的总体结构和流程，本节将对该系统中关键技术进行详细的说明，并展示本书中各研究成果的具体实施方法和相互配合机制。

8.3.1　检索需求的解析和本体化描述

从界面上获得描述检索需求的自然语句后，需要完成的是从自然检索语句到本体形式化符号的转换，该转换过程如下所示。

① 根据空间信息本体中类元信息 CMI 的 ChineseName 属性中记录的中文术语来匹配自然检索语句中对应的名词术语集 S_{noun}，根据句类分析应用本体中动词类的词汇来匹配自然检索语句中对应的动词词汇集 S_{verb}。

② 依据这些术语 S_{noun} 所关联概念与这些术语的语义强度 PPV 值，可计算出各术语对概念的关联 NPV 值(具体计算方法参见第 5 章中示例 4)，获得带有初始权重的概念集合 $S_{concept}$，依据 S_{verb} 所关联的动词类获得关联的句类集合 S_{sc}。

③ 分析 S_{sc} 中各句类组成语义块 E 的搭配关系，依据 $S_{concept}$ 中概念的上下层概念以及与 S_{verb} 中动词搭配情况，判断该检索语句对应的具体句类(详细判断流程参见第 4 章 4.3 节中案例)。

④ 获取该句类中对应动词的扩展词汇 $S_{verb'}$(包含有中英文动词)和与该动词相邻名词对应概念集 $S_{concept'}$(中心词)，基于 $S_{verb'}$ 中动词词汇筛选与($S_{concept}$ - $S_{concept'}$)集合中概念关联的所有语义属性，获得与检索需求匹配的语义属性集 S_{sp}，再将中心词 $S_{concept'}$ 关联的所有语义属性加入到 S_{sp} 中，形成最终语义属性集合 S_{sp}。

至此获得的 $S_{concept}$ 和 S_{sp} 两个集合，即为与用户检索需求对应的本体概念集合和语义属性集合，将自然检索语句转变为由若干概念结点和所关联语义属性组成的语义本体描述形式，这两个集合是后继信息检索和匹配过程的初始集和依据。

8.3.2 空间数据服务的本体化描述

在进行信息检索和匹配之前，还需要事先将各类空间数据服务描述信息以语义描述形式存储在本体知识库中，实现资源描述元文档到本体形式化描述信息的转换，该转换过程如下所示。

① 在本体中 DataService 概念结点下添加新的数据服务类型子结点或新的数据服务形式子结点 Node，添加对应的 CMI 实例并填写描述信息，以便于对该类数据服务概念信息的检索。

② 分析该种数据服务描述格式的规范，按照描述信息的层次结构，在本体中为该子类结点 Node 添加具有相同层次结构的语义属性，如图 8.4 所示，并按照各属性的重要程度设置 DWP 或 AWP 值，表示各语义属性对于描述该类数据服务的重要性。

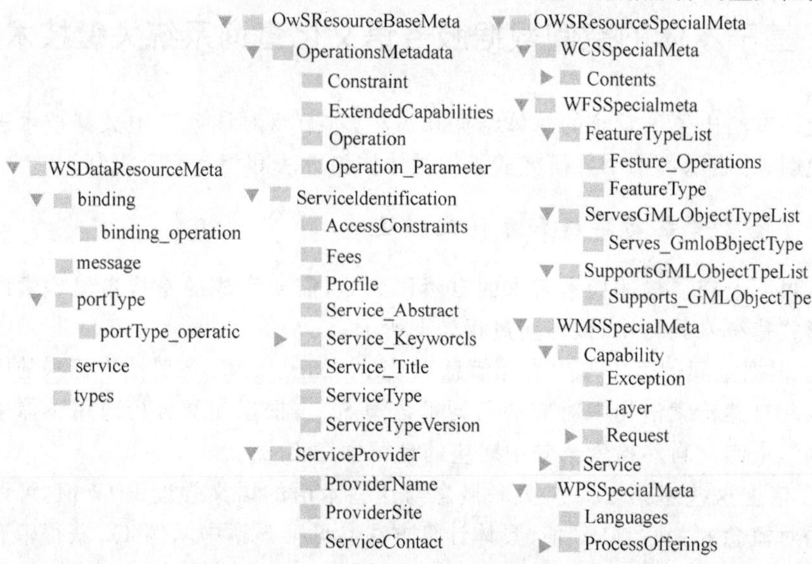

图 8.4 以层次语义属性形式描述的数据服务描述信息结构示例图

由于各类数据服务描述格式存在共性和特性部分，为降低属性冗余度，可如图 8.4中所示对 OWS 类服务按照基础元信息和专用元信息来分别组织和描述。

③ 这些服务的描述信息格式存在很大的异构性，既有元属性数目和名称的差异，又有属性含义的差别。而用户在进行这些多类型服务检索时，所关心的信息往往包含有：服务名称、提供者、服务类型、收费方式等，存在相似的检索条件和需求，因而可为各类数据服务的查找提供统一的检索视图。本系统采用了如图 8.5 所示的语义描述属性。

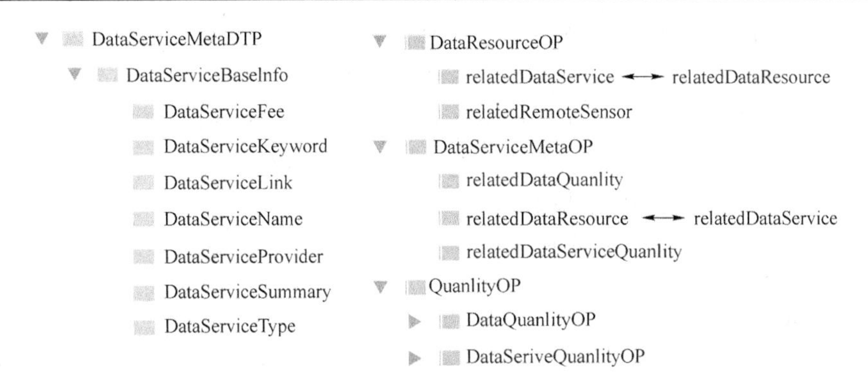

图8.5 基于检索视图的数据服务语义属性结构示例图

在本体中除了包含有常规的描述属性(图8.5中左侧部分)外,还包含有重要的反映语义关系的语义关联属性(图8.5中右侧部分)。语义关联在概念结点间建立联系,为这些知识结点间的关联性检索和推理提供了依据。

④ 以上数据服务各语义属性的取值需要从相应的服务描述元信息中获得。从语义角度来看,服务描述规范中的元信息与服务语义描述属性间存在各种映射关系(图8.6),这些语义描述属性值的获取则需要从对应的元信息中特定位置获得(元信息中各项属性通常都有采用特殊的标签tag来间隔)。这些语义映射关系是具有一定规律性的,本系统采用元信息提取规则来描述这些对应关系,可实现服务语义属性值的自动化提取。

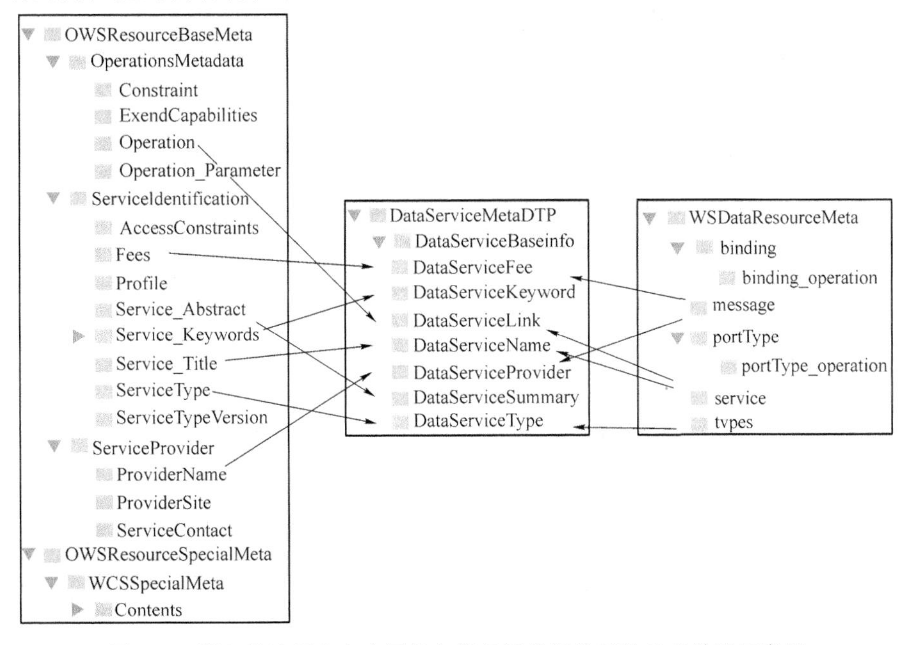

图8.6 服务描述元信息中属性与服务语义属性间的对应关系示意图

采用推理规则的形式来描述语义关系具有更好的动态性和易维护性特点，将语义知识以可动态执行并根据需要可修改的推理规则形式来描述和存储，避免了将领域知识固化在代码或本体知识中的弊端，为灵活的语义关系描述和推理提供了有力的手段。借助于推理规则来实现元信息的自动解析和获取，可有效解决数据服务描述元信息的句法异构问题。

元信息提取规则示例如下所示：

```
OWSkeyword:
{?dr = ns:DataResource, ?ds = ?dr.ns:relatedDataService}
IF contain(?dr.ns:Service_Keyword,'<key>(.*)</key>')
THEN ?key = regex(?dr.ns:Service_Keyword,'<key>(.*)</key>',0) AND
?ds.ns: DataServiceKeyword = ?key
CF = 1.0
```

该规则描述了OWS类型服务Keyword属性值的获取方法。其中，regex为正则表达式操作符，代表从关联的数据源描述元属性Service_Keyword中标签<key>和</key>之间的内容中获取描述信息。

该规则描述了OWS类型服务Keyword属性值的获取方法。其中，regex为正则表达式操作符，代表从关联的数据源描述元属性Service_Keyword中标签<key>和</key>之间的内容中获取描述信息。

也可根据服务元信息中的术语，来获得语义关联属性的对应关系，如下所示：

```
OWSrelatedSensor:
{?dr = ns:DataResource, ?sr = ns:Sensor}
IF contain(?dr.ns:Service_Abstract,'(.*)' + ?sr.ns:SensorName + '(.*)')
THEN ?dr.ns:relatedRemoteSensor = ?sr
CF = 0.98
```

该规则根据服务描述中对遥感传感器名称的匹配，来发现数据源与遥感传感器间的对应关系，代表了该数据源对应数据服务所提供数据的来源和种类。

更为复杂的复合推理规则如下所示：

```
OWSserviceType:
{?dr = ns:DataResource, ?ds = ?dr.ns:relatedDataService}
IF contain(?dr.ns:ServiceType,'(.*)OWS(.*)')
```

```
THEN ?info = regex(?dr.ns:ServiceType, '(.*)OWS(.*)',1) AND
    (IF contain(?info,'(.*)WMS(.*)')
    THEN ?ds.ns:ServiceType = 'WMS' AND ?ds.owl:is-a = ns:WMService) AND
    (IF contain(?info,'(.*)WCS(.*)')
    THEN ?ds.ns:ServiceType = 'WCS' AND ?ds.owl:is-a = ns:WCService) AND
    (IF contain(?info,'(.*)WFS(.*)')
    THEN ?ds.ns:ServiceType = 'WFS' AND ?ds.owl:is-a = ns:WFService)
```

该规则在从 ServiceType 元信息中获知该服务为 OWS 类服务后，进一步判断具体的 OWS 服务类型(例如 WMS、WCS、WFS 等)，并决定该服务实例的从属关系。

基于以上方法编写相应的元信息提取规则，可完成服务描述文档到服务语义描述信息的转换，实现了空间数据服务的本体化描述，这些语义描述信息为后继的检索需求匹配过程提供资源描述信息。

8.3.3 基于激活扩散算法的空间数据服务检索和匹配

前面两个小节说明了自然检索语句和服务描述文档转变为本体中对应语义描述信息的过程，本节将说明的技术问题是如何实现两者之间的语义关联性匹配。基于激活扩散算法的相似性匹配过程包括两类处理流程:信息检索和关联推理。

(1) 信息检索

以自然语言解析获得的概念结点 $S_{concept}$ 为初始结点，以关联的语义属性 S_{sp} 为关联路径，沿着空间信息本体中存在的语义关联方向进行激活扩展，经由与服务实例关联的语义属性可逐级找寻到对应的空间数据服务。该激活扩散过程所经过路径的语义强度值经过综合运算和传递，为目标结点与初始结点间的语义相关性提供度量依据，最终可获得具有权重的空间数据服务列表。

该类语义关联性匹配过程只需基于具有语义强度描述信息的语义关联即可实现，具有较快的执行速度和检索过程的可度量性，通常适用于用户检索需求较规范的情况。该情况下检索条件组合结构比较接近于服务语义描述的结构，例如:“对地观测中心提供的数据服务”、“提供 MODIS 数据的数据源”、“提供 ASAR 数据的 OWS 数据服务”、“提供灾害信息的数据源”等检索语句。

图 8.7 展示的是一个以概念“灾害”为激活扩散起点的服务检索结果片段，该图中显示的是基于概念间从属关系进行词汇扩散后所能检索到的数据服务列表。而对于检索条件与服务描述信息间并不存在直接显式语义关联的情况，例如:“用于水中悬浮泥沙监测的数据源”、“2010 年舟曲泥石流影响范围”、“近几年华北地区小麦种植面积变化”等检索语句，很难仅通过检索手段就能在需求和资源间建立关联，此种情况则需要进一步通过关联推理来发现它们之间潜在的语义联系，寻求

检索需求和资源描述间隐含的语义关联。

检索的关键词为：灾害

关键词对应概念进行匹配结果

匹配数据服务	匹配属性	匹配关键词	匹配概念
无			

子概念进行匹配结果

匹配数据服务	匹配属性	匹配关键词	匹配概念
DS_WCS_CEODE-WCS	DataServiceKeyword	geological hazard	GeologicalHazard
DS_WFS_CEODE-WFS	DataServiceKeyword	水灾	HydrologicalHazard
DS_WCS_CEODE-MODIS	DataServiceKeyword	flood	HydrologicalHazard

父概念进行匹配结果

匹配数据服务	匹配属性	匹配关键词	匹配概念
DS_WS_CNIC-LANDSAT	DataServiceKeyword	全球变化	EarthSciencePhenomena

图 8.7　以概念"灾害"为激活扩散起点的空间数据服务检索结果片段

(2) 关联推理

以自然语言解析获得的概念结点 $S_{concept}$ 为初始结点，以关联的语义属性 S_{sp} 为初始路径，基于空间信息本体中已经存在的语义关联方向进行激活扩展后，若无法达到任何服务实例结点或对检索到的服务不满意的情况下，则需要基于激活扩散所获得的语义关系网，再次从初始结点出发沿扩散的路径方向，基于推理规则依次判断语义关联对规则的满足程度(具体判断方法和扩展方式参见 7.2.2 小节中相关说明)，可通过发现潜在的语义关联或新的关联结点，扩大该语义关系网的关联范围，以求能够关联和检索到更多的服务实例结点。

因此，最终查询结果将由信息检索结果和关联推理结果两部分组成，并按照满足程度的强弱来排序，可保证了信息检索的全面性和可比性。若用户不满意该检索结果，可基于信息检索和关联推理过程中涉及的 Nec 度量值，反向筛选和判断各结果的可信度，去除关联性较弱的结果，为用户提供更加准确的检索结果。

在该潜在语义关联发现过程中，推理规则发挥了重要的作用。下面将对本系统中所使用的各类主要推理规则进行展示和说明。

• 空间关系推理规则

空间关系主要包括有空间方位关系和拓扑关系，由于该类关系推理中存在较强的规律性和可度量性，因而可在推理的同时实现对这些语义关系的定量化度量。而对于那些在推理过程中难以确定其语义关联度的情况，则默认推理结论的语义强度都为 1.0。(注：推理结论的确信度不仅与推理规则中所给出的定量化度量有关，还与推理规则中条件部分的不确定性有关，对于各类推理过程中存在的不确定性计算和处理方法参见 7.2.2 小节中相应说明)

空间方位关系：根据两个区域的地理坐标相对位置来判断这两个区域间的方位关系。

空间方位的定性关系推理规则如下所示：

```
SpatialDirections1:
{?area1 = ns:GeographyArea, ?area2 = ns:GeographyArea}
IF (?area1.ns:CenterLongitude≥?area2.ns:CenterLongitude)
THEN ?area1.ns:northOf = ?area2
CF = 1.0
IF (?area1.ns:CenterLatitude≥?area2.ns:CenterLatitiude)
THEN ?area1.ns:eastOf = ?area2
CF = 1.0
```

该规则根据两个区域地理坐标中经度差和纬度差的关系来判断这两个区域的方位关系，southOf 和 westOf 关系分别与 northOf 和 eastOf 成反关系。

空间方位的定量关系推理规则如下所示：

```
SpatialDirections2:
{?area1 = ns:GeographyArea, ?area2 = ns:GeographyArea}
IF (?area1.ns:CenterLongitude≥?area2.ns:CenterLongitude) AND
    (?area1.ns:CenterLatitude≥?area2. ns:CenterLatitude)
THEN (?lonDiff = ?area1.ns:CenterLongitude - ?area2.ns:CenterLongitude) AND
    (?latDiff = ?area1.ns: CenterLatitude - ?area2.ns:CenterLatitude) AND
    (?DifSum = ?lonDiff + ?latDiff) AND (?area1.ns:northOf  = ?area2)
CF = ?latDiff/?DifSum
IF (?area1.ns:CenterLongitude≥?area2.ns:CenterLongitude) AND
    (?area1.ns:CenterLatitude≥?area2. ns:CenterLatitude)
THEN (?lonDiff = ?area1.ns:CenterLongitude-?area2.ns:CenterLongitude) AND
    (?latDiff = ?area1.ns: CenterLatitude-area2.ns:CenterLatitude) AND
    (?DifSum = ?lonDiff + ?latDiff) AND (?area1.ns:eastOf  = ?area2)
CF = ?lonDiff/?DifSum
```

该规则在判断两个区域的方位关系基础上，通过经度差和纬度差间的比例进一步判断这两个区域间方位关系的精确化度量(具体计算方法说明参见第 6 章中示例 5 说明。对于这些推理规则的判断精度，本书中不予讨论和分析，只是给出粗略的判断依据，更为精细的判断条件可根据实际需要调整推理规则中相应部分即可）。

空间拓扑关系：根据两个区域的地理坐标范围来判断这两个区域间粗略的拓扑关系。

区域包含关系推理规则如下所示：

```
SpatialContain:
{?area1 = ns:GeographyArea, ?area2 = ns:GeographyArea}
IF(?area1.ns:MaxLon≥?area2.ns:MaxLon) AND
    (?area1.ns:MaxLat≥?area2.ns:MaxLat) AND
    (?area1.MinLon≤?area2.MinLon)AND
    (?area1.ns:MinLat≤?area2.ns:MinLat)
THEN (?area1.ns:SpatialContain = ?area2)AND
    (?diffLon = ?area1.ns:MaxLon-?area1.ns:MinLon)AND
    (?diffLat = ? area1.ns:MaxLat-? area1.ns:MinLat)
CF = ?area1.ns:RegionArea/(?diffLon * ?diffLat)
```

该推理规则根据两个区域最大和最小经纬度范围来判断这两个区域间的包含关系，并以大区域面积对经纬格的覆盖度（判断大区域的形状是否接近于所处经纬格的方形，越接近则该区域对小区域的包含性越强）来粗略对该区域包含关系进行定量化度量。

区域相交关系推理规则如下所示：

```
SpatialOverlap:
{?area1 = ns:GeographyArea, ?area2 = ns:GeographyArea}
IF (?area1.ns:MaxLat≥?area2.ns:MaxLat) AND
    (?area1.ns:MinLat≤?area2.ns:MaxLat) AND
    (?area1. MaxLon≥?area2.MinLon)
THEN (?area1.ns:SpatialOverlap = ?area2)AND
     (?diffLon1 = ??area1.ns:MaxLon-?area1.ns:MinLon)AND
    (?diffLat1 = ?area1.ns:MaxLat-?area1.ns:MinLat)AND
    (?diffLon2 = ?area2.ns:MaxLon-?area1.ns:MinLon)AND
    (?diffLat2 = ?area2.ns:MaxLat-?area1.ns:MinLat)AND
    (?gridArea1 = ?diffLon1 * ??diffLat)AND
    (?gridArea2 = ?diffLon2 * ?diffLat2)
CF = MIN{?area1.ns:RegionArea/?gridArea1, ?area2.ns:RegionArea/?gridArea2}
```

该推理规则根据两个区域最大和最小经纬度范围的重叠性来判断这两个区域间的相交关系,并以两个区域面积对经纬格的覆盖度来粗略对该区域相交关系进行定量化度量。

- 时间关系推理规则

时间关系包括有时间段与时间点间的关系、时间段与时间段间的关系两类,下面分别进行说明。

时间段与时间点间关系:根据事件发生时间点与时间段的起始和终止时间关系来判断时间段与时间点间的关系。

时间段对时间点的包含关系推理规则如下:

```
TemporalContain:
{?event = ns:Event, ?period = ns:TimePeriod}
IF (?event.ns:occurTime≥?period.ns:startTime) AND
    (?event.ns:occurTime≤?period.ns:endTime)
THEN ?event.ns:occurDuration = ?period
CF = 1.0
```

该推理规则根据事件发生时间点与时间段的起始和终止时间关系来判断时间包含关系。

时间段与时间段间关系:根据两个时间段的起始和终止时间对比关系来判断这两个时间段间关系。

时间段间包含关系推理规则如下:

```
TemporalContain:
{?event1 = ns:Event, ?event2 = ns:Event}
IF (?event1.ns:startTime≤?event2.ns:startTime) AND
    (?event1.endTime≥?event2.endTime)
THEN ?event2.ns:occurDuring = ?event1
CF = 1.0
```

该推理规则根据事件发生时间与期间的起始和终止时间关系来判断时间包含关系。

时间段间相交关系推理规则如下:

```
TemporalOverlap:
{?event1 = ns:Event, ?event2 = ns:Event}
IF (?event1.startTime≤?event2.startTime) AND
    (?event1.endTime≤?event2.endTime) AND
    (?event1. endTime≥?event2.startTime)
THEN (?event1.occurOverlap = ?event2) AND
    (?difTime = ?event1.endTime-?event2.startTime) AND
    (?duration1 = ?event1.endTime-?event1.startTime) AND
    (?duration2 = ?event2.endTime-?event2.startTime)
CF = ?difTime / MIN{?duration1,?duration2}
```

该推理规则根据两个事件发生的起始和终止时间关系来判断时间重叠关系，并以两个事件的重叠时间段长度与短事件时间段长度的比例来粗略对该时间相交关系进行定量化度量。

时间段间前后关系推理规则如下：

```
TemporalBefore
{?event1 = ns:Event, ?event2 = ns:Event}
IF (?event1.endTime≤?event2.startTime)
THEN (?event1.occurBefore = ?event2) AND
    (?difTime = ?event2.startTime-?event1.endTime) AND
    (?duration1 = ?event1.endTime-?event1.startTime) AND
    (?duration2 = ?event2.endTime-?event2.startTime)
CF = MIN{?duration1 + ?duration2, ?difTime} / (?duration1 + ?duration2)
```

该推理规则根据事件发生的起始和终止时间关系来判断两个事件发生时间的前后关系，并以两个事件发生的时间差与两个事件发生时间和的比例来粗略对该时间前后关系进行定量化度量。

- 领域基础知识推理规则

以上给出的是基础的时空关系推理规则，本部分将展示一些典型遥感领域基础知识对应的推理规则。

波谱度量单位换算：在波谱表示时使用波长或频率作为度量单位来描述的情况下，两个度量单位间的自动换算规则如下：

```
SpectrumMeasure1:
{?signal = ns:SpectrumSignal}
IF (?signal.ns:bandwidth>0)
THEN (?signal.ns:frequency = 300000000/?signal.ns:bandwidth)
CF = 1.0
SpectrumMeasure2:
{?signal = ns:SpectrumSignal}
IF (?signal.ns:frequency>0)
THEN (?signal.ns:bandwidth = 300000000/?signal.ns:frequency)
CF = 1.0
```

该推理规则可根据电磁波信号波长和频率间的关系来实现波长和频率度量间的相互转换。

地物特征波段判断:通过对地物波谱的分析,可以发现某类地物在特定频谱范围内具有显著地特征,基于该频谱范围可以判断出识别和检测该类地物可以使用的特征波段,该判断规则(该推理规则仅考虑单一且连续的特征频谱范围情况)如下所示:

```
standerdValue:
{?value = ns:propertyValue, ?unit = ns:propertyUnit}
IF (?unit.ns:transToBasicUnit ! = null)
THEN (?value.standardValue = ?unit.ns:transToBasicUnit * ?value)
particularBand:
{?object = ns:GeographyObject, ?band = ns:SpectrumBand, ?bl = spectrum-
  Low, ?bu = spectrumUp, ?ol =
  standardValue(?object.ns:specialSpectrumLow, ?object.ns:speicalSpec-
  trumLowUnit), ?ou = standardValue(?object.ns:specialSpectrumUp,?ob-
  ject.ns: speicalSpectrumUpUnit)}
IF (?ou≥?bu) AND (?ol≤?bu)
THEN ?object.ns:particularBand = ?band
CF = (?bu-?ol) / MIN{(?bu-?ol), (?bu-?bl)}
IF (?ol≤?bl) AND (?ou≥?bl)
THEN ?object.ns:particularBand = ?band
CF = (?ou-?bl) / MIN{(?bu-?ol), (?bu-?bl)}
```

该推理规则根据地物特征频谱范围与波段的频谱范围间关系来判断该地物是否可以使用该波段作为特征波段，该规则中调用了波长值的标准单位转换规则standardValue，以保证这些波长值间的可比性。并通过判断地物特征频谱和波段频谱重叠部分与其中较小的频谱范围的比例来粗略地对该特征波段关系进行定量化度量。

空间分辨率等级判断：遥感领域中通常可将空间分辨率分为五个等级：1 等 0～5 米，2等 5～10 米，3 等 10～100 米，4 等 100～500 米，5 等 500 米以上。不同等级空间分辨率的遥感影像可满足不同的应用要求，也是空间数据检索的重要条件，该判断规则如下所示：

```
SpatialResolutionLevel:
{?img = ns:RSImageData, ?level = ns:imageResolutionLevel}
IF (standardValue(?img.ns:spatialResolution,?data.ns:spatialResolutio-
   nUnit)≤standardValue(?level.ns: spatialResolutionUp,?level.ns:spa-
   tialResolutionUpUnit)) AND (standardValue(?img.ns: spatialResolu-
   tion,?data.ns: spatialResolutionUnit) ≥ standardValue(?level.ns:
   spatialResolutionLow, ?level.ns:spatialResolutionLowUnit))
THEN (?data.ns:hasResolutionLevel = ?level)
CF = 1.0
```

该推理规则根据数据的空间分辨率值与空间分辨率等级的上下限间关系来判断该数据满足的空间分辨率等级，该语义关系的强度可默认取值为 1.0。

地物监测对遥感传感器的选用：根据不同地物监测任务对遥感数据在空间分辨率、信号波段等条件的要求，选择适用的遥感传感器来实施监测任务，该规则如下所示：

```
useSensor:
{?obsvTask = ns:ObservationTask, ?sensor = ns:Sensor, band? = ?sensor.
hasBand}
IF (obsvTask.ns:obsvObject.ns:particularBand = ?band) AND (?obsvTask.
   ns:needSpatialResolutionLevel = ?band.ns:hasSpatialResolutionLevel)
THEN (?obsvTask.ns:useSensor = ?sensor)
CF = 0.9
```

该推理规则根据空间分辨率和波段信息来选择适用的遥感传感器。

• 特殊应用推理规则

上面给出的是反映遥感领域基础知识的推理规则，本部分将对空间数据服务检索中采用的特殊规则进行展示和说明。

对数据服务规模的度量规则：在空间数据服务查询中，可从数据服务的提供者、所提供的数据总数量等方面来判断服务的规模，该规则如下所示：

```
serviceLevel:
{?ser = ns:DataService, ?dr = ?ser.relatedDataResource, ?count = 0}
IF (?ser.ns:Provider.ns:organizationLevel = 'International')
THEN (?count = ?count + 10) AND
    IF (?dr.ns:hasDataQuantityUnit = 'PB')
    THEN (?count = ?count + 10) AND
    IF (?dr.ns:hasDataQuantityUnit = 'TB')
    THEN (?count = ?count + 5) AND
    (?ser.ns:ServiceLevelCount = ?count)
CF = 0.8
IF (?ser.ns:Provider.ns:organizationLevel = 'Regional')
THEN (?count = ?count + 5) AND
    IF (?dr.ns:hasDataQuantityUnit = 'PB')
    THEN (?count = ?count + 10) AND
    IF (?dr.ns:hasDataQuantityUnit = 'TB')
    THEN (?count = ?count + 5) AND
    (?ser.ns:ServiceLevelCount = ?count)
CF = 0.8
```

该推理规则根据数据服务提供者的不同等级以及能够提供的数据波段数目的综合指标来对数据服务的规模进行粗略的度量。

对数据服务可用性的度量规则：在空间数据查询中，可从服务形式、付费方式、链接的安全性等方面来判断服务的可用性，该规则如下所示：

```
serviceUsability:
{?ser = ns:DataService, ?count = 0}
IF regex(?ser.ns:DataSeriveType, '(. * )OGC(. * )')
THEN (?count = ?count + 10) AND
```

```
    IF (?ser.ns:DataServiceFee = 'free')
    THEN (?count = ?count + 10) AND
    IF (?ser.ns:DataServiceFee = 'charge on flow')
    THEN (?count = ?count + 5) AND
    IF regex(?ser.ns:DataServiceLink,'https')
    THEN (?count = ?count + 5) AND
    (?ser.ns:ServiceLevelCount = ?count)
CF = 0.8
IF regex(?ser.ns:DataSeriveType, '(. * )Web Service(. * )')
THEN (?count = ?count + 8) AND
    IF (?ser.ns:DataServiceFee = 'free')
    THEN (?count = ?count + 10) AND
    IF (?ser.ns:DataServiceFee = 'charge on flow')
    THEN (?count = ?count + 4) AND
    IF regex(?ser.ns:DataServiceLink,'https')
    THEN (?count = ?count + 5) AND
    (?ser.ns:ServiceLevelCount = ?count)
CF = 0.7
IF regex(?ser.ns:DataSeriveType, '(. * )FTP(. * )')
THEN (?count = ?count + 4) AND
    IF (?ser.ns:DataServiceFee = 'free')
    THEN (?count = ?count + 10) AND
    IF (?ser.ns:DataServiceFee = 'charge on flow')
    THEN (?count = ?count + 4) AND
    IF regex(?ser.ns:DataServiceLink,'ftps')
    THEN (?count = ?count + 5) AND
    (?ser.ns:ServiceLevelCount = ?count)
CF = 0.7
```

该推理规则根据数据服务的提供形式、付费方式、服务链接的安全性的综合指标来对数据服务的可用性进行粗略的度量。该类规则的特点在于面向特定的应用需要，采取非通用的度量指标在特定应用场景下对事物的能力或满足度进行度量。

- 各类推理规则的综合运用

以上对时空关系推理、领域基础知识的表达、特定应用判定规则中相应推理规则的说明，为空间信息领域中各类知识提供了形式化的表达机制，这些领域知识为基于知识的信息检索提供了推理依据，便于在各个资源结点间建立更广泛的联系。

然而由于用户检索语句的多样性，反映的检索内容的也千差万别，但对于有效的空间信息检索语句，通常所包含的检索信息可以分为以下几类：时间信息（反映对空间信息的时间范围需求）、空间信息（反映对空间信息的空间位置需求）、数据信息（反映对空间信息的应用需求）、数据质量（反映对空间信息的质量需求），因而需要解决的问题就是寻求在一定时空范围内满足特定应用目的且保证一定质量的空间信息。同样，对于空间数据服务的自然检索语句中所包含的需求信息也可对应于这四个方面，检索的目的在于获取能够提供一定时空范围内满足特定应用目的其具有一定服务质量的数据源。因此，可以根据该特点，在自然语句解析中注重对这四类信息的分析和获取，并根据这四类信息对应的规则来进行推理分析，建立与数据服务间的联系。

对上面所述空间数据服务的语义描述属性所能提供的信息来分析可知：服务所提供数据的时空范围信息可从服务描述 DataServiceSummary 属性中获取；服务可满足的应用信息可从 DataServiceKeyword 属性中获取，或根据其 relatedRemoteSensor 关系通过关联的传感器应用能力来推断；服务质量可根据 DataServiceType、DataServiceFee、DataServiceProvider、DataServiceLink 属性的组合来进行综合度量。因此，空间数据服务检索中，用户需求和服务描述间的语义映射关系如图 8.8 所示。

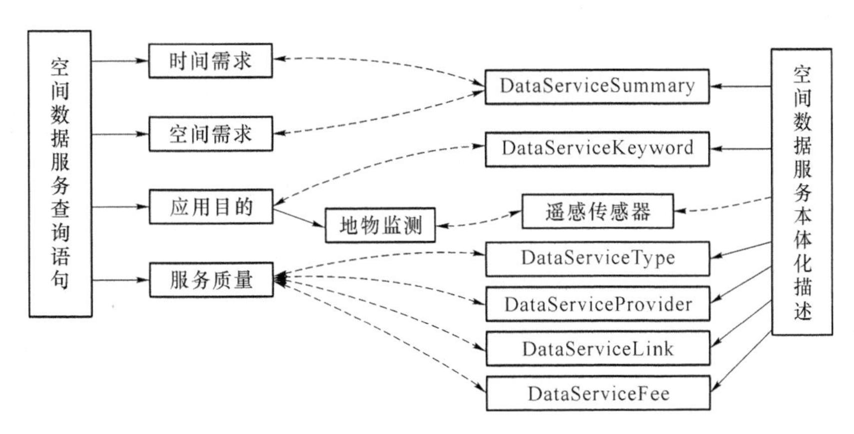

图 8.8　空间数据服务检索语句与空间数据服务本体化描述之间的语义关系

图 8.8 中实线代表通过语义检索可直接获得的信息，虚线代表需要通过推理来建立的语义关系。从该图中展示的语义关系可以看出，为实现检索需求和服务描述之间的语义关联，需要综合运用以上时空推理、领域知识推理、特殊应用推理所需的各类推理规则，并基于语义度量方法 SRQ-PP 提供的语义关系定量化度量

值，对这些语义关联的强度进行定量化度量，对最终匹配的服务资源进行满足度评价。

8.4 基于本体的空间数据服务语义化查询系统运行结果

以上各节分别介绍了该系统的总体结构和关键技术，本节将通过典型的空间数据服务检索案例，展示该系统的工作过程和检索流程，并根据执行结果分析其优点和不足。

在原型系统中共注册添加了 8 个数据服务实例，包括有 OGC、Web Service、JDBC 三类数据源，如图 8.9 所示。本部分将通过对这 8 个数据服务的自然语言检索进行模拟实验，来展示本书中所提出方法和技术的实际应用效果。

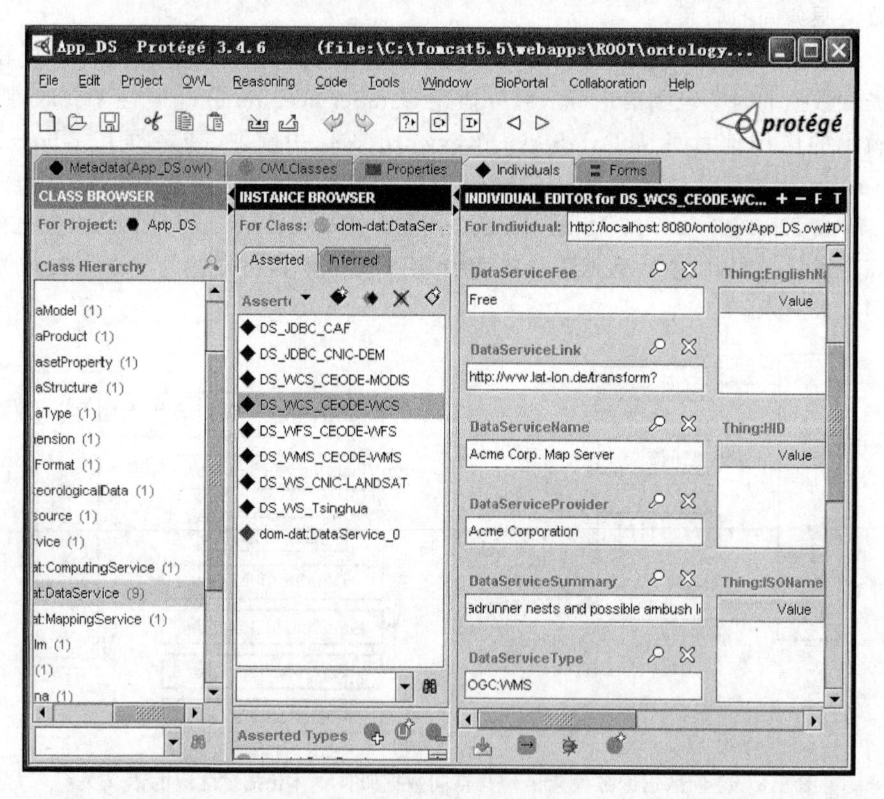

图 8.9 含有 8 个空间数据服务描述信息的模拟实验环境

案例 1：对“2010 年舟曲泥石流影响范围”的检索

(1) 语句解析和检索需求获取

首先对查询语句进行检索需求分析，经过解析识别出的动词为“影响”，相应的句类为“作用句”类下的“主动反应句”，中心名词为“泥石流”和“范围”，获得的初始概念集为{Year，2010年，Region，County，舟曲，Disaster，泥石流}，初始语义关系集为{centerIn，locateIn，influenceArea，happenLocation，influenceDuration，happenTime}，它们之间的语义关系如图8.10所示。

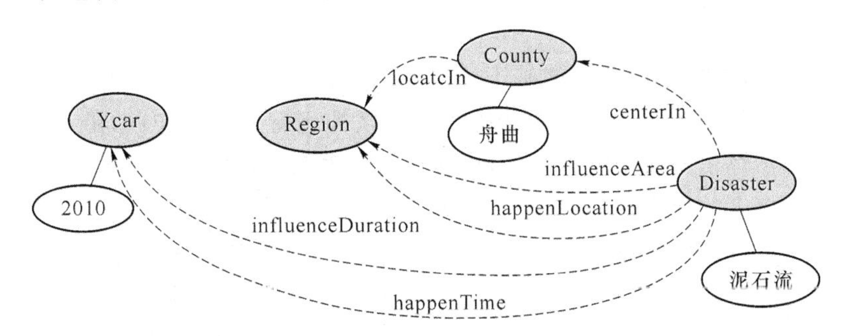

图8.10　从“2010年舟曲泥石流影响范围”语句中获得的检索需求

对解析结果进行分析可发现：根据句类分析所确定的动词具体含义（中英文动词词汇）来筛选这些概念结点间的语义关联，具有一定的局限性。虽然可以获得匹配的几个语义属性，但是也排除了若干可能相关的语义关联，例如：causeDestroy和happenLocation等，该基于动词词汇的语义关联含义理解能力仍存于词法分析层次，还没有达到语义分析级别。

为了避免对语义关联筛选的片面性，本方法采取了保留中心名词所有语义关联的补充策略，试图通过对中心名词语义关系的充分重视来弥补上面语义关联筛选的片面性。该方法实现简便，但存在中心名词判断方法过为简单的弊端，准确度不高。然而该方法在简单语句解析中确实具有一定的效果，以相对简单的方式较便捷地获得了语句的粗略理解，满足了检索意图获取的基本要求，但其解析能力依赖于句类分析应用本体中语句类别和动词词汇的丰富程度。因此该方法在实际应用中需要根据系统用户检索语句的特点和习惯，补充相应的具体句类和动词词汇，以提高语句解析的准确性。

(2) 语义相关性检索

以上面步骤所获得的初始概念集中概念和实例为初始结点，以初始语义关系集中对象属性为初始扩展路径，首先进行基于激活扩散算法的相关性检索。“泥石流”的子概念扩展集为{泥石流(1.0)、冰川型泥石流(1.0)、降雨型泥石流(1.0)}，辅助概念集为{灾害类型(1.0)、灾害成因(1.0)、受灾区域(0.8)、发生时间(0.6)、造成后果(0.9)、次生灾害(0.4)}，基于子概念扩展集的直接关联资源集为{四川丹巴泥石流(1.0)、甘肃舟曲泥石流(1.0)、云南怒江泥石流(1.0)、…}，与其关联的相关资源集为{地质灾害(0.8)、水文灾害(0.3)、强降雨(0.9)、滑坡(0.6)、…、山地

(0.8)、高原(0.7)、…、舟曲(0.8)、丹巴(0.8)、…、2000年(0.6)、2003年(0.6)、…、房屋淹没(0.8)、人畜失踪(0.6)、…、洪涝(0.4)、堰塞(0.3)、…}。基于相关性信息与空间数据服务描述属性的文本进行比对,可匹配的服务只有DS_WCS_CEODE-WCS,匹配词汇为geological hazard,匹配属性为DataServiceKeyword,关联度为0.8。

从该检索结果可以看出,该基于分段式激活扩散算法的本体相关性检索方法能够在语义关系网中检索到与初始概念相关联的所有概念和实例(带有关联度),具有良好的本体信息分类检索能力,可获得所有关联的资源。

在本体概念的层次关系中,沿着层次关系向上搜索可以获得抽象度更高的概念,扩大检索的广度,提高检索的全面性;沿着层次关系向下搜索可以获得更具体的概念,增强检索的针对性,提高检索的准确性。该激活扩散算法最初的设计目的是概念的细化和相关资源的搜索,所以采用了向下的搜索策略,若改用向上的搜索策略虽可以获得更多的相关资源,但是会降低检索结果的准确度。

因此,该方法提供的是一个通用性本体相关性检索方法,在实际应用中需要根据具体需求选择不同的激活扩散步骤以及策略调整。例如在该空间数据服务检索中,服务描述信息通常是对服务的概括性说明,较少出现针对具体案例进行服务的数据源,若在该激活扩散算法中适当地引入对父概念的关联性检索,将会获得更多关联的资源。

(3) 语义关联性推理

从上面语义相关性检索的结果可以看出,单纯依靠检索可查询到的服务资源是比较有限的,关键问题在于用户需求与资源描述间的语义gap问题,该gap的解决需要通过推理规则来建立语义映射的纽带,以便用户需求能更好地映射到服务描述信息上。

基于图8.8所示的检索需求和服务描述间的语义关系,需要从时空关系、数据用途、服务质量等几个方面来建立语义关联。进一步分析自然语句理解的初始概念集{Year,2010年,Region,County,舟曲,Disaster,泥石流},根据这些概念所属类别可以判断:“2010年”和“Year”为Time类概念,反映了时间需求;“Region”、“County”和“舟曲”为Space类概念,反映了空间需求;“Disaster”和“泥石流”为Phenomena类概念,反映了监测目的;反映服务质量的Propery和Numeric类概念没有提出,说明用户对于服务质量没有明确要求。基于时间规则可对包含“2010年”的时间区间进行判断,基于空间规则可对包含“舟曲”的空间范围进行判断,基于领域知识可对满足“泥石流”监测的传感器进行判断,以上面的激活扩散获得的语义关系网为基础,可以扩散和发现的新资源有{“2009年至今”(0.8)、“2007年至2011年”(0.65)、…、“甘肃省”(1.0)、“中国”(0.9)、“东南亚”(0.9)、…、“TM传感器”(0.6)、“CCD传感器”(0.8)、“MODIS传感器”(0.3)、…}。

以这些新资源结点的信息再去比对对应的数据服务语义描述属性，可匹配的服务有：DS_WCS_CEODE-MODIS(匹配属性 relatedRemoteSensor 和 DataServiceSummary 中时空范围，关联度 0.3)、DS_WS_CNIC-LANDSAT(匹配属性 relatedRemoteSensor，关联度 0.6)、DS_WS_Tsinghua(匹配属性 relatedRemoteSensor 和 DataService Summary 中时空范围，关联度 0.8)、DS_WCS_CEODE-WCS(匹配属性 Data ServiceKeyword 和 DataServiceSummary 中时空范围，关联度 0.7)。

(4) 结果分析

对该检索结果再进行人工验证，发现对 DS_WCS_CEODE-MODIS 和 DS_WS_CNIC- LANDSAT 这两个数据服务的打分都偏低，而另外可用的 DS_WFS_CEODE-WFS 和 DS_JDBC_CNIC-DEM 数据服务没有检索到。

- 针对打分偏低问题，分析其原因在于该相似性检索和推理算法采用了可能性逻辑的 min 和 max 比较运算来进行语义度量的组合计算和传递计算，会因为个别条件度量值的过大或偏小而影响整体的语义强度度量值，所获得的语义度量只是表达了可能性程度，虽具有计算强度低、运算速度快的优势，但表现出计算精度不高的不足。
- 针对检索结果中的漏检问题，分析其原因在于个别服务描述信息的缺失和不完整。其中 DS_WFS_CEODE-WFS 服务的描述信息较为具体，描述了针对特定地点的地图要素特性信息，对总体时空覆盖范围、数据用途等方面缺少必要的描述；而 DS_JDBC_CNIC-DEM 数据服务为 JDBC 类数据源，其元信息也非常少(仅对服务名称、服务连接、服务接口进行了说明)，缺乏对服务能力和质量的相关描述，使得该类服务语义描述属性中可用信息相对较少和不充足，难以进行全面的语义分析和匹配，造成了这些服务的漏检。
- 为对比分析输入语句中词汇对检索结果的影响程度，对输入词条进行一定变化，去除时空范围限定，并修改动词词汇，输入语句为“泥石流监测”。输入的自然检索语句中仅提出了数据应用目的需求，不含时间、空间和服务质量的需求，检索结果为：DS_WCS_CEODE-MODIS(匹配属性 relatedRemoteSensor 和 DataServiceSummary 中时空范围，关联度 0.3)、DS_WS_CNIC-LANDSAT(匹配属性 relatedRemoteSensor，关联度 0.6)、DS_WS_Tsinghua(匹配属性 relatedRemoteSensor 和 DataService Summary 中时空范围，关联度 0.8)、DS_WCS_CEODE-WCS(匹配属性 Data ServiceKeyword 和 DataServiceSummary 中时空范围，关联度 0.7)、DS_WFS_CEODE-WFS(匹配属性 DataServiceSummary 中要素特征信息，关联度 0.3)。

- 再修改检索语句为"2010 年影响舟曲的泥石流"，该语句中名词术语没有变化，动词词汇也没有变化，但由于动名词间搭配关系发生变化，与动词"影响"直接相邻的名词为"年"和"舟曲"，两者取代"泥石流"和"范围"成为该语句的中心词，直接影响着语义关联的选取，输入该语句检索结果为：DS_WMS_CEODE-WMS（匹配属性 DataServiceSummary 中时空范围信息，关联度 0.8）、DS_CNIC_LANDSAT（匹配属性 DataServiceSummary 中时空范围信息，关联度 0.6）、DS_WCS_CEODE-WCS（匹配属性 DataServiceKeyword和 DataServiceSummary 中时空范围和灾害信息，关联度 0.4）。可以看出在该检索过程中时空相关词汇对检索结果产生了重要影响，灾害词汇由于缺少了联系到灾害监测词汇的语义关联，进而无法关联到传感器词汇，使得检索结果发生了较大的改变，体现了面向用户需求的检索重心变化。

从该结果可以看出，输入语句中名词术语对检索结果具有重要的影响，名词术语的数目、关联性、特异性都会影响检索结果。由于目前该本体知识库还不完善，词汇信息不够丰富和完整，通常情况是限定越多，可满足的结果越少。动词在该检索过程中起到辅助作用，在动词含义相近时可获得相同的检索结果，但在动名词搭配发生变化时，对检索结果具有直接的影响，反映了不同的检索目的和意图，体现了语义在该信息检索过程中的作用。此外，空间数据服务自身描述信息的完整程度也对检索结果有着重要的影响，通常是描述信息丰富完善的空间数据服务（例如 OGC 类服务）在检索过程中更易被检索和发现，因此对各类服务资源描述信息进行有效地补充和标注是非常必要的。

案例 2：对"近几年华北地区小麦种植面积变化"的检索

(1) 语句解析和检索需求获取

首先对查询语句进行检索需求分析，经过解析识别出的动词有两个"种植"和"变化"，需要根据这两个动词的上下文（前后相邻的名词）来进一步判断关键动词，在句类分析应用本体中与这两个动词对应的句类有：基本作用句、承受句、一般效应句、基本效应句，经过对这些句类中动词和名词的搭配情况判断，最终确定该语句所属句类为一般效应句，"变化"是核心动词，"种植"为辅助动词，中心名词为"面积"，获得的初始概念集为{Year，Region，华北地区，Wheat，小麦，Area}，初始语义关系集为{plantArea，AreaChange，hasArea}，它们之间的语义关系如图 8.11 所示。

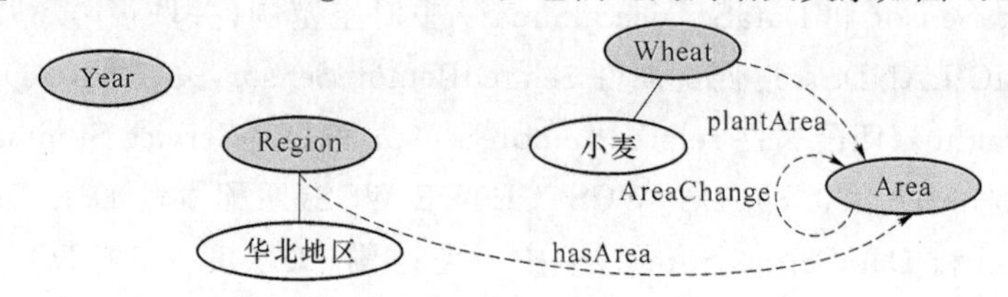

图 8.11 从"近几年华北地区小麦种植面积变化"语句中获得的检索需求

对解析结果进行分析，可发现：当在语句中存在多个动词时，该方法依赖动词相邻名词所属概念与动词的搭配关系来匹配满足的句类，并判断核心动词。该方法对多动词语句的解析能力依靠句类的动词和名词搭配关系的描述信息，对于含有多个句类或多个子句的自然语句则无法对基础句类和关键句类进行判断，因此，该语句解析方法只适用于单句类含有很少动词的检索描述语句，其解析能力仅限于对检索意图的抽取和映射，而远没达到自然语言语义的完整理解。

此外，对于该自然语句中出现的“近几年”名词，基于本体中概念元信息 CMI 没能找到匹配的概念或实例，该名词包含有一定的模糊性，是本书研究工作目前没有涉及的另一类不确定性，需要将模糊词映射到一个带有隶属度的取值区间上，来表达检索条件对应的模糊范围，现有方法无法对模糊性进行理解，可作为后继的进一步研究方向。

(2) 语义相关性检索

以上面步骤所获得的初始概念集中概念和实例为初始结点，以初始语义关系集中对象属性为初始扩展路径，首先进行基于激活扩散算法的相关性检索。“华北地区”的子概念扩展集为{内蒙古地区(1.0)、京津地区(1.0)、晋冀地区(1.0)}，“小麦”的子概念扩展集为{冬小麦(1.0)，春小麦(1.0)}，Year 的子概念扩展集为{公历年，农历年}，Area 的子概念扩展集为{平面面积，曲面面积}，辅助概念集为{地理位置(0.9)、区域气候(0.7)、人文(0.3)、…、种植地(0.8)、小麦品种(0.9)、…、所处年代(1.0)、包含月份(1.0)、…、面积取值(1.0)、面积单位(1.0)、…}，子概念的直接关联资源集为{内蒙古(1.0)、北京(1.0)、天津(1.0)、河北(1.0)、…、一类小麦(1.0)、二类小麦(1.0)、…、2010 年(1.0)、庚寅年(0.7)、…}，与其关联的相关资源集为{经度范围(0.85)、维度范围(0.85)、…、大陆性气候(0.7)、季风性气候(0.7)、…、蒙古族(0.3)、京剧(0.2)、晋商(0.15)、…、华北(0.7)、…、20 世纪 10 年代(0.9)、2010 年 6 月(0.9)、…、345(1.0)、平方公里(0.9)、亩(0.9)、…}，基于相关性信息与空间数据服务描述属性的文本进行比对，可匹配的服务有 DS_WCS_CEODE-MODIS(匹配属性为 DataServiceSummary，匹配词汇为 wheat，关联度为 0.9)和 DS_WS_Tsinghua(匹配属性 DataServiceKeyword，匹配词汇为“华北”，关联度 0.7)。

(3) 语义关联性推理

从时空关系、数据用途、服务质量等几个方面来建立语义关联，进一步分析自然语句理解的初始概念集{ Year，Region，华北地区，Wheat，小麦，Area }，根据这些概念所属类别可以判断：“Year”为 Time 类概念，反映了时间需求；“Region”、“Area”和“华北地区”为 Space 类概念，反映了空间需求；“小麦”为 Biosphere 类概念，反映了监测目标；反映服务质量的 Propery 和 Numeric 类概念没有提出，说明用户对于服务质量没有明确要求。缺乏具体的年份值，无法获得时间区间条件，基于空间规则可对包含“华北地区”的空间范围进行判断,基于领域知识可对满足“小麦”监测(包含有小麦病害、小麦种植面积、小麦长势等监测)的传感器进行判断,以上面的激活扩散获得的语义关系网为基础,可以扩散和发现的新资源有{“中国北部地区”(1.0)、“中国”(0.9)、“东南亚”(0.9)、…、“AVHRR”(0.8)、“SR 辐射扫描仪”(0.8)、“TM 传感器”(0.6)、“CCD 传感器”(0.6)、“MODIS 传感器”(0.5)、…}。

以这些新资源结点的信息再去比对对应的数据服务语义描述属性,可匹配的服务有:DS_WCS_CEODE-MODIS(匹配属性 relatedRemoteSensor 和 DataServiceSummary 中空间范围,关联度 0.9)、DS_WS_CNIC-LANDSAT(匹配属性 relatedRemoteSensor,关联度 0.6)、DS_WS_Tsinghua(匹配属性 relatedRemoteSensor 和 DataService Summary 中空间范围,关联度 0.7)、DS_WCS_CEODE-WCS(匹配属性 DataServiceSummary 中空间范围,关联度 0.6)。

(4) 结果分析

对该检索结果再进行人工验证,发现对 DS_WCS_CEODE-MODIS 数据服务的打分偏高,而另外可用的 DS_WFS_CEODE-WFS 和 DS_JDBC_CNIC-DEM 数据服务没有检索到。针对打分偏高问题,基于可能性逻辑当某结点在多途径可达时组合计算采取 max 运算规则,路径较短匹配度较高的个别值对整体权重值产生了提升作用,同样反映了该检索算法的计算精度不高问题,只能反映匹配的可能程度,而不同于概率方法所反映的匹配机率。对于 DS_WFS_CEODE-WFS 和 DS_JDBC_CNIC-DEM 数据服务的漏检,同样是服务描述信息的缺失和不完整造成的。因此,对于描述元信息较为简单的数据服务应在元信息自动提取后,由领域专家来补充对这些服务的描述信息,描述属性的缺失或不足都会对该数据服务的可检索性造成影响。可以看出该系统的检索性能很大程度上依赖于空间数据服务描述信息的完整性和充分性,缺乏自动学习和知识挖掘的能力。

通过以上的两个空间数据服务检索典型案例的试运行结果,可初步总结本章所设计并构建的空间数据服务语义化查询系统特点如下:

- 采用自然语言作为检索需求描述方法,具有便捷直观的用户检索体验;
- 采用激活扩散算法来实现本体信息检索,具有关联性资源的启发式搜索能力;
- 采用激活扩散算法和推理规则相结合的推理机制,可发现潜在的语义关系;
- 对空间数据服务具有较好的相似性检索结果,并可对检索结果的满足程度进行定量化的度量。
- 但其语句理解能力有限,依赖于句类和动词描述信息的丰富程度,适用于单句类且含有很少动词的检索描述语句解析;

- 该系统的相似性检索和推理效率不高，计算精度不高；
- 该系统中潜在语义关联的发现依赖于推理规则，推理过程灵活性较差；
- 对空间数据服务的检索效果依赖于服务描述元信息的完整性和充分性，缺乏自动学习和知识挖掘的能力。

后继工作可在动词解析能力的提升、检索和推理算法的优化、推理规则组合的灵活性改善等方面进一步深入研究。

8.5 本章小结

本章在对信息检索系统基础结构分析的基础上，结合本书的研究成果，设计并构建了基于本体的空间数据服务自然语言检索系统。给出了系统的总体结构和信息处理流程，对该系统中涉及的检索需求的本体化描述、空间数据服务的本体化描述、基于激活扩散算法的空间数据服务检索和匹配等关键技术进行了说明。最后通过两个典型案例的试运行结果来分析该系统的优势和仍存在的不足，并对本书的相关研究成果进行了总结和评价。